U0567853

知识论译丛

主编　陈嘉明 曹剑波

判断与能动性

Judgment and Agency

[美]厄内斯特·索萨（Ernest Sosa）著

方红庆 译

中国人民大学出版社
·北京·

总　序

知识论是哲学的一个重要分支，它与本体论、逻辑学、伦理学一起，构成哲学的四大主干。这四个分支都是古老的学科。自先秦时期以来，中国哲学发展的是一种“知其如何”（knowledge how）的知识论（我名之为“力行的知识论”），它不同于西方的“知其如是”（knowledge that）的知识论，前者重在求善，后者旨在求真。不过相比起来，中国传统哲学在知识论这一领域缺乏系统的研究，是比较滞后的，这是整个传统哲学取向以及文化背景影响的结果。现代以来，金岳霖等先贤们在这一领域精心思辨，为它的学术发展掀开了新的一页。

近二十年来，我一直致力于推动知识论的发展，通过培养博士生的途径，逐渐形成厦门大学与上海交通大学的团队，在这方面做出了一些努力。按照自己的构想，我们在出版方面要做如下四件事情：一是推出研究系列的专著，二是出版一套名著译丛，三是编选几本知识论文集，四是编写一部好的教材。第一件事情在 2011 年即已启动，在上海人民出版社推出了“知识论与方法论丛书”，迄今出版了 11 部专著。第二与第三件事情，在曹剑波的积极组织与译者们的努力下，也已有了初步成效。首批“知识论译丛”的 5 本译著已提交中国人民大学出版社，即将面世。第二批“知识论译丛”已经开始准备。主编这套译丛，是为了方便读者了解与研读国外学者的知识论研究成果，从而推进该领域之研究的发展。第三件事情，由于编选涉及诸多作者，版权的办理比较麻烦等原因，所以受到影响。不过现在也已译出了两部国外的知识论文集，正在联系出版中。文集读本的一个好处是，能够将知识论史上经典论著的精华集于一册，使读者一卷在手，即能概览知识论的主要思想，这对于学生尤其有益。至于编写教材的工作，我虽然几年前已经有了个初稿，但由于觉得尚不尽如人意，所以一时还搁置着。值得欣慰的是，郑伟平已经完成初稿，并进行了多轮教学工作。我们希望以上这些工作能够持续进行，也希望有更多的同行参与，为繁荣中国知识论的学术事业而共同努力。

陈嘉明

2018 年 4 月于上海樱园

中文版序言　德性知识论的诸要素：一个概论

在我看来，知识是一种行动。它包括使之正确（get it right）的努力，更宽泛地说，它涉及目标（aimings），这些目标可以是功能性的，也可以是意向性的。通过我们的知觉系统，我们表征（represent）我们的周遭世界，以精确地表征为目标，这个目标是功能性的或目的论的，而不是意向性的。我们的功能性信念同样如此。然而，通过我们的判断，我们确实意向性地，甚至有意识地（consciously），试图使之正确。这意味着关注这些意向性企图（attempts），但这种概论性的解释可以被推广到更广义的目标范畴上，而且这些目标不需要是意向性的。

显而易见，我们可以想到，信念和知识是状态，而不是行动。但是，首先，我们不仅有意识地认识到意向性判断，而且有意识地认识到功能性表征，这些表征是广义上的“行动”或“行为”，它们是目的论的当下目标，或者是以此为目标的倾向（dispositions）。其次，让我们关注有意识的意向性判断领域和判断的倾向。这些判断倾向能够采取持久策略的形式，能够停留在意志中，所以是延伸的（extended）行为，或至少是动态的（actional）。与一个人开车时打转向灯和黄灯停的策略相比，这些都是有意识的延伸行为，或至少是意志所维持的行为状态。

功能性目标不是自觉地意向性的。试想一下，我们知觉系统的目标是正确地表征我们的周遭世界。与之相比，心脏的生物性功能目标是血液循环。自觉的意向目标能够来自直接的选择或决定，但也可能在没有更多利弊权衡的情况下获得，而只是通过正常的人类情感或欲望，诸如无法抗拒的恐惧、饥饿和性欲，等等。即使这是其来源，一个意向及其相应的企图在很大程度上依旧是理性地可控的，以至于使它们是理性地可评估的。而且，这似乎表面上同时适用于认知和实践的企图，诸如在某个特定问题上正确回答的企图。

企图带来了一种企图之为企图的独特规范性。例如，成功比失败更好；如果一个企图是胜任的（competent），而不是不胜任的，那么它就是一个更好的企图，即作为一个企图，它是更好的；通过胜任力的——适切地（aptly）——成功比单纯运气的成功更好。（为了便利，我在此规定一个企图是“适切的”，当且仅当其成功展示了行动主体的相关胜任力。）在此，我们拥有了一种目的规范性（telic normativity），与规范、义务和允许等的道义论规范性相对。

企图能够在诸多人类表现领域俯拾皆是，如运动、游戏、艺术领域以及医学和法学等专业领域，等等。这些都具有独特的目标，以及相应的胜任力。根据其独特的箭和目标，箭术可以分为不同的子项。因此，竞技性的箭术与狩猎具有重大差别。在竞技性箭术中，风险评估对表现品质具有极小的影响，因为弓箭手在射击上没什么选择。与此相反，在一场狩猎活动中，射击质量随弓箭手之选择的优劣而变化。

狩猎女神戴安娜的射击可能是灵巧的（deft），但其选择是拙劣的（如果猎物很远、视野很糟糕、风很大，使得成功的概率非常低），因此，从选择方面来看，这是一次糟糕的射击。尽管如此，她作为一名弓箭手的灵巧性（dexterity）可能射击成功，尽管她的选择很糟糕（从风险评估方面来看），但不失为一次技能高超的射击（从操作技巧方面来看）。因此，戴安娜的射击可能通过灵巧性达到一阶适切性，但达不到完全的“反思性的”适切性。后者不仅要求通过操作胜任力击中目标，而且要求通过风险评估达到射击的适切性（而不仅仅是通过灵巧性）击中目标。

在此，外在于箭术的实用价值是不相关的，即使它们确实对一个猎人的箭术射击的整体评估产生了影响。因此，一次射击的成功可能为这个弓箭手的家庭带来食物，或可能造成一次可怕的谋杀。但这些结果与对射击的评估无关，那次射击是一种在不冒很大失败风险下击中猎物的企图。

我们将弄清楚箭术与人类认知之间的类比关系，一旦我们指出这种关系，它们就是显而易见的。我们仅仅需要思考以真为目标的判断 p，这个判断是一个通过断言 p（和通过适切地这样做）正确回答是否 p 这个问题的企图。

此外，倾向性的判断信念是一种驱使你肯定地判断是否 p 这个问题的状态。但是，这种状态太过能动（agential），甚至是一种行动，一种在时间上延伸的行动，类似于那些旅游景点的不动的人类雕塑的行动。这是一种留驻在意志中的持久策略。（这就是笛卡尔在《第一哲学沉思录》中能够建议我们通过意志行为一下子放弃所有判断倾向的根据之所在。这类似于一下子放弃所有让你成为一个安全驾驶员的策略，诸如黄灯停和打转向灯。）

胜任力和技能对于理解知识以及确证如何获取与维持知识是必不可少的。知识是完全胜任的、适切的信念，确证的信念是熟巧的（skillful）信念。我们能够在作为行动（不必要是自觉的、意向性的行动，而是更宽泛地设想的行动，不仅包括意向性行动而且包括功能性行动）的知识和信念的观念下理解这两个主张。

有意识的意向行动是企图，不管成功与否（而且这些企图具有特殊的目标，这些目标能够是功能性的，也可以说是意向性的）。一个行动主体通过做某些事情做出一个企图，但做出一个企图本身不需要是一个完全成熟的企图。也就是说，它不需要是该行动主体致力于做的某件事情，不管是直接的，还是通过做其他事情。毋宁说，做出这个企图能够仅仅是一个行为（deed），而且实际上是一个基础性行为（本身不是通过某个其他行为做出的）。此外，它需要是一个行为，一个可归属于该行动主体的行为。因此，这些行为能够构成一种技能的运用，即使这种技能不是施行（perform）那个行为的技能。毋宁说，这种技能可能是通过施行那个行为而被运用的技能，这种施行能够足够可靠地导致那个目标的实现，而这种（通过尝试的）可靠实现确实构成了这种技能的拥有。因此，一种技能能够通过一个相关行为的施行而被运用，这个被施行的行为致力于实现那种技能所独有的目标。当这个行动主体的相关状况（shape）和情境（situation）也是适当的时候，这种技能的运用就能够是一种内在胜任力（技

能 + 状况）的运用，也可以是一个完全胜任力（技能 + 状况 + 情境）的运用。

以这些方式，我们通过反思技能和胜任力在知识论中勇往直前。

厄内斯特·索萨

2018 年 6 月

致　谢

v　本书写作的各阶段和各地方得益于如下学者书面或口头的评论：贝尔（J. Baehr）、巴卡洛娃（M. Bakalova）、巴塔丽（H. Battaly）、贝多（B. Beddor）、本顿（M. Benton）、布拉克（D. Black）、博格西恩（P. Boghossian）、博格斯（R. Borges）、布隆卡诺（F. Broncano）、布隆卡诺-贝罗卡尔（F. Broncano-Berrocal）、卡特（A. Carter）、齐格内尔（A. Chignell）、康姆萨那（J. Comesaña）、德维特（K. Devitt）、德雷森（Z. Drayson）、杜堂特（J. Dutant）、恩格尔（P. Engel）、菲妮（M. Feeney）、费尔南德斯（M. A. Fernandez）、弗雷希尔（W. Fleisher）、罗德里格斯（A. G. Rodriguez）、加德内尔（G. Gardiner）、詹德勒（T. Gendler）、格洛克（H. Glock）、高登博格（S. Goldberg）、戈德曼（A. Goldman）、戈德斯坦（S. Goldstein）、阿隆索（M. G. Alonso）、格拉罕（P. Graham）、格里姆（S. Grimm）、格兰德曼（T. Grundmann）、霍夫曼（F. Hofmann）、霍瓦特（J. Horvath）、霍利奇（P. Horwich）、亚科奎特（D. Jacquette）、卡拉斯特拉普（J. Kallestrup）、科尔普（C. Kelp）、凯普尔（J. Kipper）、贡布里斯（H. Kornblith）、万维戈（J. Kvanvig）、拉琪（J. Lackey）、利兹（M. Liz）、麦克休（C. Mchugh）、麦克劳林（B. McLaughlin）、梅兰（Anne Meylan）、米建国（Michael Mi）、米勒（A. Millar）、米拉奇（L. Miracchi）、米斯赛维克（N. Miscevic）、沐恩（A. Moon）、纳瓦罗（J. Navarro）、内塔（R. Neta）、尼达-诺姆林（M. Nida-Rumelin）、诺菲（K. Nolfi）、帕维赛（C. Pavese）、契克（D. P. Chico）、皮勒（C. Piller）、普理查德（D. Pritchard）、普莱尔（J. Pryor）、里德（B. Reed）、罗德尔（S. Rodl）、勒伯（B. Roeber）、罗

斯（D. Rose）、罗腾多（A. Rotondo）、卢比奥（D. Rubio）、萨勒斯（J. C. Salles）、谢克特（J. Schechter）、施伦堡（S. Schellenberg）、斯洛特（M. Slote）、斯坦利（J. Stanley）、托里比奥（J. Toribio）、蔡政宏、维嘉（J. Vega）、威廉姆森（T. Williamson）、伍德赛德（S. Woodside）和赖特（C. Wright）。

这些观点在葛雷克（J. Greco）、克莱因（P. Klein）和图利（J. Turri）的许多帮助下经过了多年的发展。对于这种帮助和本书手稿的详细讨论，我要特别感谢索萨（D. Sosa）、西尔万（Kurt Sylvan）。他们分别为整本手稿写了卓越和详尽的评论，改进了本书的许多地方。

我由衷地感谢蒙特奇洛夫（P. Momtchiloff）编辑的鼓励和支持。

我也要感谢加德内尔制作了本书索引，并提供了许多文字编辑方面的帮助。

此外，我被授权允许使用下面这些早先发表的作品：

第一章“行动、知觉和知识的统一性”，部分来自《心灵-世界的关 vi
系》（“Mind-Word Relations”），发表于《知识》（*Episteme*）2015 年第 12 期。

第二章“德性知识论：品格 vs. 胜任力”，部分来自阿尔法诺（M. Alfano）主编的《德性理论中的当代争论》（*Current Controversies in Virtue Theory*），劳特里奇出版社 2015 年出版。

第八章“人类知识的社会根源”，来自拉琪主编的《集体知识论论文集》（*Essays in Collective Epistemology*），牛津大学出版社 2014 年出版。

第九章“认知能动性”，来自《哲学杂志》（*Journal of Philosophy*），90 卷，2013 年 11 月。

第十章“皮罗式怀疑论与人类能动性”，来自《哲学问题》（*Philosophical Issues*），23 卷，2013 年 10 月。

第十一章“笛卡尔的皮罗式德性知识论”，来自杜德（D. Dodd）和查蒂尼（E. Zardini）主编的《怀疑论与知觉确证》（*Scepticism and Perceptual Justification*），牛津大学出版社 2014 年出版。

虽然我的计划获得了约翰·特普莱登基金会（John Templeton Foundation）的部分资助，但本书的观点是自己的，并不代表基金会的观点。

目　录

导　论

下面所呈现的知识论涉及一种基础的“动物”知识，以及一种更高 1
层次的“反思”知识，这些知识都可以被纳入表现规范性的框架。这种
规范性不仅包含判断和信念，而且包含更一般的表现，这些表现都构成性
地致力于一个特定的结果。这些表现可能以三种独特的方式呈现出来：
（1）它可能达到其目标；（2）它可能运用了相关胜任力（competence）；
（3）它的成功可能是通过所运用的胜任力达到的，而不仅仅是通过运气。
一个弓箭手的射击可能精确地击中目标；它可能是非常有技巧的或熟练
的；最后，它可能是适切的（apt）：因为熟练而精确（第一次接近）。当
特别应用于知识论时，这产生了判断或信念的 AAA 规范性：精确性（ac-
curacy）、熟练性（adroitness）和适切性（aptness）。

本书致力于进一步发展人类知识的这种解释，并处理由它所引起的（广义地设想的）形而上学和伦理学问题。

第一部分　延展的和统一化的德性知识论

第一章“行动、知觉和知识的统一性”，把我们的路径放置在一个更
大的形而上学、语义学和概念分析的计划中，这个计划把更一般的人类成
就视为目标，不管它们是否采取了行动、知觉或知识的形式。我们思考唐
纳德·戴维森（Donald Davidson）的意向行动解释、鲍尔·格瑞斯（Paul
Grice）的知觉的因果分析和我自己对人类知识的解释所引起的问题——
例如因果异常问题。这些问题可以被视为它们各自目标的形而上学分析。 2
照此看来，它们能够应对被认为是致命的共同异议——或者是恶性循环

的，或者是内容上不充分的。

而且，那些解释也是可辩护的，被认为是偏好析取主义的（disjunctivist）替代选项。这些著名的批判只适用于一种特殊的、可选择的分析形式：分析逻辑上独立的因素，这些因素只在这种分析中结合。相反，形而上学分析能够不采取那种形式的因果分析。行动、知觉和知识都是展示胜任力的形式。并且，在一个给定的目标领域，胜任力反过来被理解为一种成功倾向，这些现有的表现都带有一个目标，不管这个目标是意向性的，甚至是有意识的（conscious），或目的论的和功能性的。

这一章的结论概述了一种适用于我们探究的方法论。

因此，第一章提供了一种德性知识论，一种以认知胜任力为核心的德性可靠论（virtue reliabilism）。这是与对知觉和意向行动的德性理论的（virtue-theoretic）处理一致的。①

第二章“德性知识论：品格 vs. 胜任力”，是如今已被广泛地认识到的两种德性知识论之间的一种比较研究。它为如下四个主张做了辩护：

> 第一，德性可靠论从一开始就一直在其核心中包含一种责任论的组成部分。
>
> 第二，责任论者曾经提倡一种与众不同的责任论的、基于品格的理智德性概念，然而它是不完全的和不充分的。
>
> 第三，具有讽刺意味的是，我们应该认识到一种积极的、自愿的理智德性。它是可靠胜任力的理智德性的一个特例。
>
> 第四，也是最后一个回应是，我们最好把责任论者强调的这种责任论的、基于品格的理智德性理解为是可靠胜任力的理智德性的一个特例，并把它补充到这些德性中。

在解决这个传统的核心问题上，一种真实的知识论的确会分配给这类责任论的、可靠论的理智德性主要角色。我预测，之所以如此，是因为：从皮
3 罗主义到笛卡尔主义的传统知识论，位于中心位置的知识是高层次的反思

① 如果这种解释对这三者是成功的，那么它就表明对指称分析的承诺是成功的，但我们在此不会讨论这一点。

知识。这种知识要求判断主体自由地、自愿地认可，或者至少要有相应倾向的认可。具有讽刺意味的是，我们可靠论的框架确实总是可能的，而且确实越来越多地（实际上和明确地）给这种能动性的、自愿的方法一个光荣位置、一个核心位置。这个核心位置要么是责任论者［贝尔（Baehr）］断然否认的，要么是责任论者［扎格泽博斯基（Zagebski）］没有成功地提供的。②

因此，这一章的主要论点是，可靠论的、基于胜任力的德性知识论必须以责任论的、能动性的理智德性作为核心，必须以一种更积极的、大联合的方式获得更宽广的理解。

第二部分　一种更好的德性知识论

第三章“判断与能动性”，说明了一个完全适切的表现概念，这个概念将指导我们超越之前的德性知识论所发现的任何东西。

第四章“一种更好的德性知识论：进一步发展”，首先把自信度（degrees of confidence）整合进之前的解释中，然后思考两类表征（representation）：功能性（functional）表征和判断性（judgmental）表征。最后一节“一种胜任力理论”包含一种以符合我们的 AAA 德性知识论为目标的胜任力理论，以及两个核心观念：适切的信念和完全适切的信念。前者的正确性展示了相信者的相关认知胜任力，而后者适切地导向适切性。

第五章“异议与回应及方法论后思”，这个标题就很好地说明了所要说明的内容。

第三部分　知识与能动性

第六章“知识与行动”，区分了一种甚至一般地被包含在简单的、日常的手段-目的人类行动中的知识，并探索了亚里士多德式的德性伦理学 4

② 尽管对那些熟悉文献的人来说，这个论题看起来有多么难以置信，这一章我们都会详细讨论这个论题。

是如何符合这种知识所依赖的行动框架的。

第七章“意向行动与判断”，回答第一章已经讨论过的一个主题：意向行动（intentional action）的本质及其适切性条件。简单的意向行动的概念被定义并被用于阐明判断及判断与行动的关系。

第八章“人类知识的社会根源”，求助社会知识论（social epistemology）来解释胜任力和适切性所要求的“足够可靠性”（reliability enough）。社会因素至少以两种方式影响知识论。它们不仅与一种重要类型的信念——判断性信念——有关，而且与一种相应类型的认知胜任力有关。这涉及知识所拥有的一种价值，也涉及实用论如何能够正当地入侵知识论。

第九章“认知能动性”，主要阐述认知能动性的种类，以及这种能动性是如何与规范性、自由、理由、胜任力和怀疑论相关的。

第四部分　主要的历史先驱

第十章“皮罗式怀疑论与人类能动性”，提供了对皮罗式知识论的一种新解释，这种知识论是与之前三部分所发展的知识论一致的。

第十一章“笛卡尔的皮罗式德性知识论”，认为笛卡尔在其知识论中提供了关于确定性的一种德性知识论解释以及更一般的知识蕴含，并且在这样做的同时，他关注皮罗式关切，这种关切与皮罗式知识论的基础结构是一致的。

第一部分
延展的和统一化的德性知识论

第一章　行动、知觉和知识的统一性

导论：论形而上学分析

1. 我们能够区分三类分析：语言学分析、概念分析与形而上学分析。 7
以我们熟悉的“猫躺在垫子上”为例。首先思考相应语句的语用学和意义学。例如，为了这个语句的表达（这个表达需要时间）是真的，那只猫必须什么时候躺在垫子上?

接着思考对这个语句的概念内容的分析。一类概念分析包含了一个关于必然性的双条件主张：一方面是目标内容，另一方面是解释性内容。为了避免恶性循环，解释项不能包含被解释项。目标内容的把握（领会）将通过对解释性内容的（在先）把握而得到解释。

猫躺在垫子上的形而上学分析不同于这种语言学或概念分析。就猫和垫子而言，关于前者躺在后者之上的一个形而上学分析将包括猫、垫子和一种特定的双边关系，即**躺在**……**之上**（lying on）。但这是一种什么关系？我们可以说，这是一种毗邻和在上面的关系。但这依旧是成问题的。假设在力的作用下，猫在滚动时始终躺在垫子上。这只猫在滚动过程中始终躺在垫子上，但在顶端时，猫其实在垫子**下面**。

对这个例子的一个回应就是，试图解释**躺在**……**之上**的关系如何是一
个比表面更复杂的关系。在这样做时，一个人可以诉诸合力，使这个现实 8
关系包含早先未料到的因素。没有力的概念，我们不可能包容那个建议。然而，我们依旧能够获得相关关系的部分解释：这是一种以特定方式——**正确的方式**——存在的毗邻关系。即使不确定那种方式到底是什么，我们也至少知道它是某种毗邻方式。

这样一种部分的形而上学分析可能或可能不与类似包含了语言学或

概念分析的类似成功相关。无论如何，这个主题是不同的。我们的目标涉及猫躺在垫子上的世界的一种状态，或更一般地说，是一类状态，这类状态的实例就是我们在一个事物躺在另一事物上的世界中所发现的东西。这不同于任何语词或概念。

一般而言，类似的区分适用于哲学。因此，让我们思考一下“人”这个术语的语言学分析和“人”这个概念的概念分析，再思考一下这些分析是如何区别于对像我们这样活生生的人的本质的形而上学探究的。

2. 形而上学分析超越了概念或语义探究，同时超越了必然的双条件句，这个条件句不能提供对哲学家之特殊兴趣的形而上学解释。

思考一下人的形而上学。在人这个宽泛的领域，我们发现了三重区分：(a) 语词，诸如“人”这个词；(b) 概念，诸如“人”这个概念；(c) 外在于语言、外在于概念的实体，活生生的人。① 关于后者，我们发
9 现了实体二元论、动物主义等形而上学选项。根据一种亚里士多德式的观点，一个人不等于一个肉体，只是由一个肉体构成，而为了构成一个人，肉体需要是鲜活的，拥有某些能力和机能。

亚里士多德式的人的观点包含了形而上学依赖（Metaphysical dependence）。一个事物存在或是现实的，依赖（dependently on）某些其他事物。因此，这种依赖的事物存在或是现实的，依赖其他事物，依赖于它们是如何被赋予属性的或相关的。

3. 转到知识论，现在我们能够辨析出三类完全不同的问题，不管它

---

① 异议：“除了作为殊相的活生生的人之外，存在不同于人这个概念的普遍人性。正如 (c) 和之前的构想所表明的那样，形而上学家真的对这种普遍人性，而不是对特殊的活生生的人感兴趣吗?”回应：我们想知道任意的活生生的人在本体论上是如何被构造的。这当然不同于成为一个人的属性可能是如何被构造的。可以说，任何一个人都是由一个活生生的身体构成的，但属性不是。更宽泛的观点是，诸如人的构成这样的本体论问题超出了对语词或概念的分析，尽管后者与实体领域有关。知识问题大致也是如此。当然，如果（比如）我们支持反映了人本身的本体论分析的属性的“分析”，那么成为人（那种属性）就可能是成为一个以身体为基础的、具有某种心理特征的实体的属性。在这种意义上，人的本体论分析可能与对成为一个人的属性的分析密切相关。但这种理论涉及属性本身，因此超出了任何概念分析或语义学分析的范畴。

们之间是如何密切相关的。第一类是诸如“S 知道 p”这样的认知表达的语义或语用分析。第二类是一类或另一类概念分析问题。在此，我们可能追问一个特定概念是如何被构成的，它必然包含什么东西。因此，信念、真等概念部分地构成知识概念，所以前一类概念必然适用于某种东西，仅当后一类概念也是如此。或者，就被理解为心理实体的概念来说，我们可能想知道什么东西包含在某人对知识概念的拥有或/和发展中。因此，这个问题涉及人们的心灵，他们的心理学。第二类概念分析的问题我们就谈到此。第三类是形而上学问题。在此，我们关注一种既不需要表达也不需要概念的客观现象。毋宁说，我们的关注是人们所拥有的一种状态，或人们所从事的一种行为。这就是我们希望理解其本体论的现象。什么是人类知识？其本质是什么？它是如何奠基的？当它是现实的时候，它是因为什么而是现实的？（类似的本体论问题引起了那种状态的实例。）正是这些形而上学问题决定了第三类问题。②

4. 因此，成功展示表现者的相关胜任力的表现避免了一种运气。根据胜任力德性知识论，知识是那种表现的一个特例。知识是这样一类信念，其正确是通过相信者的认知胜任力充分地达到的，因此，这类信念是“适切的”。③

然而，一个严肃的问题影响了知觉与行动的形而上学和观念体系，类 10
似地也影响了知识的形而上学和观念体系。这就是因果异常问题。

我们应该思考这个问题的三个变种的一条解决之道。一开始，我们会检验戴维森论行动、格瑞斯论知觉和作为适切性信念的知识解释。我们站

② 在此，我把奠基问题、涉及由于关系（in virtue of relation）的问题、本质问题、实质或构成问题归拢在一块，而抛开这些各种各样的本体论问题是否应该被区分以及如何区分不谈。［对这些问题的讨论，参见：Subjects among Other Things. Philosophical Perspectives，1987（1）：155－187］最近，奠基问题吸引了许多形而上学家的密切关注，诸如费因（Kit Fine）、罗森（Gideon Rosen）、沙弗尔（Jonathan Schaffer）及其他人。

③ 在我看来，我现在拥有两个网球拍这件事可能部分地但不充分地源自其中一个是我获得的礼物。毕竟，我拥有两个球拍的更全面的来源将包括我更早之前买了一个而且留着自己用。（与此相容的是，一个充分的解释可能还有待改进，以成为不仅充分而且比之前充分的解释更好的解释。）

在这些传统解释和“析取主义”替代项的对立面。并且，我们会挖掘形而上学的观点和实质是如何与这个问题以及对它的回应的竞争方案相关的。

我们下面的讨论分成四部分。在“行动、知觉和知识”部分，这种观点的主线将会铺开，并证明它是如何适用于所有三个领域中的相同基础结构的。随后，在“展示路径的进一步发展”部分，我们会更精细和详尽地发展这些观念。在“我们超越了格瑞斯和戴维森吗？我们的解释属于哪一类？”部分，我们思考我们的解释是如何超越格瑞斯和戴维森的。最后，在“我们探究的方法论语境”部分，我们会提供一种符合我们路径的方法论。

行动、知觉和知识

A. 行动

什么是意向性地行动？作为第一次接近，你可能认为意向性地行动就是成功地达到一个特定的意向目标，而且这个成功归功于行动主体的意向。

但这种说法会遭遇反例，例如：

> 一个侍者打算打翻一叠盘子，以让他的老板吓一跳。这个打算让他变得很紧张，导致他无意识地撞翻了那叠盘子，并吓到了老板。但这不是他意向性地要做的事，即使这里的成功是归功于该行动主体的意向。④

---

④ 这里不仅是对本段落的术语提醒，而且是对本书剩余部分的术语提醒。行动的理论化能够忽视一个人意向性地（intentionally）做某事与一个人（出于目的，特别是做它的意义）按照设计地（by design）这样做之间的重要区别。“意向性地”的意思仅限于“按照设计地”的意思，尽管在日常语言中，它的意思可以更广。因此，一个人可以在跑马拉松时意向性地磨平他的运动鞋，但无须（出于某个目的）按照设计这样做。在日常语言中，意向性地是与预谋的单纯知识相容的，然而按照设计地是与预谋的（或更宽泛地说，有目的地预谋的）恶意一致的。这个限制引起的问题对于理解行动的本体论是重要的，即使我们不处理一个人“意向性地”做的事情（不管是按照设计这样做，还是不按照设计这样做）的更宽泛的对象。[对比布拉特曼（Michael Bratman）的《意向、计划与实践理性》（斯坦福：CSLI 出版社，1999），特别是其中的两章：“意向的两副面孔”和“根据一个意向行动”。]

所以，我们应该要求这个行动主体的意向必须以正确的方式（即具有“正确的因果关系”）来实现他的成功。或者如戴维森对这个问题的长期抗争以及在这个问题上的部分思想中一再建议的那样。他的观点如下（有细微的变动）：在一个特殊场合，什么是一个行动主体意向性地做F？必定存在G，使得行动主体关于G的打算必定要“以正确的方式”引起“行动主体的特殊行动F”。⑤ 这个侍者撞翻那叠盘子的行为不是以正确的方式由任何这种意向所引起的。但目前还没有就何为“正确的方式”达成共识。 11

B. 知觉

1. 什么是感知一个实体？格瑞斯在《知觉的因果理论》（“Causal Theory of Perception”）⑥ 中所提出的一种关于知觉的解释是早期一个非常有影响力的答案。⑦ 格瑞斯是从来自普赖斯（H. H. Price）的《知觉》（*Perception*）的一个观点开始的：

X 感知 M，当且仅当 X 拥有一种因果地依赖于某种包含 M 的事

---

⑤ 参见：D. Davidson. Reply to Vermazen//B. Vermazen，M. Hintikka，eds. Essays on Davidson：Actions and Events. Cambridge，MA：MIT Press，1985. 戴维森的思想从《行动、理由和原因》（Actions，Reasons，and Causes. Jpurnal of Philosophy，1963）到《行动与事件论文集》（Essays Actions and Events. Oxford：Oxford University Press，1980）中的“打算”，然后再到他对弗尔马曾（Vermazen）和欣提卡（Hintikka）的回应。

⑥ H. P. Grice. The Causal Theory of Perception. Proceedings of the Aristotelian Society Supplementary Volume，1961：121-153.

⑦ 格瑞斯并没有清晰地区分我们的三类分析。他讨论更多的是语言学分析，正如他对蕴含理论的长期讨论。但他有时快速地从观念或概念跳到语词，反之亦然，而且有时他的关注点在毫无预警的情况下从对语词或概念的分析跳到对知觉现象的分析。例如，可以参看《知觉的因果理论》一文的第148页顶部：在那里，他报告了“CTP争论”［知觉的因果理论争论（contention of the causal theory of perception）］，即感知应该通过因果术语来分析。归根结底，他提倡的理论包含这个主张：X感知M，当且仅当M因果地（以某种通过案例呈现的方式）对X的某个感觉经验负责。无论如何，他的理论等同于一种关于知觉的主张，而不仅仅是关于知觉概念或“知觉”这个术语的主张。

态的感知经验。

12 他认为，这会遭遇反例。当我们置身于阳光之中时，我们的视觉感知经验因果地依赖太阳，甚至我们的视线离开太阳也是如此。在正常情况下我们也没有感知到我们的眼睛，即使我们的视觉经验高度依赖于我们的眼睛的状态。

2. 随后，这种解释被修正如下：一个对象被感知，当且仅当某个包含它的条件是一个特异的条件，在知觉的时候，这个条件影响了该知觉者的某些而不是全部的相关感知经验。当我们把视线移开时，我们看不到太阳；根据修正的解释，这不是因为视觉的这个条件只影响某些而不是全部的视觉感知经验。

然而，修正的解释也拥有反例。手电筒能够分别照射到同时看到的雕塑，因此，每一个手电筒都不同地影响了知觉者的视觉印象，尽管只有挡住手电筒我们才能看到雕塑。

3. 格瑞斯最终几乎形成了如下观点：

> X感知M，当且仅当X主导了一个感觉经验，M在因果上以正确的方式对这个感觉经验负责。

既然格瑞斯认为“正确的”方式是如此被把握的，那么这就是他在E部分呈现的观点。⑧

C. 知识

作为第一次接近，命题性知识被理解为达到其目标的信念，这种目标的实现不是通过运气而是通过胜任力。由此，这种知识是表现的一个特例，这种表现不是运气的而是适切的，即表现的成功充分地归功于表现者的相关胜任力。因此，一个表现的适切性被假定阻止了一种重要类型的运气，这种运气阻止了葛梯尔化主体（Gettiered subject）知道他们正确和胜

13 任地相信的东西。当一个信念的真太过归功于运气而不是恰当地归功于相

---

⑧ 在提倡这种观点时，格瑞斯希望不仅处理我们文本中所引用的案例，而且处理明显因果异常案例，诸如《知觉的因果理论》一文第142页的那些案例。

信者的胜任力时，这个信念就达不到知识。⑨

在一个葛梯尔案例（Gettier case）中，相信者的胜任力以某种方式对他们正确地相信 p 做出了某种贡献。我们可能会把“他们的正确”设想成一种合成状态，这种事态包含 P 和相信者的相信 p（believing P）的结合。相信者的认知胜任力的运用确实对他们的相信 P 做出了贡献，所以这意味着这种运用通过对只有其中一个合成项的持有做出贡献而对这种合成状态的持有做出贡献。然而，信念的适切性所要求的东西不仅仅是持有这种合成状态，它源于两个独立的渠道：一个是持有该信念，另一个是所相信的命题的真。这为信念 + 真的结合完全是巧合的情况留下了空间。即使相信者的胜任力非常有助于他们的相信，它依旧有可能根本无助于那种碰巧仅仅是一种碰巧。因此，为了一个信念成为适切的，信念和真的巧合必须充分地来自胜任力，所以，它不仅仅是巧合。更一般地说，为了一种胜任力成为适切的，它必须是一种胜任力的充分运用，这种运用产生了（a）企图与（b）这个企图的内容的实现之间的一致。⑩

但这也有明显的反例。假定一个弓箭手的胜任射击（a）在没有干扰的风的情况下会击中目标，（b）尽管第一阵风转移了它的方向，但它最后因为被第二阵风吹回了正确的轨道而击中目标。在此，行动主体的胜任力产生了箭的早期方向和速度，而这个结合的方向和速度与两个补充性的风最终击中靶心。所以，为什么这次射击终究不是适切的？当一个胜任力因为行动主体的胜利而是成功的时候，它是适切的。但我们的弓箭手在风的帮助下的射击确实似乎是因为他的胜任力而是成功的！如果这个行动主 14
体的胜任力没有导致正确的方向和速度，那么这支箭就不会击中目标。

根据戴维森和格瑞斯的观点，我们可以判断成功是适切的，当且仅当它以正确的方式因果地源自胜任力。本质上受到了幸运风的帮助的成功不

⑨ “我们已经达到了这样的观点：知识是出于理智德性的真信念，即信念由于德性而不是碰巧是正确的。”（E. Sosa. Knowledge in Perspective. Cambridge：Cambridge University Press，1991：277）

⑩ 证言的接收者可能通过他的认知胜任力的使用而有助于他的信念的存在，但却无助于其成功，即无助于其击中真之靶标。他的信念的适切性要求他做出某种贡献，尽管这种贡献对于他的信念的存在和正确性都是相当有限的、微小的。

是以正确的方式源自弓箭手的胜任力。

D. 三种解释的评估

1. 上述三种解释可能都不令人满意，直到我们说清楚什么是以正确的方式源自相关因果来源的成功。

2. 我们思考一下一般意义上的事实性现象的解释，诸如感知 x、杀死 x、感知 p（perceiving that p）、意向性地做 øing 和知道 p。这些东西包含了持续的心灵与世界的关系、主体/行动者的心灵与其周遭世界的关系。所以，对这些关系的哲学分析一再地诉诸某种本质的因果关系。所以，我们到达了这个问题的核心。

通常，这个问题是由异常因果即不规则的因果关系引起的，这种关系招来了反例，不管这个分析的目标是不是行动、知觉或知识。一再出现的、来自因果的异常性质的“运气”或“单纯巧合”与恰当的成功，相对值得赞赏的行动、知觉和知识是不相容的。

3. 对所有这些“事实性”现象来说，存在一种好情况（good case）和一种坏情况（bad case）。在好情况中，行动主体完全成功。⑪ 在坏情况中，行动主体以某种方式或其他方式失败了。

传统主义者认为好情况应该部分是由坏情况所构成的，加上坏情况中
15 所丢失的某种东西。因此，好情况中的现象是被构成的，以便它可以被形而上学地分析成因素。好情况和坏情况共享了一个最大公因数。区分二者的东西就是好情况结合了最大公因数和某些其他因素。在坏情况中，进一步的因素丢失了。

析取主义者反对传统主义者的解释。根据析取主义者的观点，不存在

---

⑪ 我的“成功”是相对于构成成功表现的目标而言的。严格来说，这意味着构成性目标是通过那种表现达到的。异议：要求行动主体必须“完全”成功似乎有点强。一个行动主体可以基于好但不完美的证据知道 p。这样一个行动主体成功了，但不像基于完美的证据知道 p 的行动主体那样完全。回应：是的，确实如此。但在我看来，你能够完全成功，即使你可能更完全地成功。可对比摩尔（Moore）和笛卡尔关于确定性之等级的论述。（日常谈话就是如此，例如我说“我的旅行箱满了，但这条手帕还是能塞进去”。）

这样的共同因素。析取主义在对知觉的解释中、在知识优先的（Knowledge—first）知识理论中是常见的[12]，并且同样适用于行动理论。

析取主义提供了以下三种解释的一个替代项：戴维森的意向行动解释、格瑞斯的知觉解释和作为适切信念的知识解释。这三种解释的每一种都包含了一种为好情况和坏情况所共享的、可辨析的因素。这三类失败的每一种都被说成包含一个也呈现在成功中的组成部分。对知觉来说，这个组成部分会是一种感觉或感觉经验。对行动来说，它会是一种意向或一种企图。对知识来说，它会是一种信念或判断。因此，传统主义者认为，成功之所以区别于失败，是因为成功中呈现的一个特定因素在失败中丢失了。否则，两种情况就是相同的。因果主义的传统主义者认为，在成功中呈现而在失败中丢失的东西是一种特定的因果关联，这种关联首先与失败和成功所共享的共同因素——不管这是一种感觉还是一种意向或信念——相关，是一个相对的世界性东西：这就是说，被感知到的东西、意向性地做的行为和被相信的事实。

因此，析取主义者反对传统主义者的分析。传统主义者应该为此担忧吗？

4. 根据一个有影响的论证，不存在对具有逻辑上独立的合取项的好情况的合取分析。[13]

---

[12] T. Williamson. Knowledge and Its Limits. Oxford：Oxford University Press，2000.

[13] 蒂莫西·威廉姆森（Timothy Williamson）的《知识及其限度》（*Knowledge and Its Limits*）这本书的第 1.3 节包含如下论证：

（1）知道概念的标准分析总是包含一个非冗余的（irredundant）、非心理的概念组成部分，即真。

（2）任何由一个非冗余的、非心理的概念析取地组合成的概念必定是一个非心理的概念。

（3）知道概念是一个非心理概念。

（4）知道概念不同于（非同一于）标准分析所援引的任何类型的析取概念。

（5）知道概念并不能通过标准分析来分析，因为一个正确的分析是一个概念同一性主张。

（6）知道概念的标准分析是不正确的，这不能通过葛梯尔文献归纳地证实。

作为回应，应该承认不存在根据结合在分析中的独立因素对好情况所
16 做的分析。这似乎对所有三种现象来说都是正确的：对行动、知觉和知识。所以，“析取主义”正确地宣称没有一种分析能把好情况分成独立的合取因素。而且，从这一点来看，不存在最大公因数，如果这正好意味着在每一种情况（好情况和坏情况）的分析中，没有最大的独立因素可以算作独立的合取因素。

然而，好情况承认还是存在进行形而上学分析的空间，如果这种分析不需要一种结合了独立因素的因素化分析。

所有三种解释——行动的、知觉的和知识的解释——都是把好情况分析成诸因素，而且在这三种解释中，好情况和坏情况会共享最大公因数。但它们无一会把这种最大公因数刻画成把好情况分析成独立合取项的一个合取支。为什么不存在这种分析？理由对于三种解释是统一的，因为它们都包含一种因果关系，这种关系出现在好情况中，而在坏情况中丢失了。这种因果关系相对来说无论如何都是可以同与之结合的其他因素区分开的。

没有包含因果相关项的事态会拥有形而上学分析，故而构成整体的两个要素不必然是由逻辑的或形而上学的必然性关联在一起的。因此，X 引起 Y 包含了 X 和 Y 之间存在一种因果关联，但整个因果事态不能被分析
17 成逻辑地与形而上学地独立的因素。即使因素 X 和 Y 是逻辑上地与形

(7) 这不仅对概念分析有影响，而且对形而上学分析有影响。例如，假设我们承认**知道**概念不同于**真相信**（believes truly）概念。再假设，尽管如此，我们坚持知识和真信念的形而上学分析是同一的，因为知识是状态，真信念也是状态。

(8) 这意味着，尽管概念相对应的状态多种多样，但概念必然是共外延的（coextensive）。这是奇异的（大概也是难以置信的）形而上学巧合。

然而，这条推理路线只适用于一种特殊的传统分析。它不适用于不包含非冗余的、非心理组成概念的分析。所以，它不适用于早期戈德曼（它也认为知识是由所相信的事实所引起的信念），也不适用于诺齐克（他的两个条件句：$p \rightarrow Bp$ 和 $\sim p \rightarrow \sim Bp$）。它也不适用于对作为适切信念（其正确性展示了相信者的相关胜任力的信念）的（动物）知识的解释。

而上学地独立的，也不存在一种方式能结合一个独立于这二者的进一步因素，这种方式将保证在 X 引起 Y 中所要求的因果关系。

5. 结果就是，如果行动、知觉和知识的因果解释应该被拒绝，并偏向析取的或 X 优先的观点，那么这个反对将需要超越任何假设，即恰当的分析必须被合取地分析成在逻辑上独立的因素。为了稳固他们的主张，传统分析的反对者们必须进行比迄今所做的论证更全面的论证。他们必须证明不仅不存在把相关现象分析成独立的合取因素，还必须证明不存在可接受的因果分析。

甚至假设对“正确的方式”的关键诉诸破坏了语义学分析和概念分析。因此，假设前者正确地认为下述三个领域不存在语义学分析和概念分析：行动领域、知觉领域和知识领域。然而，不管我们能否更详尽地提供这种分析，依旧可能存在一种形而上学分析，即使这种分析的构想必须利用“正确的方式”。我们可能提供的任何构想可能依旧不得不是部分的，而不是全面的。回想一下猫在毯子上这个例子中的这种关联，然后比较一下莱布尼茨的“无限分析”。

因此，形而上学分析还欠一个进一步论证，即不存在比行动、知觉和知识的形而上学分析更基本的形而上学分析。即使在相关领域（行动领域、知觉领域和知识领域）不存在关于语词或概念的有趣的、非循环的和信息丰富的语义学分析或概念分析，这种形而上学分析也不应该被排除。⑭

---

⑭ 异议：“关于对象性表观的析取主义的一个核心案例就是析取主义使知觉的现象学正确的论证，知觉的现象学是一种竭力主张朴素实在论的现象学：对环境中的对象的亲知的透明现象学。在这些环境中，这些对象似乎是经验的构成部分。在知觉案例中，这难道不是析取主义者所强迫的一个进一步论证吗?”回应：然而，这个论证也是非结论性的，因为根本没有这样一种感觉现象学。只存在一种作为相信倾向或诸如此类东西的表观的“现象学”。当对任何一个人来说，对象性表观“看起来”（seems）能够是相应的视觉经验的构成部分时，这无疑是一种正在进行中的表观。但这样一种偏见性“表观”缺乏一种证明效力来抵消幻觉和真实的经验所共享的相同感觉现象学“看起来”的合理性。此外，主观感觉经验的相信者不需要否定存在一种对象性的感觉经验，这种经验是由一个被看到的物理对象构成的。他也能够坚持认为，这种经验拥有一种根据被包含在这种经验中的主观经验而做出的形而上学分析。

E. 通过表现理论的一条路径

18 1. 接下来的目标就是扭转对传统因果分析的反对意见。“展示”（manifestation）概念的使用将使因果分析在这三个领域成为可能。对展示的诉诸有助于发展对那些问题的一种更好的解决之道。适切性概念（展示胜任力的成功）承诺不仅在知识理论中是有帮助的，而且在行动理论和知觉哲学中是有帮助的。

但戴维森和格瑞斯都在辩护他们各自的解释时做出了一个关键性的步骤。虽然他们的表述方式不同，但这个步骤在本质上是相同的。他们实际上都要求一种特殊类型的因果关系，同时表面上假设没有语词公式能够非琐碎地定义它。因此，戴维森说，不需要这种公式，而格瑞斯补充说，对正确类型的因果关系的把握能够通过案例获得。让我们更进一步来看。

2. 回想一下侍者打算撞翻一叠盘子，但他只是通过紧张的意图所引起的紧张的攻击这样做的。为什么这不是一个行为能与一个意向相关联的方式，以便构成意向行动？它所要求的因果关系是什么？它被如此定义，能够揭示为什么这个侍者的行为没有资格被称为意向行动吗？戴维森主张我们需要对这个问题的非扶手椅分析。根据他的观点，意向行动可被分析为由意向以正确的方式引起的行为，对这种正确的方式的进一步分析是不可能的或不做要求的。我们可以追问：什么东西不要求进一步的分析?根据我们的猫在毯子上的案例的观点，这是一个可信的回应：我们不需要为了做出任何进步而提供进一步的阐明（关于什么是“正确的方式”）。我们至少能够部分地通过诉诸恰当的因果关系“以正确的方式”构想一种意向行动的分析。

通过超越这样援引“正确的方式”而能够做出进一步的进步依旧是一件美好的事情。

让我们根据胜任力及其展示来尝试一种解释。概述如下：

> 知识是适切的信念。
>
> 知觉（命题性知觉，以及如此这般的知觉）是适切的知觉经验，这种经验的成功展示了胜任力。当一个知觉经验是真实的或精确的时
> 19 候，它是成功的。一个适切经验是其精确性展示了该主体的知觉系统

的相关胜任力的经验。

行动是适切的意向。⑮

在这三种情况中，下面的因素呈现在我们面前：

成功，实现目标。

表现的胜任力。

那个表现的适切性：不管这个成功是否展示了胜任力。

适切性——展示胜任力的成功——是“正确的方式”的关键，这并非偶然。此外，这三类人类现象都包含目标（aimings），具有一个目标的表现。通过我们的知觉系统的目的论，知觉包含功能性的、目的论的目标。意向行动包含彻底的意向的目标。知识区分为两类：一类是功能性的，类似于知觉；另一类是判断性的，类似于行动。

这类因果关系本质上包含了这三类现象，因此是适切的因果关系。成功因果地来自胜任力是不够的，因为这种来源可能是异常的，是通过运气获得的。毋宁说，成功必须是适切的。它必须展示表现者的充分胜任力。

展示路径的进一步发展

A. 对象知觉

我们应该如何特殊地理解对象知觉（objectual perception）？事实性的命题性知觉确实看起来以特殊的方式类似于行动和知识，因为这三类现象都包含一个具有命题性内容的目标，知觉的目标显然服从 AAA 形而上学分析：根据成功、胜任力和通过胜任力的成功。但我们如何把这条路径扩展而覆盖格瑞斯所感兴趣的更特殊的主题呢？

1. 格瑞斯论对象知觉。 20

a. 格瑞斯诉诸下面这些案例来为其“知觉的因果理论”进行辩护：

X 感知 M，当且仅当对某种现在时态的感觉材料的陈述对 X 来

---

⑮ 从本章的第 24 个注脚开始，我们会对这个定义做出限定，并在本书第三部分做出进一步的阐述。

说是真的，X 报告了一个事态，M 要以一种案例所表明的方式对该事态因果地负责。⑯

b. 不幸的是，格瑞斯的解释不过是如何获得一种解释的姿态。我们能够在格瑞斯的思想精神下做得更好吗？下面我们就企图这样做。

2. 作为对象图像之适切性的知觉。

我们的路径恰恰比经验的命题性内容要求得更精细。我们必须关注如下事实，即经验更精细地包含图像。以视觉图像为例，我们致力于提供关于一种视觉事物（诸如物理对象或事件的个体事物或其他客观的个体实体）的解释。⑰

某些表现不是自由的或意向的，不过也拥有目标，诸如一个生物有机体或其子系统的目的论或功能性目标。我们视觉系统的突出目标之一就是恰当地表征我们的环境。我们的视力确实通过视觉或其他经验的命题性内容来表征最接近的事实。然而，图像也能通过与个体的世界性实体的恰当符合来表征。在致力于表征的时候，一个图像将致力于以某种方式达到符合。⑱

---

⑯ H. P. Grice. The Causal Theory of Perception. Proceedings of the Aristotelian Society Supplementary Volume，1961：151.

⑰ 最终，我们需要推广，以便覆盖其他模态，如果这一切与我们的视觉路径相协调。诚然，这不会有琐碎的运用。我们需要公平对待其他感觉（诸如声音、嗅觉和触觉）的现象学。这可能不仅要求诉诸裸眼的直接知觉，而且要求诉诸间接知觉，例如，通过镜子和电视屏幕，甚至通过延迟观看中的照片或电影。因此，相似的观念与嗅觉相关，正如我们通过空气中的独特味道闻到一只臭鼬（没有存在这样一种动物的概念，既没有碰到过这种动物，也没有听说过这种动物）。

有人会排除任何来自知觉哲学的直接性概念，但其主体历史中的突出性让这种做法变得不理智。最好还是尝试理解直接性的多样性，参见我的《完好之知》（*Knowing Full Well*）第六章。这本书2011年由普林斯顿大学出版社出版。

⑱ 更严格地讲，通过在视觉经验中存储那个图像，一只动物的视觉系统（以一种动物的方式）致力于表征。通过视觉的运作，符合它们致力于达到的目标。但是，我在此并不承诺一种目的语义学理论（teleosemantic theory），特别是不承诺一种在进化论时间跨度中局限于自然选择的理论，甚至也不承诺一种历史理论，不管是相对于物种还是相对于文化。假定这些问题被证明有很大的困难和争议，我停留在一个高度的抽象水平上，而没有论及我们应该理解这些功能性或目的论目标及其所包含的“恰当功能”的所有哲学细节。

因为一个图像能表征大量幻觉，所以这种符合可能是极少见的。例如，21
麦克白可能把一把剑表征为一根行走着的棍子，但即使在这种情况下，还是存在某种正确的符合。图像和棍子将依旧共享一个瘦长物体的属性。⑲

3. 一种关于对象视觉表征的解释

a. 首先，两个初步准备：

> 图像 IM 符合 x，当且仅当（a）IM 致力于符合某个世界性的东西，即致力于与某个世界性的东西或其他东西共享内容的一个结果，（b）存在 IM 的某个内容，它特别符合 x，通过共享属性或条件，包括相关属性或条件。⑳
>
> 图像 IM 适切地符合 x，当且仅当（a）IM 达到符合某个世界性的东西或其他东西的目标，由于它特别符合 x，（b）所以 IM 符合 x 展示了 S 的知觉胜任力。

b. 现在讨论一种关于对象视觉表征的解释：

> S 视觉地表征对象 x，当且仅当 S 所拥有的一个视觉图像适切地符合 x。

根据一种基本形式的观看（seeing），看到一个（最广义上的）个体“对

---

⑲ 当然，这种共享不仅仅是一种联合例证（co-exemplification）。一个图像和一个客体能够以不同的方式“共享”属性，通过这个图像所包含的一种属性，而且这种属性是由客体所例证的。在此，图像被假定拥有一种类似于虚构角色的身份。例如，哈姆雷特这个角色包含拥有一把剑的属性，但不例证这种属性，因为角色没有合法地拥有剑。图像和角色在本体论上是肤浅的，就像阴影、表面，而且它们可能都基于或依附于更深层的、更实质性的实体或现象。但我们不需要为了赋予这些实体本体论身份而进入这些形而上学问题，同时援引它们来阐明其他现象。

⑳ 在此，我可能需要灵活地允许语境条件，因为我的图像包含“现在在我面前”的条件，或者甚至包含“引起这个图像”的条件。即使我们允许后者自指的内容，我们还是需要阻止异常的因果关系，而不是更偏向于诉诸“正确的方式”，因为要点在于改进戴维森和格瑞斯的观点。

象”就是在视觉上表征那个对象。㉑

22 4. 它不能证明我们的解释覆盖了格瑞斯所设想的典型案例，因为他表述得非常少，他没有给出一个完全的清单，甚至没有给出任何清单。他主张案例能够被用于传递让知觉的因果解释成为可能的那类因果关系。

通过说更多关于这类因果关系是什么的，我已实现了超越，即使最后我们也依赖于证明（而不是说出）格瑞斯和戴维森所做的。为了说明为何如此，讨论一个案例是有帮助的。

假设麦克白遭遇了匕首幻觉，同时在相关的地方和时间存在一把匕首，这把匕首确实在每一个知觉方面都像他幻觉中的那把匕首。我们确实能够理解这种情况，即使描述得如此贫乏。我建议，在这样做的时候，我们依赖于麦克白碰巧是对的，而非通过胜任力是对的。

现在，我们能够解释麦克白为什么和如何在视觉上不能表征真实的匕首：他缺乏与之相关的表征，这种表征是根据胜任的和适切的视觉表征来定义的。麦克白所拥有的视觉图像没有适切地表征真实的匕首，因为没有适切地共享它所具有的任何内容。内容的任何共享都只是偶然的，而不是通过麦克白的视觉系统与真实匕首的交往中的胜任力。

而且，格瑞斯所使用的案例反驳了普赖斯更早期的理论，不过这些案例适用于我们的胜任力-理论解释。我们没有看到太阳是如何影响我们的视觉经验的，这是因为我们确实不是“视觉地表征”它的。同样的情况也适用于我们的眼睛。在两种情况中我们确实不拥有任何相关的视觉图像，然而根据我们的解释，我们只能视觉地表征，这种表征是拥有一个与

㉑ 异议：“第二性质的感觉并不与世界性的东西共享内容——世界中的客体并不拥有与感觉一致的属性。（例如，我们对暖的感觉似乎并不共享暖的物理属性的内容。）然而，我们通过拥有第二性质的感觉的方式感知客体。我们的所有感觉难道不是第二性质的吗？如果是这样，那么世界就是康德式的：客体的真正属性在某种意义上隐藏在我们背后。但我们可能依旧在感知它们。”回应：我们需要把蓝色的属性与那种属性的本质区别开。这种属性可能拥有第二性质的本质。在那种情况下，相关图像可能“包含”那种第二性质，使得这个图像和天空可能“共享”那种属性。

所表征的物体适切地相符的视觉图像。[22]

5．正如我们当前所看到的，这条路径也有助于解决戴维森的意向行
动解释所面临的相似问题。什么“正确的方式”能够让一个行为由一个
意向所引起？在此，正当的因果关系最终通过胜任力、知觉胜任力或能动 23
性胜任力而成为因果关系。[23]

B．行动理论中为展示所做的辩护

1．回想一下侍者撞翻一叠盘子的例子（虽然意图当时当地正确地这样做，但只是通过紧张的意图引起了紧张的攻击）。戴维森主张对这个问题的扶手椅分析或是不可能的，或是不被要求的。根据他的观点，可以将意向行动分析为以正确的方式由意向所引起的行动，无须对**以正确的方式**构成因果关系的东西做任何的进一步分析。[24]

㉒ 异议：“假设我在一个镜子中看到我自己的眼睛，由此拥有一个适切地符合我自己眼睛的视觉图像。当我的视线离开镜子之后，我的视网膜继续以完全相同的方式做出刺激（也许这就是视网膜神经运作的特性——它们在原初视觉联系消失的一段时间后继续提供相同的信号）。我的视觉系统继续拥有一个符合我的眼睛的图像，而且是由于之前的胜任力这样做的。这是足够适切地符合吗？当我不再看我的眼睛时，我还是能够感知到我的眼睛。这种说法似乎很奇怪。另外，如果它不是适切地符合，那么为什么不是？”回应：我被如下事实所鼓励，即我们继续说在夜晚看到了星星，即使我们理解我们真正看到的是什么。无论如何，相关的胜任力不仅仅是之前的胜任力。它必须是更具包容性的胜任力，它的运用以任何方式扩展到当前所拥有的相关图像，就像我们观看星星一样。

㉓ 我之前的建议是，指称也可能通过胜任力和展示产生分析，并且适切性在很大程度上来自对象知觉和指称之间富有成效的类比的承诺。

㉔ 目前为止，我的根据胜任力展示的意向行动路径只是一个梗概。并且，这个梗概基于对这个主题的两个约束条件。在此，**意向只是指导目标**，**意向性地** ϕing **就是按照设计地**（by design）ϕing。由此，我希望绕过由日常语言的“意向性地 ϕing”所覆盖的更大范围。

而且，重要的是要注意到，当付诸行动时，一个意向才成为一个企图。在那个点上，企图可能成功或失败，而且如果它成功了，那么它就可能是适切或不适切地这样做的。所以，更严格地说，行动是一个适切的企图（通过行动时刻适切地成功的意向）。

当然，对我受限的主题的更完整的处理需要结合行动理论的丰富文献。但这是另一个计划。在此，我们通过思考一种德性-理论路径可能有所贡献的有前景的方式进行更高层次的抽象。

2. 比较一下砸碎在硬地板上的一个酒杯，但只是因为在其接触地面的那一刻被一个讨厌脆弱东西和硬物触碰的恶魔通过一道光击碎的，这道毁灭性的光线也能摧毁（zap）[25] 一个铁质哑铃。在此，易碎性是碎裂的一个来源，但不是正确的方式。我们再次诉诸了便宜的“正确的方式”。现在，我们说，为了成为一个真正展示的倾向的表面“展示”，它必须源自正确的方式的倾向。

3. 胜任力是倾向的一个特例。当他尝试时，胜任力的拥有倾向于成
24 功，或者说这种拥有是我们自身之中的一种相关技能，具有恰当的状况和情境，使他在足够接近的世界中尝试，并且在他所尝试的足够接近的世界中，他足够可靠地成功。但必须以正确的方式如此。[26]

C. 知识理论中为展示所做的辩护

在第一次接近时，我们把命题性知识设想为达到其目标（真）的信念，这种目标的实现不是通过运气而是通过胜任力。由此，这种知识就不是幸运的而是适切表现的一个特例：表现的成功适当地归功于表现者的胜任力。因此，一个表现的适切性被假定阻挡了一种重要类型的运气或单纯的巧合，这种运气阻碍葛梯尔化主体知道某种东西，甚至阻碍他们正确且胜任地相信那种东西。当一个信念的真太过归功于这种运气而不是恰当地归功于相信者的胜任力时，这个信念达不到知识。概言之，这个信念的成功（它的真）必须是适切的，必须恰当地归功于胜任力。这是异常因果关系发挥影响的地方。为了胜任力是恰当地适切的，为了它不是以确实不依靠（否认功绩的）运气的方式是适切的，那个成功如何恰好必须因果地源自胜任力？记得受两阵风干扰的弓箭手的成功。在那种情况下，这个成功依旧因果地归功于这个弓箭手的胜任力。那么，它为什么是适切的？它以何种方式归功于运气而不是胜任力？在此，

---

[25] 根据韦氏字典，“摧毁”是一个及物动词，定义如下：“(a) 用突然的外力处理、毁灭或消灭；(b) 用一种突然集中使用的力量或能量冲击。”

[26] 它必定不只像我们的易碎性-厌憎的摧毁者案例那样的临时干扰。然而，这是第一次接近，到第四章再重新讨论。

成功必须以某种或其他方式更多因果地源自充分的胜任力。它必须通过展示那种胜任力而这样做。

结论

我们发现了行动、知觉和知识的统一性。这三者都由目标和具有一个构成性目标的表现所构成。在知觉中，目标是功能性的，通过我们知觉系统的目的论。一个意向行动的目标显然在其构成的意图中。知识分为两 25
类。一类是功能性的，所以其目标能够是目的论的，类似于知觉；另一类是判断性的，其目标类似于意向行动的目标。这是因为判断是一种行动，判断性信念具有相应的意图。[27]

当因果关系以正确的方式被包含在这三类现象中时，它是关于适切性的因果关系。因果地源自胜任力的成功是不够的，因为它可能是异常地引起的。毋宁说，这个成功必定是适切的。它必须展示该表现者的充分胜任力。

我们超越了格瑞斯和戴维森吗？我们的解释属于哪一类？

A. 理解和不可言喻

1. 以一种表现-理论的方式，我们的解释通过说明“正确的方式”超越了格瑞斯和戴维森，因果关系必须以这种正确的方式把相关项结合在一起：从事意向行动的意向、具有知觉对象的感觉经验和具有事实知识的信念。[28]

---

[27] 本书第三章将详述这一点。

[28] 通过把知觉——不仅把命题知觉，而且把对象知觉——放置在生物和心理的胜任功能领域，以及放置在满足精确性、熟练性、适切性的AAA结构的生物和心理表现领域，我们超越了格瑞斯。

然而，我们不需要认同格瑞斯或戴维森，知觉或行动“以相同方式”要求有效的因果关系。我们超越他们的进步可能采取拒斥那种观念的形式。

然而，似乎合乎情理的是，不管一个倾向在什么时候展示在一个特定的结果中，一种因果关系都在触发事件和相关结果之间成立。因此，这是一种被包含在这

我们乐意理解行动、知觉和知识的形而上学与知识论。为此，我们必
26 须使用某些概念，甚至在这些概念无助于通过言语规则来表达的时候也是如此。因此，即使它们是我们所广泛地共享的东西，它们也不需要是可表达的。

当真？我们如何来理解那些神谕般的主张？

2. 比较一下我们如何领会礼仪，这种领会要求什么。没有言语规则能够（通过明确的约定）完全传递或规定什么是礼貌的行为。礼貌的面对面交流设定了参与者之间恰当距离的界限，限定了声音的大小和语调的高低。这些东西要如何通过言语规则来把握？看起来我们毫无希望完成这种把握。然而，先前的共同体约定或多或少设定了那些界限。这种约定要求在先的同意，至少是默认的同意，这种同意反过来要求共享的内容，这些内容甚至没有明确的约定的同意。

比较一下胜任力的“展示”。一个共同体可能类似地同意（不管我们最终是否理解这种默认的“同意”及其内容）一种给定的胜任力的“展示”是什么样的，甚至无须言语规则的帮助。这就类似于“礼仪”，无论是一般方面的还是特殊方面的。思考一下完全胜任力的SSS结构（技能、状况和情境），我们的那些概念以及由此引发的SS和S相关物。以我们完全的驾驶的胜任力为例，这种胜任力包括：（a）我们的基本驾驶技能（这种技能甚至在我们睡着时依旧存在）；（b）我们在那个时刻所拥有的状况（清醒、冷静，等等）；（c）我们的情境（坐在轮子上，还是站在马路上，等等）。去掉情境，你依旧拥有一种内在的SS胜任力，即甚至在你睡（具有一种不幸的状况）在床上（处于不恰当的情境中）时，基本的驾驶技能依旧存在。

种展示中的因果关系。但我们确实不需要假定，在每一个展示案例中，这种相同的因果关系都被内在地包含在其中。更特别地讲，我们甚至不需要假定，在每一个意向行动或知觉案例中，因果关系需要内在地相同。为了假定在每一个意向行动或知觉案例中，因果关系都是“同一类”，或者相关原因“以相同方式”引起了相关结果，格瑞斯和戴维森都不需要假定那么强的东西。“类型”和“方式”可能是析取的，也可能是可决定的，这个问题依旧是开放的，使它能够以多种方式实现。就这一点来说，我们可以有样学样。

广义上讲，这些概念没有分享言语表达的好处。

能够解释为展示的东西似乎也只能通过隐含的方式，而不能通过明确的（和非琐碎的）言语表达才是可把握的，就像礼仪。

B. 胜任力、倾向及其展示

1. 驾驶的胜任力分为三种：技能（基本的驾驶胜任力）、技能 + 状
况（技能加清醒、冷静等状况）、技能 + 状况 + 情境（技能加状况加在一 27
辆运动中的车轮上且马路相对来说是干燥、平整的，等等）。只有相关的 SSS 胜任力才能完全胜任地在一条马路上驾驶。什么东西决定我们是否拥有最内在的 S 胜任力？它很可能是一个模态问题：如果我们试图安全地驾驶，那么我们就会足够可靠地成功。但有*任何*条件吗？完全没有。这不是说，当我们喝得烂醉如泥或在一条湿滑的路上时，如果我们试图驾驶，我们就能安全地驾驶。但这可能与我们安全驾驶的胜任力无关。存在一种 SSS 条件的排列组合，使得我们尽可能成功地安全驾驶。这包含我们需要所处的状况的范围以及某种我们必须与之相关的道路（包括道路条件）的某种范围。使用汽车与道路的共同体对状况和情境的某种特定结合感兴趣，并且我们都隐含地同意那些结合是什么。因此，如果我们试图在那些状况 + 情境的结合中驾驶，那么最内在的驾驶技能是作为我们足够可能的成功的基础而存在的。

2. 一般而言，与胜任力相反的倾向依旧拥有三维结构，这一点并不显而易见。但通过稍微地延伸，它们能够共享这种三维结构。因此，我们可能会认为完全的易碎性要求易碎物品不仅拥有一种特定的内在结构，而且要求易碎物品处于特定的温度范围中，以便一个玻璃杯加热变成液体时丧失其易碎性。我们甚至可能赞同一旦被悬置在外空间，它就丧失了易碎性。我们确实会谈及我们的*失重*。因此，没有这些延伸，倾向也能够分为三种：（1）基底（seat）（或最内在的基础）；（2）基底 + 状况（shape），包括温度等；（3）基底 + 状况 + 情境（situation）。当我们处于外太空时，我们以 SeShSi 的方式处于失重状态，然而我们可能依旧保留了完全相同的体重，依旧可以 SeSh 的方式或以一种最内在的 Se 的方式被解释为是有重量的。

SSS 条件存在一种排列组合，使得我们足够可能地打破承受一种特定压力的物体。这包括它需要拥有其中的某种范围的状况，它必须处于某种情境之中。我们作为使用那种物体的人感兴趣于状况与情境的某种特定的结合，我们都隐含地同意那些结合到底是什么。因此，如果一个易碎物品在那些状况 + 情境的结合中从属于相关触发机制，那么最内在的易碎性——即基底——就被规定为足以打破易碎物品的基础。

28 我们拥有大量变化的常识性倾向概念的排列组合：易碎性、易燃性和可锻性，等等。这些概念也许都能根据我们的 SSS 结构来理解，再加上相关的触发机制和结果。一个物体的最终行为展示了一个给定的倾向，只要它因果地源自那个倾向的触发事件，当这个物体拥有相关基底，并处于相关的状况和情境之中。什么是相关的状况、情境、触发机制和与一个特定倾向性概念相关的结果？这不是三言两语能说清的，不过人们可以充分地认同他们对那些概念的领会和使用。因此，一个特殊的倾向拥有一个**独特的** SSS 外形，具有受限制的状况和情境。不是所有粉碎的倾向都等同于易碎性，例如，摧毁者依赖的倾向就不算。

3. 但为什么我们对如何分类倾向以及它们的特例诸如能力和胜任力达成了这种隐含共识？为什么我们确实如此广泛地同意一个物体的输出应该被归属于那个物体所拥有的特定可知倾向，作为其展示和通过外延归属于那个物体本身？

一般而言，当那个输出是好的时候，这是这个物体的功劳，当输出是坏的时候，损坏的也是它的名誉。这个物体可能是展示其胜任力的行动者，或者它可能是展示了一种单纯倾向的无生命的病人。为什么我们确实如此广泛地认同这些倾向、能力和胜任力，认同它们所决定的功劳和信誉损失（不管这是一个道德行动者的功劳，还是一把尖刀的功劳），以及认同它们有助于构成的类概念？[29]

---

[29] 异议：“你在此感兴趣的案例（因果异常案例、葛梯尔案例）都介于好情况和坏情况案例之间。有趣的是，在这些案例中，我们关于信誉的直觉并没有变得清

这难道不是人类赖以生存的常识（这种常识是一种被工具性地决定的常识）的一部分吗？

这种常识帮助我们探究潜在的好处和危险以及这些常识的载体是如何被处理的。作为处理展示了胜任力和倾向的事情与行动主体的一个特例，我们拥有鼓励赞赏或赞同，或不鼓励责备或不赞同的属性，这些反过来有助于固定我们自身以及我们后代的相关倾向、能力和胜 29
任力。

“当然，这样一种工具地决定的常识必定被构造起来，以反对关于什么是正常或标准的隐含的背景假设。这些假设或者是一般的，或者是就某个可能语境相关的特殊表现领域而言的。”许多都是人类表现的领域，允许和通常要求超越日常的专家水平的领域：竞技、艺术、医学、学术和法律，等等。专家性的知觉、能动性和知识是由特殊领域各自水平的胜任力成比例地规定的。通常，这在很大程度上是约定俗成的，或者，是通过我们的进化史对成功的要求、由最基础的胜任力和倾向所设定的。毕竟，我们如何赞赏与不赞赏、信任与不信任，这些都与个体或集体的人类繁荣有很大的关系。

展示决定赞赏与不赞赏，并且以某种可投射的方式因果地归属于展示倾向的主人，尽管这不过是服从于表达方式，而不是与绿蓝（grueness）（或“绿蓝的”）相对的绿色（或“绿色的”）的可投射性（projectibility）。当某种东西通过展示表明其真正的颜色时，我们就能觉察并修正自己期望从展示倾向的主人那里获取什么东西的观点。这与当倾向仅仅是模仿的情况相对，使得相关的触发机制促进了相关的表面展示，但只是通过

晰起来。以紧张的侍者案例为例。他成功地吓到了他的老板，但却是因为他的紧张导致他弄翻碟子而成功的，他应该为此遭受谴责吗？我认为许多人会说应该，至少在某种程度上如此。”回应：也许是这样。无论如何，如果我的礼仪类比是适切的，那么胜任力就隶属于模糊区域，就像礼仪一样。而且，一种亚文化可能认识到胜任力在某种程度上不同于绝大多数人的胜任力。当然，这超出了被认识到的胜任力之于良好界定的领域的相对性的范畴，诸如那些特殊的运动领域、特殊的专业领域，甚至科学领域。我们可能对专属于这些领域的知识不感兴趣。在一般知识论中，我们可能关注一般知识的结构特征，研究这些知识与常识意义上的“知识”的关系。

胜过一切的模仿行为。这种虚假的展示不是这个倾向的相关功劳，无论是因果功劳还是其他功劳。由此，这个主人反过来不要求赞赏或不赞赏。

4. 回想一下当一个好的酒杯即将撞击硬地板时被摧毁的易碎性的模仿。根据假设，摧毁者的因果行动胜过了这个杯子的内在结构，在正常情况下借此破坏影响。那个内在结构依旧能够因果地发挥作用，因为它是通过摧毁者的能动性进行运作的（这个摧毁者讨厌硬地板对易碎性的影响，他用微波照射了这个易碎的玻璃杯）。那个内在结构尽管以那种方式（即通过摧毁者的知识）因果地运作，但却不是以正确的方式运作的。这就是我们在正常情况下归属于玻璃杯的易碎性不是对那种情况的真正展示的原因。[30]

30 相关信念、经验或意向什么时候确实以这样一种方式分别产生了知识、知觉或意向行动的成功？那要求一个固定的技能、状况和情境的SSS结合，以便于在触发机制启动的基础上引发展示。这必须是恰当地发生的。思考一下对于一个酒杯之易碎性的真正展示所要求的东西。如果那个杯子是因为某个讨厌易碎品碰击硬物的人的照射而被粉碎的，那么它的粉碎就没有展示其易碎性。尽管如此，他确实成功地把酒杯的易碎结构与粉碎性影响因果地联系在一起了。

---

[30] 当然，我们可以理解一个更宽泛、更可测定的（determinable）“易碎性”类型，这种类型的“易碎性”囊括了我们日常的易碎性所要求的所有情境。这种更可测定的易碎性允许一个物体在可恶的摧毁者在场的情况下获得暂时的易碎性。甚至酒杯可能暂时与铁哑铃共享这种易碎性（只要摧毁者徘徊在附近，并且把他对酒杯撞击硬地板的厌憎扩展到对铁哑铃撞击硬地板的厌憎）。然而，这是恰当英语的一种延展；而且这是一种恰当的跨语言的意识形态的延展，因为对其他自然语言来说，相同的情况也会发生。我们在正文中的讨论表明了，如此扩展我们的语言和意识形态可能是可取的或不可取的理由。这很可能取决于相关共同体有多大的概率遭遇这样的摧毁者。因此，回顾一下文本中的建议：“当然，这样一种工具地决定的常识必定被构造起来，以反对关于什么是正常或标准的隐含的背景假设。这些假设或者是一般的，或者是就某个可能语境相关的特殊表现领域而言的。”

第四章将发展一种更完全的胜任力解释，一种认识到远端（distal）胜任力和近端（proximal）胜任力之区分的解释。严格地说，一个易碎的酒杯能够在足够弱的冲击下粉碎，这展示了其易碎性。实际上，易碎性似乎是一种包括引起（相关）分解的（近端）压力程度的近端倾向。然而，认知胜任力通常是非常远端的，因为它们包括外在世界的知识所要求的经验胜任力。

被摧毁的易碎性案例表明，一个倾向能够展示在一个特定结果中，当且仅当它恰当地解释了那个结果。[31] 这要求固定的技能、状况和情境的结合，以便在触发机制启动的基础上引发那个展示。并且，这必须以正常的方式发生，通过共同的同意排除了摧毁者的行动，甚至他确实异常地成功把这个触发机制与表面展示关联在一起。

C. 我们如何超越对“正确的方式”的诉诸

1. 明确依赖一个“恰当性”要求，这给我们提供了一种温和的解释。更大胆地说，我们可能宣称当摧毁者粉碎了玻璃杯且知道它是易碎的 31
时候，这种粉碎直觉上没有展示这个玻璃杯的易碎性，而且不需要依赖任何恰当性要求。任何寻找足够合理性的人都能做出如下大胆的主张：

> 展示能够让我们超越依赖“正确的方式”或“一种恰当的方式”或任何这种术语的需求。因此，胜任力或其他倾向的展示提供了一条详细说明与行动、知觉和知识相关的“正确的或恰当的方式”问题的路径。[32]

---

[31] 不管它在口头上完成得多么奇怪，我们的许多有用的概念清单都没有给予其实质性内容，甚至没有通过语言表达对它进行充分的描述。我们关于倾向、能力、胜任力及其展示的共享的概念图式很可能是一个特例，而我们的共识明确缺乏可表达的内容。同样，我们也没有任何非琐碎的方式能通过明确的约定来保证它的。所有这些都与构成、学习和调用礼仪相一致。

[32] 异议：“这条路径的一个缺陷就是它依赖于已经存在的普遍共识，这个共识虽然说不清楚，但涉及正确种类的因果关系或展示的实例。但在葛梯尔反例上存在分歧——有些人认为假谷仓案例算是一个葛梯尔反例，但有些人认为它不是。”回应：是的，存在这种依赖性，但它真的是一个缺陷吗？试想一下 X-哲学（X-Phi）研究者越来越感觉到，对大众来说，巴尼（Barney）确实知道。然而，写这个主题的哲学家中，绝大多数人的清楚意见是，他真的不“知道”。如果着眼于大众，那么我们就能把这处理为知觉的分类胜任力，一种表象（我指的是客观表象）与实在匹配的情境条件。我们可以充分地说，因为巴尼碰巧看到了谷仓，所以那个条件就获得了满足。相反，哲学家们倾向于把这个情境条件进一步扩展到模态空间，使表象/实在的关联不太容易失败或对那个主体来说在那个时间点上是失败的。根据常识的观点，给定巴尼是如何被构造的以及是如何与他的环境相联系的，他可能太容易面对一个节点，遭遇那种失败，假谷仓所设定的客观表象并不伴随一个真谷仓的实在。在此，我建议可以很好地认识到，不是只有一种“胜任力”，而是有两种“胜任力”。哲学家们强加了两个更苛刻的情境条件，大众则更随意一点。

这包含因果异常问题。但它也包含格瑞斯在其分析因果关系时所面对的一个问题，不是异常问题，而是一个与之密切相关的问题。就我们的视觉经验来说，我们眼睛的因果关系不是真的异常的，甚至当我们的眼睛处于日光中但看不到太阳的时候，太阳也不是异常的。然而，格瑞斯太过依赖一个假设，即与一个对象关联的因果关系和我们的感觉经验必须以一种特殊方式是因果性的，这种因果关系是通过案例呈现的。

详细说明正确的、恰当的方式的两个问题都是通过一种原初的展示关系来解决的，这种关系一方面拥有结果展示（成功的表现），另一方面拥有（知觉的、能动性的和认知的）胜任力展示。当我们观看阳光灿烂的风景时，我们不能看到我们的眼睛，就像我们不能看到太阳一样，尽管我
32 们的视觉经验非常依赖它们。我们的理论能够解释这种失败，因为我们没有相应的图像。

2. 某些人依旧怀疑我们的原初“展示”概念所宣称的那种能力。对这种怀疑论者，我们可以后退一步，提供一个更温和的选项。通过案例，我们依旧能够解释恰当的展示所要求的东西。并且，我们甚至能够否认任何完全依赖明确的口头表达的野心（通过援引“展示”）。㉝

根据这个更温和的选项，我们将获得进步。我们将更全面地说明其中所包含的这类因果关系。并且，我们将看到，这三类情况——行动、知觉和知识——包含同一类因果关系。

我们探究的方法论语境

在哲学中，在运用一般共享的概念时我们通常诉诸我们日常所说、所想的东西。但我们的主要兴趣不局限于语义学分析或概念分析。我们想知道个人的身份、自由、责任，以及心灵及其状态和内容，公正、行动的正当性和快乐等，我们的主要关注点不是或不仅仅是语词或概念。存在超越语词和概念的事物，我们希望理解其本质。人的形而上学超越了“人”

㉝ 我们甚至可以承认我们不能完全依赖明确的口头表达。研究语词的分析学家可能被语词所败。在分析中，对于我们不能言说的东西，我们可能还是在言说。

这个语词及其相关词的语义学，甚至超越了与之相关的概念分析。

同样的情况适用于认知关切，诸如知识及其他认知现象的本质。思考一下认知词汇，甚至知识论及其规范性的概念结构。似乎存在一种开放的可能性，我们的语词和概念并不处于领会与理解相关客观现象领域的最佳状况中。为什么不在知识论中为术语和概念进步留下可能性，就像科学为 33
我们提供了重构术语的可能性一样？通常，这发生在深植于常识之中的术语和概念，例如鱼、蔬菜和水果等许多其他观念。如果是这样，那么语义学分析和概念分析就可能依旧是知识论的一个卓越开端。这种分析对知识论者来说依旧是重要的，一般而言，对哲学家来说也是重要的。但我们也可能描绘现象，这种现象的重要性被我们的日常语言和思想弄得晦暗不明。

如果是这样，作为一个红利，那可能有助于阐明哲学中非常常见的、普遍持久的分歧。我们中的一些人可能正在试图进行完全一般的语义学分析或概念分析，这种分析将或明或暗地适用于所有思想实验。而我们之中那些被一种简单的和富有启发性的对待现象的方法所打动的人可能正在“遭受煎熬”，如果通过这样做我们能够区分一种重要且感兴趣的现象，那么我们就会对它与其他现象的关系感兴趣。由此，我们可能反对一种表面的反例，同时允许这个例子指向某个进一步的现象。在我们的特殊探究中，这个现象与那些我们直接感兴趣的现象相关。

由此，哲学进步可能采取一种类似于科学进步的形式，后者包含了概念创新。我们可能在现象中发现重要的差异，即使没有专门的术语或概念与它们精确地对应。如果是这样，那么它就可能有助于我们使用近似的术语或概念，使得它们帮助我们标示相关现象，并且在关键点上更准确地切中那个领域。

最后，一旦我们的目标是形而上学分析，而不是语义学分析或概念分析，咬子弹（bullet-biting）就不等于放弃直觉。形而上学计划主要是由涉及现象的直觉所驱动的，而不是由描述它们的语言（的恰当使用）的直觉所驱动的，也不是关于相关概念的内容的。毕竟，根据建议，吞下子弹完全不仅仅是描述或理解我们既有的语言或概念，也是要改变它们，这种改变至少是通过加法，但也许也通过减法或修正来实现。确实如此，相关的形而上学直觉将需要概念内容，但我们对现象的关注可能导致概念的修正，甚至创造新的概念。当我们开始探究时，我们不需要局限于所使用的概念。相反，我们的探究可能恰恰修正了概念。

第二章　德性知识论：品格 vs. 胜任力

导　论

众所周知，存在两种截然不同的德性知识论。其中一种德性知识论认 34
为，知识论与亚里士多德的道德德性（moral virtues）有重要的关联。这种责任论的品格知识论（responsibilist character epistemology）把其认知规范性解释建立在主体的认知品格的负责任的展现上。另一种德性知识论更接近亚里士多德式理智德性（intellectual virtues），同时承认有一组更广泛的胜任力。这组胜任力仍然受限于感知、内省等基本官能。在我们的领域，这种正统的二分法有很大的误导性，这一章将对此提出挑战。

1. 在《探究的心灵》（*The Inquiring Mind*）① 中，贝尔论证了一条独特的路径，同时预设了这种二分法，并对竞争路径提出了详尽的批评。他反对我的德性可靠论，指责它可悲地忽略了责任论的、能动性的理智德性。他也反对其他责任论者，认为品格知识论在传统知识论问题——诸如怀疑论和知识的本质等问题——上只能取得非常有限的成功。鉴于知识论还有比老问题更多的问题，他建议致力于其偏爱的品格的、责任论的、能动性的德性知识论。在他看来，如此我们能够更好地在知识论中定位知识论的品格特征，从而比过去更紧密地把知识论和伦理学结合在一起。而
且，德性可靠论者不仅忽视了责任论的、能动性的理智德性——这些理智 35
德性对超越传统的知识论问题是非常重要的，而且忽略了责任论的德性在

① 牛津大学出版社2011年出版。这本书用很大篇幅专门论述了两种德性知识论的关系，对德性理论做出了突出贡献。

处理这些传统问题上的重要性。我们一旦认为人类知识的层次远比通过诸如感官知觉等简单机制可获得的知识更复杂，就马上能意识到这种重要性。

鉴于贝尔在《探究的心灵》一书中全面、精辟地讨论过那些问题，我们就从这本书开始我们的讨论。特别是，我将讨论他对我的替代路径的批判，并提出一种辩护。我将大致论证，《探究的心灵》这本书关于我的观点的讨论是失败的。然而，我的目的不在于辩论，而在于回顾德性知识论，更全面地揭示这个领域的现状和现在最前沿的可行选项。

2. 在对人类知识的本质、条件和范围的传统知识论探究中，贝尔主张“理智德性这个概念的确应该扮演副手或配角”。而且，就理智德性而言，他指的是责任论的、能动性的、品格的理智德性，而不是可靠论的官能（faculties）。在《探究的心灵》一书的第四章，他得出如下结论：

> 我们已经看到，德性可靠论者……必须扩大他们的关注点，不仅要包括更机制性的或基于官能的人类认知维度，而且要包括更积极的、自愿的，或基于品格的维度……我们已经看到，不这样做的代价是，可靠论者无法解释……与我们人类最关心的许多知识密切相关的那种可靠性。

3. 作为回应，我将为我的四种主张做辩护：

> 第一，德性可靠论从一开始就一直包含那个扩大的关注点。
>
> 第二，责任论者曾经提倡一种与众不同的责任论的、基于品格的理智德性概念，然而它是不完全的和不充分的。②
>
> 第三，具有讽刺意味的是，我们应该认识到一种积极的、自愿的理智德性。它是可靠胜任力的理智德性的一个特例。
>
> 36 第四，也是最后一个回应，我们最好把责任论者强调的这种责任论的、基于品格的理智德性理解为可靠胜任力的理智德性的一个特

② 正如我们将要看到的那样，在这一点上，责任论者之间是有争议的。扎格泽博斯基希望且相信责任论的德性理论可以解决传统知识论的问题，然而，贝尔却宣布，至少在关键的问题上它失败了。在这里，我支持扎格泽博斯基的看法，也同意贝尔所认为的到目前为止它们还没有达到的观点。然而，与承认失败不同，我将提出一种对责任论的更好说明，这种说明在德性可靠论的核心上欢迎责任论。

例，并把它补充到这些德性中。

在解决这个传统的核心问题上，一种真实的知识论的确会分配给这类责任论的、可靠论的理智德性主要角色。我预测，之所以如此，是因为：从皮罗主义到笛卡尔主义的传统知识论，位于中心位置的知识是高层次的反思知识。③ 这种知识要求判断主体自由、自愿地认可，或者至少要有相应倾向的认可。具有讽刺意味的是，我们可靠论的框架确实总是可能的，而且确实越来越多地（实际上和明确地）给这种能动性的、自愿的方法一个光荣位置、一个核心位置。这个核心位置要么是责任论者（贝尔）断然否认的，要么是责任论者（扎格泽博斯基）没有成功地提供的。

因此，我的主要论点是，可靠论的、基于胜任力的德性知识论必须以责任论的、能动性的理智德性作为核心，必须以一种更积极的、大联合的方式获得更宽广的理解。④

然而，在讨论这种观点之前，我们先对贝尔书中提出的具体批评进行反驳。

A．品格理论 vs. 胜任力理论

我们将从引用开始证明：责任论的胜任力在德性可靠论的一开始就已经出现了。这里的两个相关段落是从众多段落中挑选出来的。

1．第一个早期的段落⑤：

> 注意：被赋予理性的人不会只有野兽所能获得的那种动物知识。因为即使知觉信念像以往那样直接源于感官刺激，人们没有知觉到这些相反证词的迹象仍然是相关的……。即使对刺激做出的反应是最直接的，如果人们也听到或看到可信的相反证词的迹象，那也会改变人 37

---

③　本书第四部分会结合一个更详尽的案例，参考第十章和第十一章。

④　在下面我将把我的观点一般性地描述为“可靠论的”或“胜任力”德性知识论。

⑤　Ernest Sosa. Knowledge in Perspective. Cambridge：Cambridge University Press，1991：240.

们的反应。因此，理性动物的这些信念似乎从未出自无外援的内省、记忆或知觉。因为理性至少总是一个在观看其他相关材料的沉默伙伴，这个沉默伙伴的沉默本身就是这个信念的结果起作用的一个原因。

同样的观点坚持了许多年，直到我们获得了下面的观点：

我说信念形成的“机制”或过程，有时说“输入/输出机制”，但我想明确否认任何这些是简单的或模块化的暗示……。机制可能是某种接近反射的东西，也可能是一种非常高级的、中央处理的能力。这种能力使一个敏感的批评者基于复杂的和聪明的考虑（able ponodering）能“决定”如何评估一种工作。⑥

当然，这种意图总是去解释各种知识，包括那些熟练的艺术批评者、科学家、数学家或侦探的各种胜任力知识，而不只是识别鸡的性别的分类胜任力的知识。⑦

2. 引用的这些段落应该已经消除了这种观念，即德性可靠论被限制在边缘的或模块化的或自动的信念形成机制中。那么，什么东西有可能表明，德性可靠论的确排除了我们认知生活中的这种更复杂的、积极的自愿维度？我们可以从贝尔的书中考虑这个问题：

当知识论者提供对官能德性的详细刻画时，他们很难避免谈论品格德性。在这个事实中，品格德性与官能德性之间的紧密逻辑联系是很明显的。例如，索萨在讨论关于官能德性的可错性时指出，个人认知官能的可靠性可能受个人的智力行为的影响。有趣的是，他所描述的这种行为正是某些智力品格德性和恶习中的那种……

……此外，品格德性的应用通常表现在某些官能德性的运行中，并且部分地由某些官能德性的运行所构成。另外，正如索萨所说，官能德性的可靠性经常涉及一个或多个品格德性。因此，以官能德性而

---

⑥ Ernest Sosa. A Virtue Epistemdogy. Oxford：Oxford University Press，2007：note of ch. 4 “Epistemic Normativity”.

⑦ 另外，字典中揭示，一种“机制”不需要存在于一台机器之中。谷歌搜索会出现“交易机制”“防御机制”“处理压力的机制”等。

> 不是品格德性是信念之“来源”为由，把品格德性从可靠论的理智德性清单中原则性地排除出去的企图似乎注定是要失败的。⑧ 38

这种归于我的限制性观点可能需要修正，但它从来不是我的观点。这种归属不是建立在支持性的引用上，而只是建立在我所使用的案例的简单化处理所“表明”的东西上。我用这些例子作为解释简单知识的清楚案例。它假定，这种观点被限制在诸如简单知觉、内省或记忆知识的例子中的各种胜任力。然而，在我发表的论著中没有这类明确的限制。我已经证明，被引用的段落（正如贝尔上面所指出的那样），没有做出这样的限制。然而，因为被认为实施了这样的限制，这些段落（令人吃惊地）被用来证明我的观点的缺陷。尽管如此，从来没有被从我的德性可靠论中排除的是能动性的胜任力。

相反，正确的结论是，这种限制性观点不是我的。我限制的不是胜任力而是案例。我关注那些简单得足以揭示更完全确定的基本问题，这些基本问题是任何知识理论都必须解决的。在不太简单的知识实例被强调时，其他问题当然可能出现。然而，重要的是，首要的是而且坦率地说，它已足以挑战首先要处理的更简单的例子。⑨ 尽管我一直承认知识有动物的和反思的两个层次，然而，碰巧我当下的计划是要发展我的德性知识论更能动的和反思的方面。⑩

3. 什么可能导致对我的观点的误解？在某种程度上，原因可能出现在贝尔的如下注释中：

> 正如我下面注意到的那样，索萨称之为“反思”或“人的”知识有一个额外要求，即谈论的这个人对已知信念有一种“认知视角”，它包含一组关于这种原始信念之来源与可靠性的额外的、连贯的信念（参见1991年第11章）。然而，在这里，我们关注索萨分析中的德性成分。⑪

---

⑧ 这些段落来自贝尔《探究的心灵》一书4.2节的总结性段落。

⑨ 下面将以认知能动性问题作为它的主要关注点，而且将挖掘直接处理额外问题的区分。一旦德性知识论具有更明确和更自愿的能动性，这些额外的问题就会产生。

⑩ 我现在正全身心地投入这个项目，当前文本可作为证明。

⑪ 这是贝尔《探究的心灵》一书第四章的第4个注释。

39 在这里，贝尔把他对我的观点的讨论限制在动物的成分上，置反思的成分于不顾。当他试图这样随意地不予考虑时，德性可靠论被认为忽略了知识论中积极的、能动性的、责任论的方面，这难道有什么奇怪的吗？

德性可靠论遗漏了能动性吗？它至少遗漏了参与深思熟虑和有意识的思考，或权衡理性的有意识的、意向性的、自愿的能动性吗？根本没有！如果它渴望成为一种对所有人类知识的说明，至多德性可靠论的动物的方面被有过错地疏忽了。⑫ 但它没有这样的野心。相反，它一直被加入到一种对更独特的人类知识即反思的那种知识的说明中。

4. 根据胜任力德性知识论，贝尔列出了他认为是任何理智德性都必须满足的正式条件：

> IV-CVE（据贝尔所言），根据胜任力德性知识论观点，什么是理智德性？
>
> （理智德性是）个人素质。这些素质是在一定条件下，根据一些命题，获得真理和避免错误的有效手段。

在解释为什么人们会获得真理上，理智德性需要发挥关键或重要的作用。贝尔把这种观点归功于约翰·葛雷克（John Greco）。

贝尔侧重于能动性德性。在他看来，这些德性有某些独特的特征：

> （a）它们是在意向能动性中运用的德性。
>
> （b）它们是通过重复的能动性发展出来的。
>
> （c）它们承载所有者的个人价值（personal worth）。
>
> （d）它们有助于能动性的成功。
>
> （e）在知识论中，它们涉及意向性地引导的探究。⑬

由于关注知觉、记忆和推理这类传统的官能，德性可靠论被说成忽视了思想开放和理智勇气之类的品格特征。这些特征被认为具有上面所列出的能动性
40 德性的五个特征，且满足了胜任力德性知识论所接受的形成条件（上面的IV-

⑫ 事实上，即使动物知识也不必然是排他的，正如在主要文本中应该已经清楚地表明的那样，而且在下面的D3节中也会加以强调。

⑬ 贝尔《探究的心灵》一书的各处都有，例如2.2.1节（第22～25页）。

CVE 所阐明的）。在一定条件下且对某些命题来说，这些被忽视的品格特征的确是获得真理和避免错误的可靠手段，而且它们的运用能最突出地解释为什么这个主体正确地相信他们确实相信的东西。

胜任力德性知识论（德性可靠论）有过错吗？

5. 根据贝尔的 IV-CVE，可靠论的理智德性可以根据定义被简单地理解为具有以下特征：（a）它的展示可靠地生产真信念；（b）在解释人们为什么会获得真理中**发挥突出的作用**。在文献上这确实是一种说明，这种说明在知识论上与信念产生的来源相关。还有我早期写的如下段落，可能会误导地暗示我赞同这种说明：

> 我们已经认为知识是出自理智德性的真信念，这种信念是由德性理由正确地产生的，而不只是巧合。⑭

虽然后来我坚持这种知识观⑮，但是在我们应该如何理解德性可靠论上，我对理智德性的说明仍然有别于 IV-CVE，现在我将加以说明。

6. 胜任力德性知识论旨在解决两个柏拉图问题：《泰阿泰德篇》中知识的本质问题，《美诺篇》中关于知识的独特价值的问题。知识被分析为其正确性展示了相信者的相关胜任力的信念。因此，相关的胜任力（相关的可靠论的理智德性）必定是可以被用来**建构**知识的胜任力。我所说的知识**是**正确的信念，是通过胜任力的运用获得的成功的信念。至少，它是一种重要的基础知识。⑯ 然而，必须对这里的“通过”进行限制。一个信念可 41

---

⑭ Ernest Sosa. Knowledge in Perspective. Cambridge：Cambridge University Press，1991：277. 顺便说一下，这是《作为恰当信念的知识》（*Knowledge as Apt Belief*）中关于知识观的最早表述，所以在提倡它时我不会采用这种表述，这与贝尔《探究的心灵》一书第 37 页的注释 8 相反。

⑮ 对这一点的强调，参见：Ernest Sosa. A Virtue Epistemology. Oxford：Oxford University Press，2007：footnote 2 of ch. 2. 这个脚注使这种观点变得明确。这种观点与后一本书中提出的观点基本相同，基于对适切性概念的改进，现在被更好地形式化，并且明确地被放大到包含一般的行为。这种观点所要求的理智德性这个概念与贝尔归功于德性可靠论者的 IV-CVE 有重要的不同。

⑯ 在此，我想到的是信度的（信念–构成的）动物知识。在适当的时候，我们会发现存在一种亚信度的动物知识。

能通过胜任力获得正确性，但只是因为胜任力的这种运用让它处于一个知道的位置。因为，那种胜任力的运用不是直接采取一个信念的正确性的形式。毋宁说，它可能采取一种让它处于运用一种胜任力的形式，诸如通过视力分类，视力的运用确实提供了一种正确的信念、一种正确的分类。

可能有人认为，诸如思想开放或智力勇气这类德性可能是直接建构知识的德性。贝尔因此宣称，可靠论者基于胜任力的观点忽略了它应有的责任论的德性，因为它们在解释主体如何使之正确时也可能是重要的。的确，在某些情况下，它必须假定，责任论的德性可能提供这种重要的解释，在真理必须通过复杂而又能胜任的努力获得时更是如此。（科学家、新闻记者或侦探）勇敢和开放地追求真理，可能让人发现其他人不能发现的真理。贝尔所反对的任何形式的可靠论的德性知识论，对知识的要求都只在于认知主体信念的正确性必须在某种程度上，也许在一种巨大的变迁中，源于某种理智德性的运用。这种理智德性通常是获得真理的一种有效手段。这样一种德性知识论如果被忽略，或被宣布为与任何的确帮助人们获得真理的包括思想开放和智力勇气在内的责任论的德性无关，那将是疏忽。

然而，贝尔的异议与我的那种德性可靠论是无关的，因为与我的观点有关的理智德性或胜任力不只是那些通过调查就可以可靠地帮助人们获得真理的理智德性或胜任力。相反，它们是可以建构知识的那些胜任力。那些可靠地帮助我们寻找真理的胜任力（甚至也是对为什么可以获得真理的最突出的解释），可能很容易成为其运用不会建构知识的胜任力。它们可能正好不能成为建构知识的那种正确的胜任力。

例如，一位科学家可能很自律地遵循一种健康养生方法，与她虚弱的、消沉的竞争者相比，她的健康可能有助于解释为什么她做出了她的发现，甚至可能成为突出的解释。

或者，它可能按照另一种方式起作用。某些人甚至以营养不良和抑郁为代价，执着地追求真理，从而获得真理，而他们健康的竞争者却不能获得。即使这样的执着（是产生不健康的关键）的确在某些其他方法无法解
42 释的问题上可靠地导致了真理（我说即使），这种个人素质（执着）的运用也很难建构知识。通过所有她可能有的和可能运用的胜任力（这些胜任力更直接地与知识的获得相关），长时间的、高强度的专注以及一心一意地避

免干扰，可能使她处于一种处境，或使她达到一种心境，或使她获得某些技能。通过一个危险的航行达到遥远之地，或通过观察夜空，她可能获得重要的数据。没有这么多年持久地献身于这些巨大的关注，她不可能做到这一点。

7. 然而，这一点不需要引用达尔文式的或布拉赫式*的豪言壮语。日常生活中的一个简单例子就够了。假设一个神秘的、封闭的盒子摆在我们面前，我们想知道它里面有什么。我们怎样才能找到答案？当然，我们只需打开盒子。在追求这一目标时，我们将运用某些胜任力，甚至可能运用坚持不懈和足智多谋之类的品格特征（如果箱子锁上了，或者盖子被粘住了）。也许这些品格（在某些情况下，处于某些组合中）的确会引导我们可靠地获得真理。然而，*这些*理智德性的运用不需要*建构*知识，而且通常没有*建构*知识，在这种运用的确间接导致我们获得真理时也是如此。

对比我们设法打开盖子并往里面看时发生的事情。现在我们可以立即知道一个知觉信念的问题的答案，比如说，*盒子里有一条项链*。对获得视觉经验和信念来说，这清楚表明有某些认知胜任力。也许这种复杂的、建构知识的胜任力首先导致事情看上去在感知上是怎样的，并最终导致事情确实是这样的，而不是相反的情况。一个信念展示了*这样一种*胜任力，而且，关键是，其*正确性*展示了这种胜任力*的确*建构了知识，至少建构了动物知识，甚至可能建构了成熟的知识（包含反思成分的知识）。

这种建构知识的胜任力是旨在解释人类知识的胜任力德性知识论的主要兴趣。其他知识论上的重要特质，如思想开放、理智勇气、坚持不懈，甚至一心一意地执着，都的确是一种更广泛的知识论感兴趣的东西。它们当然是值得认真研究的。但对传统知识论来说，它们并不是使人着魔的关键。与德性可靠论的中心兴趣点“建构的”理智德性相比，它们只是“辅助性的”理智德性。

我把理智德性分为两类：一类理智德性的展示有助于*让你处于知道的* 43

---

* 第谷·布拉赫（Tycho Brahe，1546—1601），丹麦天文学家，曾经过 20 年的观测，发现了许多新的天文现象。——译者注

状况，另一类理智德性展示在信念的正确性上，因而建构一些知识。[17] 在我看来，只有当胜任力是一种正确相信的倾向时，它才能建构（信条的）知识，胜任力才能展示在信念的正确性中。一般的胜任力是一种具有某个目标的成功倾向，而正确相信的胜任力就是这种胜任力的一个特例。

关键的要点在于，一种其运用能够帮助某人获得一个正确的甚至适切的信念的胜任力不必然是展示在任何这种成就之中的胜任力。因为，它不需要是一种获得诸如正确性或适切性这样的东西的胜任力，尽管它是一种其运用促进了这种成就的胜任力。胜任力德性知识论核心关切的胜任力是那些在这种成就中的展示构成知识的胜任力。这些胜任力的展示构成了适切的信念。

8. 诚然，避免疏忽能够构成一种完全的胜任力，其展示可能构成知识。并且，思想开放和理智勇气这样的品格特征可能帮助我们避免这种认知疏忽。但它们的作用在认知上没有多大关系。在此，对知识论来说真正重要的东西是避免疏忽的认知地辅助的德性。在一种特殊情况下，这可能要接受理智勇气的伦理德性的帮助（为了获得一个特定问题的具有个人价值的答案，是否值得冒某种程度的个人风险的恰当评估）。但是，这种勇气的作用是伦理的，而且只是偶然是认知的。因此，试想一下可以轻易获取的证据，这种证据的缺失可能阻碍行动主体获得这个问题的知识。获得这种认知上被需要的证据可能要求一种疯狂的个人蛮勇，而不是任何伦理上恰当的理智勇气。

因此，我们应该区分一种纯粹认知的理智伦理学和一种作为伦理学恰当部分的理智伦理学。假设使“思想开放”成为（即使只是部分地成为）德性的东西是我们理性存在者应该获得恰当尊重所要求的东西，这也仅仅
44 是因为一个目的王国的其他成员配得上这样的对待。或者，假设“理智

---

[17] 在我看来，“处于知道 p 的状况”就是拥有完全的胜任力，它在真信念 p 中的展示（或更好的情况就是，它在真且适切的信念 p 中的展示）构成了一个人的知识 p（或一个人的完好之知 p）。这个观念将在本书第四章中得到更全面的发展，与此相应的还有一种胜任力的解释（“SSS”解释）。

勇气”在某个特定场合被认为是一种德性，因为它帮助我们评估回答一个特定问题应该冒多大的个人风险。这大概包括估算拥有那个答案以及拿它与个人福祉的风险进行比较的恰当价值。因此，这种思想开放和理智勇气是恰当的*伦理*胜任力，相应的*伦理*德性的一部分（完全的德性不仅包括理智评估，而且包括一种执行的胜任力，根据这种评估结果去行动的能力，由此首先避免*意志薄弱*。）

这种伦理理智胜任力和德性的研究是应用伦理学的一部分。生物医学伦理学是伦理学的一个分支，主要研究涉及药物实践或生物医学研究的伦理问题。经济伦理则是研究涉及特殊的商业实践的伦理问题的一个伦理学分支。因此，相关的理智伦理学也是伦理学的一个分支，研究涉及科学或其他研究、各类造福于人类繁荣的知识的价值、获得、保存和分享这种知识的问题的伦理问题。如此等等，不一而足。

那么，这里蕴含的对立是什么？思想开放或理智勇气这样的伦理胜任力或德性的纯粹认知的相关物会什么？就纯粹认知的相关物来说，我们会排除任何特殊的评价或伦理价值或必需品（desiderata）。在决定我们应该如何个别地或集体地行动时，我们会把它视为一个事先规定好的问题（a question as given）。相反，对哪些问题被恰当地追求的评估似乎就是一个伦理学问题。然而，一旦给定这个问题，就会引起我们所熟悉的三重问题：肯定、否定和悬搁。为了简单起见，如果我们仅限于谈论有意识的判断的情况，那么我们的三重问题就是一个选择问题。认知行动主体就会面对在三个意向行动中进行选择的问题。在做出这种选择的时候，一个人可能会采取某些准备步骤（诸如为了知道里面放了什么东西，打开一个神秘盒子的盖子，或者寻找轻易可获得的证据，避免认知上的疏忽）。在决定答案时，一旦收集到能够避免疏忽的足够证据，一个人就能够做出选择；在这样做时，他应该运用恰当的*谨慎和专注*，这些会增强其选择程序的可靠性。

我希望我们的案例将表明纯粹认知的理智品格特征能够与一个人的
认知三重选择相关。其中一些是探究的胜任力和德性，涉及如何让他自身 45
处于知道的状况（通常是处于一个明显的知道的状况）。但其他胜任力和德性是关于恰当的*判断*的，也是关于恰当的谨慎和专注的。在一些特殊情况下，后者能够在认知行动主体的稳定的品格特征中展示。同样地，它们帮助构成完全的理智胜任力或德性，行动主体在特殊的判断中会运用和展示它们，并且展示在这些判断的正确性之中。所以，这些特征根植于胜任力，后者的展示可以构成行动主体的知识。

其他这类特征——例如理智毅力——是探究的德性。这些特征不是其展示可以构成行动主体知识的胜任力的一部分。在某个特殊领域，某个懒惰的人可以拥有与一个勤奋的人一样多的知识。这个懒惰的认识主体可能碰巧处于一个知道的位置上，而这个勤奋的认识主体则需要通过更多的努力和坚持才能获得这个位置。某个勤奋的人可能不得不花费极大的力气才能撬开的盖子，但对于某个懒惰的人，这个盖子刚好自己打开了。

所以，两种理智德性都能够是稳定的品格特征，而且其中一些实际上构成了在真信念（和在真且适切的信念）中展示的胜任力。通过胜任力的展示获得的真信念就是人类知识。但是，这些都是**纯粹理智**的德性，没有掺杂实践的评估。这些德性的运用所包含的因素只是关于真和适切的纯粹认知的因素。所以，这些德性不是上面所描绘的应用理智伦理学的问题。毋宁说，它们是**纯粹认知**的理智伦理学不可或缺的一部分。

B. 责任论的德性知识论：贝尔 vs. 扎格泽博斯基

这里简述这种自相残杀的分歧。

1. 贝尔和扎格泽博斯基共享一个高尚的理智德性概念。对他们来说，这些品格特征与这个人的个人价值有关。它们是内在地推动的。这些德性的品格特征展示在必须由追求真理的德性所推动的行动中。在他们看来，（至少在重要部分上）源于这样一种德性的信念，必定源于表达这个主体真理之爱（love of truth）的行动。

46 2. 扎格泽博斯基相信，这种基于品格的责任论的知识论可以有助于知识论之传统问题的解决。知识论之传统问题的要点就是定义知识。事实上，对扎格泽博斯基来说，强调**这种**动机成分解释了知识的独特价值，这种价值高于一切可能会在相应的纯粹真信念中发现的价值。因此，她提议，知识最好被理解为是通过这种责任论的理智德性所正确获得的信念。[18]

3. 然而，对贝尔来说，这条路径被人们一看就知的简单反例（如一种痛，或来自天空的一道闪电）所妨碍。这些反例是人们不能不知道的，无须深思熟虑的，且没有真理之爱驱动的。

4. 扎格泽博斯基的回应是：

> （我的定义）……并没有通过感官知觉排除容易知识（easy knowkdge）。一个人相信她看到了一个容易识别的客体，这个人通常知道她看到了这个对象，只要在她的环境中没有迹象显示，她不应该信任她的视觉或者不应该信任她对客体这个概念的理解。[19]

她把这种观点推广到证言，并假定可以推广得更远。[20]

5. 然而，贝尔则强调如下观点[21]： 47

---

⑱ 偶尔地，而且是最近地，她提出了有点不同的观点：的确展示出这种高级德性的知识拥有相关的独特价值，即使存在缺乏它的低级知识。然而，这对解答美诺问题不会有什么帮助。通过诉诸由真理之爱驱动的这种有价值的信念，美诺问题并没有得到真正解答。使通往拉里萨（Larissa）的正确路径的知识好于纯粹的真信念的东西，不需要依靠这类取得值得钦佩的成就的知识，也不取决于它包含实用价值。如果我们把例子换成某人知道哪条路是通往拉里萨的最短的路，这就更清楚了。有两条明显的路，更短的这条可能只短了极少的距离，以至它的实用价值的增加可以忽略不计。此外，通过问一个没有信用或不值得赞赏的路人，个人的知识可能通过最普通的证言来获得。然而，在这个例子中，知道某人相信什么仍然比纯粹由运气获得的正确信念要好。这个道理仍然更好地符合知识论不是伦理学的一个部门这个事实。认知成就，就像好的射击一样，在任何客观的意义上，都不是非常普遍的、内在的价值。尽管如此，这些好的成就还是比替代者“更好”。在这种意义上，与不成功的或者只是由运气获得的信念相比，知识是一种更好的成就。但这种一般的优势并不是准伦理的动机问题。它是一种胜任力的问题，它通常是而且足够重要地成为一个意向能动性问题。然而，它也可能只是一个功能性的、生理的或心理的目的论问题。

⑲ Linda Zagzebski. On Epistemology. Belmont, CA：Wadsworth, 2008：128.

⑳ “因此，理性动物的这些信念似乎从未出自无外援的内省、记忆或知觉。因为理性至少总是一个在观看其他相关材料的沉默伙伴，这个沉默伙伴的沉默本身就是这个信念的结果起作用的一个原因。”（Ernest Sosa. Knowledge in Perspective. Cambridge：Cambridge University Press, 1991：240）

㉑ Jason Baehr. The Inquiring Mind. Oxford：Oxford University Press, 2011：44.

> 我工作到很晚，结果停电了……可以说，我被房间里的灯光已经改变这种知识**战胜了**……我也不能合乎情理地认为，在相关的动机性的意义上，我“信任我的感官”……此外，这类知识似乎不包含认知者的能动性，或者根本不涉及认知者的能动性。

这条批评路线至少在以下范围内似乎是正确的。如果这个信念根本就不是意向能动性的产物，那么我们就不能把房间变暗这个信念的适当性解释为**没有疏忽的能动性**问题。这种意向能动性对品格知识论来说是一种重要的能动性。的确，动机与能动性相关，而不与被动的反应相关。

可能的回应是，尽管一个人根本没有积极地干预，但他能够因火车行驶在一条特定的轨道上而获得一种能动性的信誉。如果存在某人作为列车长可能干预的关节点，而且在这些关节点上他可以自由地干预，并且在没有过失的情况下，可以自由地选择不这么做，那么他就可能还是应该获得信誉。不幸的是，这不会出现。问题在于，在批评者所极力主张的这些例子中，在那些看起来显然是一个信念（甚至是知识）的东西中没有自由地干预，就像房间变黑的知识那样。

6. 这就是结果。由于它们的动机成分，如果我们把责任论的德性限制在能动性的**和**与能动性的个人价值相关的那些德性上，那么贝尔认为基于这些德性我们不能建立一种传统的知识论就是正确的，而扎格泽博斯基的不同想法则是错误的。用这些术语，甚至知识也不能得到说明。然而，在我看来，扎格泽博斯基认为传统知识论**可以**建立在责任论的德性上是正确的，而贝尔的不同看法则是错误的。他们二人出错的地方都在于，假定责任论的德性必须包含行动主体的个人价值，必须是那种涉及符合要求之动机的德性。

此外，在这里，不能把我的观点看作**纯粹**术语上的而不加考虑。按形而上学有趣的方式理解，我的主张是，建立一种责任论的德性知识论的相
48 关类型不只是以下两种：（a）非能动性的官能；（b）包含个人价值的、在动机上合适的、能动性的德性胜任力。我们可能会或可能不会认为后者是一个值得强调的范畴或种类。我们可能会或可能不会认为在渴望解决传统知识论之问题的责任论中，它是值得强调的。不管这一切，至少存在如

下认知种类：（c）能动性的德性。这些显然超出了非能动性的官能。因此，它们超出了可靠论对这些官能的限制。因此，我承认它们可以被合理地认为是“责任论的”理智德性，在某种意义上，行动主体在知识论上、在能动性上会负责地运用它们。并且，不是通过他们的疏忽而不负责任的，甚至通过冲突倾向的运用而是邪恶的。换句话说，它们是行动主体之为行动主体的品格特征或胜任力，其中包括有意识的、意向性的行动主体本身的品格特征或胜任力。

C. 德性知识论：作为一种可靠论的责任论

1. 为了逃离责任论的绝境，我们必须先清楚知识论不是伦理学的一个部门。一种极高的认知身份，一种特定的知识，可以由一种糟糕的、浪费时间的可悲状态获得，就像当某人花一个上午深信不疑地确定他的咖啡袋里还有多少颗咖啡豆一样。

此外，这完全与存在杰出成就的知识特例兼容。这些杰出成就要求（在某个问题上）一种令人钦佩的真理之爱，并愿意用长期的辛劳和牺牲去追求它。它也与这个事实兼容：对各类知识来说，**拥有某类知识**，是任何繁荣生活必不可少的一部分。而且，拥有特定类型的充分知识可能是必不可少的，但这类知识的任何特殊知识不是必不可少的，甚至不是可取的。

除此之外，仍然存在一个独立于所有这些广泛的、伦理的（或审慎的）、关切的、独特的认知评估维度。此外，在这个认知维度里，真理之爱，如果终究起什么作用的话，那么**最多**起无足轻重的作用。在普通的工
作日中，尽管对冲基金经理、废物处理工程师、牙医和他们的接待员而 49
言，所追求的真理只与他们工具价值的工作相关，但都能获得很多知识。这就是他们需要它们的原因，不是因为他们**爱**真理。对包括医生和律师在内的一般服务专业人士来说，这似乎确实是真的。与对职业地位的渴望相比，在他们的职业活动中，经常驱使他们的是想要帮助别人或谋生，而不是真理之爱。

无私的、高尚的动机必须与意向的、自愿的能动性区分开，甚至必须与任何类型的积极动机区分开，单纯的工具性动机除外。当有人尝试成功

倾向不需要与高尚的动机结盟时，它们更不需要由高尚的动机构成。这种动机能够与一个行动主体的个人价值相关，与一个人有多好相关。在工作生活中，甚至当他们不是无私地、热情地追求真理时，专业人士的确经常意向性地、自愿地追求真理。除了让他的犯罪成为可能的事情外，刺客甚至可能不渴望任何关于他的受害者的位置的真理。的确，如果他认为在那个时刻错误的信念会让他更有效地对付他的目标，那么他就会尽情地赞赏他如此相信的东西，会很高兴他的确这样做了，并没有任何遗憾。他对真理的追求由于是能动性的，所以属于责任论评估的全部范围。他如其所相信的那样知道受害者的位置，这在知识论上仍然比他仅仅正确地相信更好，当然在知识论上比他错误地相信更好。同样，尽管有这种蓄意谋杀的意图，他的射击仍然可能是一个极其卓越的适切射击，从而比一个不适切的射击（无论成功与否）更好。（也就是说，作为一次射击，它是更好的；它是一次更好的射击。尽管如此，它仍然不需要一个更好的实体，或者一个碰巧发生的更好的事情。）

总之，一旦我们区分这种比较性的评价（认知表现评估），这种评价就被包含在我们认为知识在（相关种类的）价值上超过单纯真信念的观念中。这消除了任何把个人值得称赞的动机当成关键的诱惑，即使在广义上，一个人的认知的高超技艺（cognitive prowess）可能是其个人价值的一个组成部分，正如我们的刺客的射击高超技艺一样。广义的“个人价值”不是什么责任论的品格知识论者心里所想的东西，至少不是贝尔心里所想的东西。这个刺客
50 没有因为这样一次好的射击而成为一个更好的人。是的，在任何与伦理评估密切相关的意义上，他是一个更成功的人，但却不是一个更好的人。

2. 某人可能仅仅因为权力和作为工具的精确性就相信知识。所以，他既不认可一般而言也不坚持任何以真为中心的规范，诸如：正确地相信P，仅当P是真的。毋宁说，他所认可和坚持的是这个规范：正确地相信P，仅当这样相信将有助于获得名声、财富和权力。（更臭名昭著的是，这些人比比皆是，有些甚至变得非常著名、富有和有权力。）

然而，这样的人只要记录生活领域（在这个领域，他们需要填补对真、善、美、公正和诚实等客观价值的深层次的漠不关心所造成的裂痕），就依旧能够获得大量有用的知识。他们一点儿也不关心这些价值，

甚至在关于他们自身幸福和快乐的事情上也不说实话，除非他们偏好和追求这些正常的价值能够帮助他们获得名声、财富或权力。这种畸形是与对野兽来说有用的大量（远远超过一个正常人所拥有的）知识的获得完全相容的。为什么是这样？因为野兽能够是超级智能的，能够识别什么时候更好地保证它的信念是真的，但只是因为这种真之通达是其获得最深层目标所要求的，这些目标局限于自我强化（self-aggrandizement）。所以，确实在那些只需要真的情况中遵循了相信的规范（norm of believing），但这样做完全是出于他自身的扭曲目标。

这种考虑也许适用于某些认知案例，例如某个正在学习课表的小学生、某个正在核算的会计或某个正在使用病历的牙医助理的案例？某些人可能在多年的死记硬背之后能够获得知识和良好确证的信念，不管他们多么看不起为了获得知识必须工具性地达到他们的非认知的目标而不断重复记忆。㉒

让我们现在谈论第二个区别，这个区别在知识论中将有助于适当地容纳责任论。

3．在某种抽象的水平上，我们可以区分两种“信念”：一种是隐含 51
的、单纯功能性的；另一种不是单纯功能性的，而是意向性的，甚至也许是有意识地意向性的。为了确定责任论在知识论中的适当位置，我们需要关注后一种信念。这是因为合理的选择和判断最充分地展示了我们理性的性质。因此，这种被有意识地、理性地认可的判断，是从皮罗主义到笛卡尔主义的知识论传统关注的核心。然而，不只有意识的、意向性的判断行为处于核心，因为通过扩展，也考虑相关的倾向。

不过，虽然我们在这里不关注隐含的、功能性的信念，然而，我们所要学习的有意识的、意向性的信念应该包含无论是有意识的还是功能性的一般信念。这种包含的关键将是一个功能性信念概念仍然以真为目标，或者以足够准确地、可靠地表征为目标。功能性信念可能仅仅在功能上以真

㉒ 恰当地理解，某些这样的主体即使学富五车，是否依旧可能在认知上是非理性的？西尔万（Kurt Sylvan）处理了涉及合理性的相关问题，但不仅仅局限于知识。具体参见：K. Sylvan. Truth Monism without Teleology. Thought, 2012, 1（3）: 161－169；K. Sylvan. On the Normativity of Epistemic Rationality. Ph. D. Thesis. Rutgers University, 2013. 而且，他还在一系列正着手写的论文中继续发展他的观点。

为目标，例如心理的或生理的目的论。这将使思考功能性信念也成为一种行为，即使它仅仅是隐含的，而既非有意识的也非意向性的。总之，我把这种功能性信念放在一边，以便专注于那种的确成为意向性行为的信念。

什么是意向性信念？它是被如何构造的？我们专注于断言及其相应的断言倾向，这种断言致力于正确地回答一个给定的问题。㉓ 考虑对一种合作的社会物种来说这些最重要的东西。从本质上说，它们似乎需要集体审议和信息共享。对集体审议来说，最复杂的就在于治理一个国家；同样，对信息共享来说，它在许多情况下都至关重要，尤其在科学探究中。

这样的断言主要是有意识的和意向性的。例如，如果你在头脑中把一列数字相加，那么你就可能得到某种结果。然而，如果问题足够复杂，那么你在做出断言时就可能犹豫不决。你可能先拿出纸和笔，或者一个计算
52 器。最终，结果的一致可能提供导致你同意（可能真的是正确的）的足够强的证据。你决定同意，直到你等到足够强的证据。㉔

然而，我们不需要假设断言必须是有意识的。甚至一组推理悄无声息地发生了，没有任何有意识的内语，还是必定存在依次进行的推理步骤。这些步骤大概就是正在发生的事件，而不是单纯的倾向。那么，这些步骤就是被意向性地采纳的，用于追求所处理的问题的真。因此，它们是“断言”行为，即使它们相对来说是悄无声息的和潜意识的。㉕

㉓ 下面只要论及“断言”都指“求真断言”（其中，使它是“求真的”东西就是它以真为目标）。

㉔ 这是它似乎是如此（至少对我来说），而且在没有任何表面的击败原因时，这就是（我说）它就是如此。我发现这种主张不会比下面这种说法更不正确：有时我决定举起我的右手，有时我知道我看见我的右手（向上看它）；这些事情在我看来都是如此，而且在没有表面的击败原因时，它们真的如此。

㉕ 我们通常假定的隐含推理似乎是一个偶然发生的因果序列过程，由此，在各个节点上都存在直接推理，并在记忆中保存引理（lemmas）。甚至在潜意识里，这种直接推理的抽取也是偶然发生的。但在那种情况下，我们需要偶然发生的行为作为我们推理的一部分。如果存在潜意识的条件性推理，那么某些这样的行为就是假设性的，不能被算作断言。但无疑不是所有我们有理由假定的潜意识推理都是条件性推理（即使有些推理是这样）。并且，如果推理不是条件性的，那么它就是断言性的，而且这种推理的步骤似乎都能被算作行为，而不仅仅是倾向。因此，这些都是我视为潜意识断言的行为。

我们专注于这种意向性的、判断性的信念。它是被如何构造的？判断性信念可以被定义为某种断言的倾向。它是哪种倾向？首先，我们把判断 p 当成一种求真断言，致力于正确地回答是否 p 问题。因此，如果有人如此努力的话，那么判断性信念就可以被理解为某种在致力于获得 p 是否正确的判断倾向。

与实用的断言做一下比较，无论作为一种减少认知/情感失调的手段，还是作为一种增强提升表现之自信的手段，或诸如此类。根据我们的设想，后者不是恰当的信念。毋宁说，它是一种“伪装的信念”（make-belief）或模仿信念（mock belief）。[26]

4. 什么东西区分了真信念与伪装的信念？这种差别涉及主体的意
图。在伪装的信念中，个人在追求某种非认知的、实践的目标中做出断 53
言。相比之下，在判断和判断性信念中，个人建构性地致力于在所处理的问题上使之正确的（get it right）目标。也许，这就是这种差别的全部内容？

迄今为止，摆在我们面前的是对作为一种特定种类断言之判断的部分说明，这种断言致力于在是否 **p** 问题上使之正确。[27] 因此，判断性信念可以被理解为一种相应的倾向：致力于在是否 *p* 问题上做出正确的判断，如果如此努力的话。

5. 假如反思知识就是所谓的知识，而且哲学家们最感兴趣的最高层

---

[26] 可能值得怀疑的是，这是否共同削减了心理实在。虽然我不完全确定正在谈论的这个问题是什么，然而我的确认为有断言行为这样的东西，而且它可以采取公共断言的形式或对自己的私人断言的形式。我认为，对像我们一样严重依赖集体审慎和信息共享的社会物种来说，这是一种至关重要的行为。此外，区分所采取行为之各种相当不同的目标似乎也是至关重要的。而且，对知识论来说，有一种特别重要的意图，它是个人在执行它时可能拥有的，也就是因而在相关的是否问题中可靠地使之正确的意图。所以，我认为我们的确很好地认识到特别关注的特定行为：努力因而足够可靠地使之正确的断言行为，判断行为。与这密切相关的当然是相应的倾向，有人可能会为之贴上“判断性信念”这个标签。

[27] 作为第一次近似定义，我的建议是：判断是“一种特定种类”的（求真）断言，一种以正确性为目标的断言。但是，再次强调，下面将更详细地论证，某人能在不做判断的情况下（求真地，追求真地）断言。

次的反思知识是获得有意识的、能动性的、判断性的认可的知识。那么，这是在从皮罗主义到笛卡尔主义及其以后的知识论传统中占据核心地位的那种知识，这一点就变得更可信了。它不是日常生活中通过正常自动过程隐含地获得的知识。毋宁说，它是或者至少能够经受住有意识的、毫不留情的反思性审查的知识。不仅不足的知识包含这种自动获得的隐含信念，而且明确的和有意识的判断也有不足与低级的地方，这些判断表达了通过这种文化的隐匿托儿（hidden persuaders）未经批判地吸收进来的东西。这些判断可能被明确且有意识地提取出来，尽管它们因为不被主体认可和不被主体恰当地认可而显得不足，这个主体甚至在秉性上就缺乏这种理性的必要手段。

D. 传统中责任论的德性理论

54 1. 皮罗主义者缺乏认可的信念。如果我们把反思知识定义为被恰当认可的动物知识，那么皮罗主义者就缺乏这些知识，且进入悬搁判断的状态，即使在继续研究中也是如此。此外，他们允许功能性表现统治他们的生活：他们通过现象来选择生活。合成的功能表观来自竞争的向量表观（vectorial seemings），就像当一个人面临冲突的证言时通过偏向两个朋友中他更信任的那个来解决一样。一个朋友的证言使之看起来像 p（seem that p），而另一个朋友则使之看起来像非 p（seem that not-p），这种冲突可以通过偏向更信任的朋友来解决。皮罗主义者似乎基于这种合成表观来指导他们的日常生活。这是他们明确提倡的生活规则。然而，他们在判断上并不认可任何此类表观。合成的媒介很少或从不成为认可的根据这个事实给他们留下了深刻印象。因此，他们宁愿悬搁有意识的认可。这就是他们仍然是怀疑论者（处于持续性的质疑或调查状态，很少或根本没有稳定的判断或判断性信念）的原因。㉘

2. 皮罗主义者感兴趣的认可是能动性的。因此，至关重要的能动性表现和胜任力也出现在最基本的知觉知识中。功能性的知觉表观是我们不得不进

㉘ 我对皮罗式知识论的说明在本书第十章（“皮罗式怀疑论与人类能动性”）。

入的被动状态。然而，对它们的认可却仍然是自愿的、能动性的。[29] 而且，这种认可对把这些功能状态提升到反思性的、判断性的知识水平是必需的。这是皮罗主义者所追求的水平，而在这一点上，笛卡尔是他们的追随者。[30]

3. 然而，认知能动性不仅在二阶的认可判断中可以找到，而且在它们相应的一阶判断中也可以找到：不是在功能性的内省或知觉的信念中，而是在相关的判断和判断性信念中。这一点可以通过下面的术语和区别提出：

> （a）如果有的话，作为任何目标的一种手段的纯粹的和简单的断言。（它无论是不是对自己或他人的断言，通常都是一种自由的行为。）
>
> （b）致力于正确回答是否问题的断言。 55
>
> （c）致力于正确回答，且也能胜任地、足够可靠地甚至适切地回答的断言。

当这样说时，考虑对自己的这种断言，或者对他人的断言。对严重依赖理智和协商之协作的物种来说，这是一种至关重要的行为。而且，人们期望这种行为服从社会规范。

4. 考虑上面3（b）项。这种求真断言与猜测兼容：游戏竞赛节目参赛者的确在断言，而且在做出这种断言时致力于使回答正确，因为只有这样他们才能赢得奖品。只有在3（c）项中我们才有判断。当有人用理智诚实（这种理智诚实并不意味着纯粹无私）诚实地面对一个问题时，判断性信念是这种判断的倾向，而且这不止一个原因。因此，某人可能寻找经济回报，或者专业认可，甚至是减少认知/情感失调。

---

[29] 参见脚注17。当皮罗主义者或笛卡尔主义者宣称拒绝认可时，我没有找到充足的理由去指责他们说谎或自欺欺人；当我们可以把这种认可理解为有意的断言行为时，我也没有找到指责的理由。古往今来，怀疑论者经常拒绝我们其余的人的确直截了当地断言的东西。至少他们公开拒绝这样做。但是，一旦我们认识到一种对自己断言的个人关联，我认为，作为一名怀疑论者，甚至没有理由否认个人可以拒绝个人的断言，尤其是在我们的日常生活可以在受限的破坏中继续下去时，因为他们可以基于这个信任（用“自信度”这个术语来说，它是更加功能性的）而前进（我们将在第十一章回到这个问题）。

[30] 参见本书第二部分。

5. 对皮罗主义者来说，恰当认可要求令人满意地回答怀疑论的能力。因此，即使在我们最简单地、被动地接受所与时，仍然存在一种特殊价值的知识（反思知识），这种知识要求能动性。即使一条线［缪勒-莱尔线条（Müller-Lyer）］在我们被动地看来比另一条线长，认可的问题也仍然存在，并且可以带着好奇心探索这个问题（正如皮罗式怀疑论者所做的那样）。这种认可甚至与第一阶提出的问题匹配，在第一阶上，意向性的能动性再次成为必需品。具有讽刺意味的是，可靠论的胜任力知识论是一种更激进的责任论的知识论。它认为责任论的能动性的胜任力对于最核心的、最传统的纯粹知识论问题的恰当处理是至关重要的。

6. 它可能遇到如下反对意见：

> 你真的认为，皮罗或笛卡尔或其他任何正常的人拒绝认可，比如说，台球上的因果关系的问题或者哭闹的孩子是否悲伤？我决不赞同。当然，他们可能会说“我不同意”，但我认为这些都只是空话。

对我的批评者，我的回答是，在我们评估他们假装深思熟虑的立场时，指责哲学家撒谎或自我欺骗或粗心或空谈都不是合理的。他们想必能够拒绝
56 公开认可、公开断言。你在仔细思考某事时，就会考虑接下来会发生什么。你在问自己问题时，有时不会拖延吗？你在竭尽全力说是的地方，有时最终不会直截了当地说出来吗？这就是断言。在我们竭尽全力说是的地方，我认为没有理由否认皮罗主义者或笛卡尔主义者在诚实地拖延。这就是他们建议做的，而且我不明白他们为什么必须说谎或自我欺骗。也许他们这样做是因为他们有不切实际的高标准，或者他们大致与我们共享相同的标准，然而却认为在愿意断言时我们没有适当地评估怀疑论的论证。因此，他们在拒绝公开断言时会做他们在严肃的哲学论辩中做的事情，他们在自己思想中的自主论辩中也会这样做。

7. 然而，批评者提出了另一个反对意见：

> 如果我们的实际生活真的在本质上可以不受拒绝的影响，那么，这不是在质疑与这种断言相关的知识的价值或旨趣吗？这种质疑正好让这种知识似乎变得无意义，而且反过来让我想知道是否哲学的传统真的关心过这一点。

回应：就我自己来说，我相信，有一种人类和其他物种可以施行的可分离行为，这就是在告知真理的努力中的严肃的公开断言行为。而且，这对有语言的物种来说有特殊的重要性。（这可能有助于说明笛卡尔是如何用语言把人类与更低层次的物种如此显著地区分开的。）再者，在人类社会生活最重要的活动中，我们需要这样的断言：为了集体审议和信息共享。我们需要人们愿意公开断言。而且（在更充分的处理中，原因是复杂的而且是有争议的）我们需要他们（总的来说）真诚地这样做，在这里，真诚在本质上包括个人判断与公开断言的合作。毕竟，我们确实想要根据我们真实的需求进行协作，并且我们确实想要分享足够可靠地知道的信息，并通过信息提供者恰当地联合起来的欲望在共同体中传递。[31] 所以，私人断言在目前的路径上也获得了决定性的重要性。而且（进一步的推理）这可能被扩展到与这些公开的和私人的判断行为相符合的倾向。假设这样的判断和判断性信念被看作是可以与功能性信念分开的（这只是一个自信度的问题，而且，在把它与行为连接起来上，它 57
可能是隐含的，而且是功能性地理解的）。这难道没有让判断变得无意义，并且构成了对哲学传统的可疑关切？在判断和判断性信念对社会性（特别是语言性）物种来说是如此至关重要的这些特殊方面上，我不明白为什么会这样。

8. 这里可加入休谟对上面所遇到的第 6 项和第 7 项的批评：

> 一个斯多亚者或伊壁鸠鲁者提出的原则可能是不持久的，然而它们在行为举止上却有影响。然而，一个皮罗主义者不能期望他的哲学在人心上会有任何恒久的影响；或者纵然有，它的影响也不会有益于社会。相反，如果他可以承认任何事情的话，他必须承认，如果他的原则普遍地、稳定地流行，那么所有人类的生命就必然会消失。一切辩论、一切行动都会立刻停止，人们都会处于浑然无知中，直到无法满足的自然需要了结他们悲惨的生命。的确，这样不幸的事件是不必怕的。相对于原则，自然总是太过强大。尽管一个皮罗主义者可以通

[31] 即使可能存在其他方式，这也是达到必要的社会合作与协作的自然人类方式的一大组成部分。

> 过他深奥的推论，使他自己或别人陷入暂时的惊讶和困惑中，可人生最初的和最没有价值的事情会驱散他的一切怀疑与顾虑，使他在行动和思辨的每个方面，都与其他派别的哲学家，甚至与未曾致力于哲学研究的人们，处于同一种态度。当他从梦中惊醒时，他将第一个与他人一起嘲笑自己，并且承认他的所有反驳只是一种单纯的消遣，并没有别的倾向。它们只会显示人类的奇怪状态，因为人类虽然不得不行动、不得不推理、不得不信仰，但是他们却不能借他们最勤奋的研究，使自己完全明了这些作用的基础，或者去除反对这些作用的这些反对理由。[32]

当然，如果皮罗式生活规则要求悬搁日常生活中的私人断言和公开断言，那么它就必须面对一种严厉的反对理由。假定集体审议和信息共享十分重要，作为一种社会性动物，我们的福祉怎能不受到巨大的伤害？答案需要对这种生活规则做出一种适当的解释。至少有一种合理的解释可逃离可怕的休谟式结果。根据这种解释，从严肃的哲学辩论或沉思出发，皮罗主义者可以降低他们的“足够胜任的和可靠的判断”[33] 的标准。因此，他们可
58 以把日常判断与（理智上）的严肃判断区分开来。在日常语境下，他们现在可以继续在判断上断言并公开断定世间之事，但对这些事物，他们还是悬搁严肃的判断。[34]

反对悬搁因而是愚蠢的或空洞的，就是追求反哲学的庸俗主义。在喜爱那些能满足日常喧嚣的东西上，认真对待哲学的我们不应该很快不再考

㉜ David Hume. An Enquiry Concerning Human Understanding. 1748：section xii.

㉝ 回忆上面3中区分的这三种断言，并注意第三种3（c）断言的判断需要的是什么。

㉞ 通过笛卡尔在他的哲学沉思中的方法与他的日常生活的方式的对照进行比较：“就生活而言，我非常远离这种看法：人们应该只同意被清楚理解的东西。相反，我不认为我们应该总是等待可能的真理；我们经常不得不在我们对其一天所知的众多选项中选择一个。”（The Philosophical Writings of Descartes Volume II. trans. J. Cottingham，R. Stoothoff，D. Murdoch. Cambridge：Cambridge University Press，1984：106）并不十分清楚的是，在这里（在第二组的回应中）他是否选择我在皮罗主义中提到的这种观点，然而，在任何情况下他的立场似乎都与此密切相关。

虑真理之爱。甚至休谟在他表面上赞同放弃而不是解决深层的怀疑论沉思的段落中也涉及这些。[35] 我不能确定如何最好地解释这种表面上的庸俗回应，然而，它应该成为最后的凭借，这不是显而易见的吗？轻松地凭借一种肤浅的常识对爱智者（对亚里士多德主义者或摩尔主义者的常识，爱智者没有说什么）来说应该没有什么吸引力。

9. 对皮罗式生活规则的进一步辩护，应该替代地或补充地把受限的断言和直截了当的断言区分开。甚至在哲学语境中，当我们与他人或我们自己辩论时，当我们试验性地提出观点时，我们可能非常需要受限的断言。因此，在日常交流中，我们也做出这类受限的断言。对于我们的所说，我们尽管仍然愿意使它足够胜任日常审议和信息共享的目的，然而并不直截了当地承诺。

因此，即使我们进入一种严肃的辩论或沉思的语境，我们仍可以区分两种不同的行为：受限的断言行为和直截了断的断言行为。甚至在我们探
讨某种观点的语境下，我们仍然可以执行前一种行为。在极端情况下，这 59
种行为甚至能够结合单纯的假设，然后得出结论。但是，如果我们确信，尽管我们不准备直截了当地断言它，我们断言的东西仍然有很多理由支持，那么它就可以是某种更实质性的东西。

10. 与皮罗式知识论一样，笛卡尔式的知识论涉及具有一种判断性认可的观点的沉思。笛卡尔式的知识论涉及能动性的、自愿的同意，因为笛卡尔区分了判断的自愿官能与消极理解的官能。然而，笛卡尔清楚明白地意识到，缺乏胜任力和可靠性的判断在知识论上是不充分的。因此，从第

---

[35] “对理性和感觉二者的怀疑的这种怀疑论，是一种永远无法彻底治愈的疾病，而且每时每刻都会作用于我们。然而，我们却可以驱逐它，有时似乎可以完全不受它的影响。在任何系统上捍卫我们的理解力或我们的感觉是不可能的；然而，当我们以这种方式努力证明它们是合理的时候，我们却更进一步地暴露了它们。当怀疑论的怀疑自然地产生于对这些问题的深刻的和强烈的反思时，无论反对它们还是遵从它们，当我们把我们的反思推得更远时，它们总会增长。只有粗心大意和漫不经心才能为我们提供任何治疗的方法。因为这个原因，我完全信赖它们……”（Treatise of Human Nature. ed. L. A. Selby-Bigge. Oxford：Clarendon Press，1968：218）

三沉思开始，当他最终获得他所认为的真的确定性（我思的确定性）时，他问自己，什么给了他这样的确定性，他发现，离开了清楚明白的知觉，找不到合理的答案。因此，他断然宣称，无须论证我们就知道清楚和明白从来没有给他最终发现的确定性，除非真的东西能够如此清楚明白。对可靠论的认可不可能说出更多的东西。

11. 由于这个原因，在许多其他人眼里，笛卡尔是一位德性可靠论者、一位百分之百的德性可靠论者，因为对笛卡尔来说，信念的适切性是核心，反思知识也是至关重要的。值得注意的是，笛卡尔也是最伟大和最明显的德性责任论者，因为对他来说，判断的自愿官能是最重要的，处于首要和中心的位置。

与笛卡尔的知识论在结构上一致，我自己 AAA 结构的动物的/反思的德性可靠论也认识到了能动性的、自愿的、责任论的认知德性作为其核心的重要性。㊱

12. 当然，我们必须认识到专业知识与普通知识之间的不同。专业判断提高了标准。同样，我们可以把激进的怀疑论与温和的怀疑论区分开。

激进的怀疑论者应用的普通断言的标准超出了普通的社会认知规范。如果他因而按照高标准指导他的日常生活，那么他实际上就是一位社会的反叛者。他违反了使人类进行社会协作的规范。因此，我们可以正确地反对和谴责他的理智行为。

60 相比之下，温和的怀疑论者只把他更高的标准应用于严肃的哲学辩论或沉思语境下的专业断言。在日常语境中，他会继续与大众说话和思考。这甚至可以采取直截了当的断言，然而它可以替代地或补充地采取受限的断言。这种区别将表现在什么是"足够可靠的"上。正如这样做的标准确实会通过完美的日常转换把日常语境转换为专业语境一样，它们从日常语境转换为严肃的哲学语境也是如此。哲学家将恰当地用这种能力去应对各种各样的怀疑论关切，这些关切在日常生活中不会也不应该麻烦我们。

13. 因此，我们的确承认有一种实用论入侵。研究室或研讨室与市场

㊱ 在最近发表的著述和本书第十一章"笛卡尔的皮罗式德性知识论"中，我为笛卡尔的这种解释做了辩护。

之间的相关差异是由实践关切构成的。因此，实践关切对我们的断言是否足够可靠的确产生了影响。然而，我们入侵的等级不需要与相信者的特殊实践语境完全一致，这个相信者的信念有待进行认知评估。社会认知规范可以从这种特定语境中抽离出来。㊲虽然如此，这条路径乐于接受一种较高等级的实用论入侵，这种入侵为各种有见识的专业知识留有空间，也为适当调和的笛卡尔式同意与日常生活中必须满足的同意之间的不同留有空间。

14. 总之，我认为，重要的探究德性对建构知识的胜任力的获得与运用起辅助作用。

然而，我们也应该认识到，一种辅助性认知德性可能仍然是一种全面的个人恶。这在对疾病观的执着例子中已有提示。

比较高更（Gauguin）的例子，他为了艺术抛弃了家人。在逃往塔希提岛（Tahiti）的途中，高更可能运用了艺术的辅助性德性，可想而知，他的艺术伟大到足以为他考虑的一切行动的合理性做证明。因此，认知的成就可能是类似的，并且评价也是如此。

在任何情况下，都存在一个重要的不同方面，在其中，美学和知识论享有自主权。在与艺术表现和认知表现相关的艺术领域和认知领域，艺术 61
表现和认知表现是可以恰当评价的。这样的评价独立于与其他领域相关的价值，也独立于全面的价值或道德标准。当我们说知识比纯粹的真信念要好时，所谓的优势是认知上的。这种优势必须被独立地理解，以至它不是来自任何可能依附在这个相信者的动机上的道德价值或个人价值，如果有价值的话。即使某些特定的认知成就和艺术成就能经受住外在价值的冲击，情况也是这样。

15. 最后，一次和平分手。此外，我们应该高兴地认识到许多重要的理智德性不属于知识建构的范畴。我们应该欢迎对此类德性的哲学研究。㊳

㊲ 它们不仅能而且确实以本书第八章所论证的方式被提出来。

㊳ 关于赞美有洞见的研究者，参见：Linda Zagzebski. Virtues of the Mind. Cambridge：Cambridge University Press，1996；Jason Baehr. The Inquiring Mind. Oxford：Oxford University Press，2011.

尽管如此，也必须在德性可靠论的框架内来理解某些辅助性德性的好处。理由在于，这些德性之所以成为辅助性德性，是因为它们能够让我们获取或维持完全的胜任力（即技能、状况和情境，亦即SSS完全的知识建构的胜任力）——正是由于这些胜任力的展示，我们才知道一个特定领域内的问题的答案。（回忆一下：安全地在某条路上驾驶的胜任力由甚至司机睡着了都仍保留的最深处的技能、司机保持清醒和冷静的状况、道路足够干燥且没有被厚厚的一层油覆盖的情境构成。）如果我们理解了知识建构的胜任力的结构，并且更好地理解了辅助性德性是如何使我们获得和运用建构知识的德性的，那么我们就能更好地理解为什么那些辅助性胜任力会被视为辅助性认知德性（而不只是一般的道德德性或其他的实用德性）。

第二部分
一种更好的德性知识论

第三章 判断与能动性

> 让我们想象某些人在一个充满宝藏的暗室中寻找黄金……（没有）人会被说服说他们已经碰巧找到了黄金，即使他们真的碰巧找到了黄金。同样，一群哲学家来到这个世界，就像进入一个巨大的房子中寻求真理。但可以理解的是，那些把握真理的人应该怀疑自己是否成功地把握了真理。①
>
> ——伊壁鸠鲁

我们的指导概念，即完全适切的表现（the fully apt performance），将 65
指导我们超越之前德性知识论所发现的任何东西。

A. 什么是一种完全适切的表现

1. 实践表现。为了引入完全适切的表现这个概念，我们首先讨论实
践表现，讨论它是如何构成的以及与它相关的一种特殊的规范性。两个案
例为我们提供了最初的帮助，由此我们转向认知表现，另一个案例则将帮 66
助我们弄清楚它。这些案例表明了通向更好的人类知识观的方式，这是我
们的主要目标。

作为初步分析，让我们首先考虑两类知识的区分：判断性知识和功能性知识。

---

① Against the Logicians，27（M vii，52）. tran. Jonathan Barnes//Toils of Scepticism. Cambridge：Cambridge University Press，1990：138－139. 贝特（Richard Bett）对这部分的翻译如下："……怀疑论者非常适切地对比了那些探究未知事物的人和在黑暗中击中一个目标的人。这些人总会有人击中那个目标，也会有人击不中，但击中和击不中的人都是无知的。真理还隐藏在深沉的黑暗中，所以许多论证都致力于寻找真理，但与它一致或不一致的那些论证都不可能知道，因为应该被探究的东西已经被从平淡的经验中移除了。"（Cambridge：Cambridge University Press，2005：153）

判断性知识的核心就是判断行为，一种特殊类型的断言。[②] 断言或者能够通过断定而是公开的，或者指向我们自己而是私人的。每一类断言都能拥有实用目的，例如，让其他人印象深刻、培养信心、减少冲突，等等。[③] 因此，一个只有实用目的的断言是一个伪装的判断，并伴随一个伪装的信念（make-belief）。真正的判断是一个致力于适切的正确性（apt correctness）的断言。判断就是带有那种意图的，判断性信念就是这样判断的倾向。这种有意识的判断（conscious judgment）及其相应的信念对于一个社会物种来说是重要的，因为，就像更一般意义上的协作那样，信息共享和集体审议是至关重要的。这在很大程度上解释了判断性知识的更大价值，这种知识是由这些行为或倾向构成的。断言和判断（如所定义的那样）对于各种形式的人类协作都是至关重要的。[④]

---

② 通过断言 p，你说 p（至少对你自己说），但你做得更多。不是每一个言辞都是断言，例如：当你把某个东西当作反证法的前提时，你的言辞不是断言，当你在表演或说故事时，你的言辞不是断言。

③ 当我们假定隐含推理时，这种推理似乎是一个偶然发生的连续的因果过程，由此，在各个节点上都存在直接推理，并在记忆中保存引理。甚至在潜意识里，这种直接推理的抽取也是偶然发生的。但在那种情况下，我们需要偶然发生的行为作为我们推理的一部分。如果存在潜意识的条件性推理，那么某些这样的行为就是假设性的，不能被算作断言。但无疑不是所有我们有理由假定的潜意识推理都是条件性推理（即使有些推理是这样）。并且，如果推理不是条件性的，那么它就是断言性的，而且这种推理的步骤似乎都能被算作行为，而不仅仅是倾向。因此，这些都是我视为潜意识断言的行为。

不管是有意识的还是潜意识的，这种意向性表征都应该区别于单纯的功能性表征。甚至处于潜意识之中，这种意向性表征都容易受与他人或自己的对话的影响。为了塑模，为了在有意识的审议或沉思中使用，同时为了与他人分享，我们能够让这种意向性表征浮出水面。这让它区别于单纯的功能性表征，后者抵制公开、塑模、阐述和分享。

④ 我们可能认为，除了判断性信念之外，还存在准判断性信度，我们可以用“大概 p”“可能 p”等语言来表达，就像我们用“p”或“<p>是真的”来表达判断性信念一样。无疑，我们能够用那种方式来表达更低水准的信度，或者用“确定 p”等诸如此类的语言来表达更高水准的信度状态。这看起来非常正确。我们也能正确地认识构造那些受限的断言的各自倾向。然而，在这样做时，我们不需要超越倾向性信念，因为我们能够把判断性信念的一个子集视为一种特定的主体。（并且，如果这些受限的“断言”是除了真断言之外的独特的言语行为，那么我们就能认识到倾向表现了这种另类行为。这种另类行为与真断言的关系、与知识论的相关性都有待挖掘和阐明。对此的更多讨论可以在本书第十章找到，在那里我探讨了皮罗式怀疑论如何在不诉诸判断或判断性信念的情况下进行推理。）

然而，不是所有信念都是判断性的。例如，某些指导我们日常行为的 67
信念完全在意识的表面之下。与**判断性**信念不同，这些信念不是通过对相关的“是否”问题（“whether” question）的一种简单的有意识的回应通达的。相反，思想和分析能阻止这些信念。简单来说，我们先把这些信念和其他**功能性**信念放在一边，但它们也能够通过把判断性信念的解释扩展到下面推荐的解释来理解。⑤ 我们可能认识类似的意向和信念状态，而且把选择和判断定义为进入那些状态的事件，这个入口可能是也可能不是自愿的（volitional）。我们也可能认识一种判断，这种判断不是进入一种信念状态的事件，而是那种状态的插入式表达。允许不是真正的决定的“意志”事件（events of “voliting”）也是一件自然的事情，因为它们不需要**进入**一种意向状态的事件，而是一种表达意向状态的事件。

然而，我在此有一种不同的观点。我们的重点在于作为社会物种的人类，他们通常有意识地推理，从个体或集体、实践或理论角度进行推理。

---

⑤ 这种扩展的关键在于，两种信念都是表现和行为，都致力于某些目标。目标至少能够分为如下两类：（a）有意识的（至少倾向上如此），或至少是意向性的，有时甚至是深思熟虑的，就像深思熟虑的判断；或者（b）深度潜意识的和非意向性的，也许在生物学上或心理学上是目的论的。在此，我并不深入探究这种功能性信念的本质，也不关注包括具有目标的状态的相关范畴，即使这些范畴依旧在意识的表面之下。

我们可以认为，稳定的、功能性的信念是状态，并且没有一种状态能够是具有一个目标的表现。（Matthew Chrisman. The Normative Evaluation of Belief and the Aspectual Classification of Belief and Knowledge Attributions. Journal of Philosophy, 2012, 109: 588-612）但这并不合理，如果我们清楚我们意义上的“表现”只是拥有一个构成性目标的状态、行动或过程。如果一个人致力于正确回答是否 p 问题，那么他就有一种断言 p 的倾向。因此，这种倾向是一种状态，而且合理地致力于正确回答是否 p 问题，而这个目标是与这种倾向所展示的断言共享的。

与之类似，功能性状态能够拥有目的论目标。因此，一只蜷伏着的猫的警觉状态可能是以探测容易捕获的猎物为目标的。作为一种状态，它能否成为一个日常意义上的“表现”，与我们关注具有一个目标的“表现”无关，并且与我们可能使用涉及规范性解释目标的 AAA 结构无关。对后者来说，真正重要的是这种状态拥有一个构成性目标，而且在日常用语中，其本体论身份或标签能够适当地适用于它。

任何具有一个目标的表现都隶属于这里所倡导的理论的范畴、区分和规范性，即使意向性和功能性变种必须可以个别地进行辨别、区分。

68 所以，我们通过人类完成这些推理的方式关注实践和理论行动。这些行动有两个重要类别：实用断言和求真断言。一个求真断言能够是公开的，用自然语言来表达就是一个断定。第一人称的实用断言有各种形式，由此，你致力于一个特定的行动过程。这些行动构成性地进入有意识的推理，伴随着对实践结论的后果的判断。这些行动与直接的实践结论和由此发生的行动最直接相关，*因为一个人能够在最后一秒改变他的意图*。所以，如果我们的兴趣是理性的行动或理性的信念（它们是实践的或理论的、个体的或集体的推理的结果），那么行为就在行动发生的地方。当然，从事这种行动的倾向也以各种各样的方式是重要的。

根据这种观点，行为是基础性的，而最相关的状态是这么行为的倾向。但是，这与信度的重要性不是不相容的，这种信度不同于行动或行动倾向。毋宁说，确信是合成的表观，这些表观经常是消极的状态，不同于任何行动或行动倾向。

无论如何，我们在此关注有意识的行为，或至少关注*意向性*判断，以及当一个人企图适切地回答相关的“是否”问题时如此判断的倾向。（这种解释将保留其自身的意义，与我们能否扩展它以便也覆盖不是判断性的而是功能性的信念无关。）

下面，我们开始之前承诺的实践案例。

2. 第一个案例：戴安娜的表现。竞技弓箭手没有太多选择。一旦站上赛场，他就必须射击，没有自由裁量权。相反，射击选择是构成好猎人之胜任力的不可或缺的一部分，因此，戴安娜需要二阶胜任力来评估其一阶胜任力及其所要求的条件。因为狩猎部分地是一种射击选择的运动，所以她必须估计她的技能水准以及她的状况和情境，以便恰当地评估风险。

戴安娜的射击是适切的，当且仅当其精确性展现了其熟练性。戴安娜的射击是反思地适切的，当且仅当它符合一个胜任的二阶觉知，即意识到这个射击是适切的。适切性和反思的胜任力能够彼此独立呈现。

假设戴安娜在喝了很多酒时看到远处在黄昏的浓雾中急速奔跑的一只兔子。她可能认为只有很少的机会成功，低估了自己的高超技艺。无论如何她射击了并适切地击中了目标。但这次射击不是反思地胜任的。它的精确性并不符合任何胜任的二阶觉知。

我们也能以其他方式来看。在猎场的一块阳光充足的场地的正中央看 69
到一只静止的麋鹿，她可能胜任地判断她的射击是适切的和安全的。然而，在其中某一时刻她以某种方式迷失了，所以这次射击是反思地胜任的，但并不是适切的。

如果一次射击是不适切的，那么它当然就是不足的；但一次射击是适切的，而且知道是适切的，可能还是不足的。例如，戴安娜可能考虑是否进行一次她知道是适切的射击。如果现在她决定通过掷硬币来决定是否射击呢？因此，她的射击还是不足的。它没有恰当地导向适切性。戴安娜根据她的适切性信念——即它是适切的——来选择她的射击，但没能通过那个信念来指导。所以，她的成功还是存在减损信誉的（credit-reducing）运气。

最后，让我们说一个表现是完全适切的，当且仅当它是通过该行动主体的反思地适切的风险评估导向适切性的。这个行动主体必须不仅根据她的适切性信念即她会适切地表现来表现，而且通过那个信念来指导。

这就是我在《完好之知》中对完全适切性信念的解释。⑥ 它阐明了一条通向更好的人类知识理论的道路，而我们现在正进入这条道路。

3. 第二个案例：投篮手的动物的、反思的和完全的适切性。

a. 想象一下篮球运动中的投篮。即使一个运动员自负地频繁投命中

---

⑥ Ernest Sosa. Knowing Full Well. Princeton：Princeton University Press，2011. 通常，我会碰到这样一些人，他们不愿意承认存在反思知识或完好之知这种实质地不同的认知种类。但我的观点没有做出任何这方面的承诺。在本体论上，它取决于断言和断言的倾向，不管是公开的、私人的、内在语言的，甚或潜意识地沉默的。从单纯的言说或断言上升到完全适切的断言，这个等级秩序不需要被视为关于在本体论上不同实体的等级秩序。这些上升的地位能够与受限实体的越来越高的要求的属性一同上升，所有这些实体在本体论上都是相同的，同时只根据属性的差异而不是本体论上的本质来限制更高的地位。然而，可选择的是，我们也能合理地承认一种本体论上不同的实体和判断（它们由致力于适切地断言的求真断言构成），并且承认一种相应的倾向。在此，我选择后一选项，而不做深层的承诺。

而且，前述的每一个选项都与功能性知识和判断性知识之间的本体论差异相容。在此，我们一再从各种角度注意到这种差异。

率低的球（low-percentage shots），他依旧可能保持一种卓越的能力把球投到离篮圈足够近的地方。即使在这种低命中率的企图中，成功依旧可归功于其胜任力，而且恰当地这样做。如果他在评估风险的时候很好地意识到
70 自己的能力限度，那么他在试图超越其安全区域时就不会受他的低可靠性的影响。而且，即使他没有意识到这些限度，他也还是会继续自信地超出其能力限度而投篮，他在其限度内的成功依旧是值得赞赏的。

因此，我们面前有两种有意思的情况：

> 第一种情况，这个运动员没有意识到其胜任力的限度，并且在非常接近于其充分可靠性的临界值（threshold）的距离任意投篮。
>
> 第二种情况，这个运动员依旧在超出其胜任力限度但在其可靠性临界值之内的距离投篮，但是现在他很清楚地意识到这一点，并且愿意冒其中包含的风险。

这两种情况有一个显著的差异。在后一情况中，这个运动员在知道自己是在其限度内表现时，依旧能够完全适切（full aptness）地表现。在前一种情况中，这个运动员在如此靠近其足够可靠的表现临界值时，不再完全适切地表现。在那个区域——几乎就在临界值上，他依旧很可能足以成功，即使他不知道他是否会成功。所以，即使不知自己的临界值，他依旧能够表现出动物适切（animal aptness），但达不到完全适切。

b. 在正常情况下，一个篮球运动员只在乎把球投进篮圈吗？那个目标（或多或少）能够值得赞赏地达到，即使这个投篮手距离篮圈太远，但在其可靠性的相关临界值之内。如果这种成功归功于某种大大超出平均水准之上的胜任力水平，那么情况尤其如此。⑦ 然而，不管多么适切的成功，篮球运动员都不仅仅致力于成功。在正常情况下，他们致力于足够适切地（通过胜任力）成功，同时避免冒太大的失败风险。当他们冒太大的风险的时候，他们的投篮是被消极地评估的。

终场时的投篮可能在某个方面是受欢迎的：它确实投进了一个关键

---

⑦ 甚至当我们出于简单性原则而先把这搁置一边时，她作为一个队员是如何与这个评估相关的？例如，她是否应该传球，而不是投篮？这也能影响她的行为的品质，因为她是通过选择意向性地投篮的。

球！但是，当有大量的时间安全地运球到达一个更好的范围时，如果这个投篮还是跨越了整个场地，那么这是极端不明智的，是很糟糕的选择。所以，假如这个运动员的目标仅仅是进球，那么这是一次成功的投篮。然而，在一场激烈的比赛中，没有一个好运动员在正常情况下只拥有那个目标。与一个更雄心勃勃的目标相比，这个投篮是可悲的。在那种情况下， 71 该运动员即使没有藐视而只是忽视了这个更完全的目标，他也是粗心大意的。教练可能会谴责这个投篮，并且斥责这个运动员忽视了投篮选择的重要性。由于这个运动员的疏忽，这个投篮是一次糟糕的选择，因此是劣质的。

那个更雄心勃勃的目标更**具体地**指什么？什么是**足够的**可靠性？这显然随领域的不同而不同。在篮球运动中，我们至少知道它大概指什么，应当考虑该运动员及其队友的站位、倒计时和这个投篮是不是一个三分球，等等。因此，许多因素以不同的方式起着作用，好的运动员能够把它们都考虑到，而不**仅仅**致力于投篮，而是在这种考量中展示所要求的完全胜任力。⑧

c．现在想象一下，一个投篮手走到一个接近她的相关可靠性临界值的距离上。假设她超过了这个临界值，但是她**无法分辨**这一点。一个球场统计观察员可能完全知道这个运动员现在勉强超过了这个临界值。假设他曾大量地研究过她的投篮命中率，通过一个仪器测量了她与篮圈的精确距离。这样，他就能说她在距离上**是**足够可靠的（假定上述环境）。但是，她自己完全不知道这些事情。

这个运动员依旧达到了她的基本目标：把球投进篮圈。在那个方面，她的投篮可能是适切的。这种成功可能展示了统计员知道她甚至在那个距离上所拥有的那种胜任力。

那么，她缺失了什么？有缺失吗？尽管她的一阶动物目标**是**适切地达

⑧ 诚然，任何信誉方面的重大差异都可能来自超越可靠性的临界值，这似乎从一开始就不合理。一个投篮刚好在这条线下会比刚好在这条线上更值得赞赏吗？但这个问题是对我们如下简单假设的一个虚构，即胜任与不胜任的区别只在于一条窄窄的线。一旦我们认识到胜任力是一个模糊概念，那么依然足够合理的是，一个运动员可以没有认识到她会足够可靠地从她所站的地方开始投篮的事实（在她几乎是这样胜任的时候。）

到的，但是她没有达到适切地成功的反思目标，这也是她应该拥有的目标，不管她是否拥有它。她确实适切地进球了，但是她没能适切地实现适切地进球。不像统计员，她不能说她的投篮在那个距离上依旧是足够可靠的。
72 不管怎样，如果她还是投篮了，并且她的投篮结果是足够可靠的，那么她就可能适切地达到了进球的目标。然而，她确实没有适切地达到适切地进球的目标。既然存在这个重要的运气因素，那么她的投篮成功就不完全归功于她。即使她的一阶成功是适切的，但是这并不能通过关于这个投篮是适切的适切元觉知（meta-awareness）而导向适切性。因此，这不是一次完全适切的投篮。

4. 我们的篮球案例表明了一阶安全性与二阶安全性之间的一种区分。当这个运动员（甚至勉强）超过她的充分可靠性临界值时，她的投篮是安全的。在这种情境中，她进球的企图不太容易失败。然而，不像一阶表现，她的二阶表现可能依旧是不安全的。没有意识到她的临界值位置，她可能太容易在低于临界值的情况下不适切地投篮。她事实上所处的位置使她很容易成功地和适切地投篮。然而，因为她没有意识到她的临界值，所以她可能太容易不适切地投篮。她可能太容易处于不恰当的情境中但却照旧投篮。

而且，假设每当她投篮的时候，灯光容易变暗。因为这一点，她可能容易不适切地投篮，在某种程度上没有展示完全的 SSS［seat（基底）+ shape（状况）+ situation（情境）］胜任力。然而，即使灯光可能容易变暗，但只要事实上没有变暗，那么她的投篮就依旧能够是适切的。在此，两个东西貌似是相容的：(1) 她可能太容易不适切地投篮（因为灯光是如此容易变暗）；(2) 她事实上是适切地投篮的，其成功展示了她的相关投篮胜任力，这种胜任力事实上得到了完全的体现。

我们的主体很容易足够可靠地命中篮圈而成功，这可能是因为她满足了一个相关一阶胜任力的 SSS 条件。这些条件决定了我们是否很容易精确地和足够可靠地投篮。但是，这种适切地投篮的胜任力的 SSS 条件是不一样的，因为胜任力是不同的。一个致力于命中目标的投篮是适切的，如果它的成功展示了一阶胜任力。一个投篮要成为完全适切的，它就必须适切地成功，此外，它必须适切地适切成功。它必须是适切地适切的，其适切性展示了二阶胜任力。

5. 不论是竞技表现、表演艺术，还是医学或法律领域中的专业服务表现等，它们都属于人类意向性表现、意向性行动的领域。在此领域中，成就在某种程度上归功于胜任力，而不是运气。当一个目标实现的时候，总是存在一个维度：一头是纯粹的运气，一头是纯粹的胜任力。并且，存 73
在一个临界值，在该临界值下这个目标主要通过运气获得，很少通过胜任力获得。假定它们的 SSS 条件，在这个临界值之下，该行动主体的企图就太冒险。这意味着“对该领域的内在和恰当的目标来说太冒险，这个目标是在那种情况下行动主体的表现应该致力于实现的”。这是竞技表现的观众和评价者们所熟知的一种观念。因此，如果场地在好球区之外，那么击球手的挥动就太冒险；如果投射距离超出了安全范围，那么投篮就太冒险；如果击打得太重和太平，那么发球就太冒险；如果光线、风和距离等诸条件太不有利，那么猎人的射击就太冒险。⑨

什么设定了这样一个临界值？这随领域的改变而改变。在某些专业领域，它有可能是约定的和规定的，或者，在狩猎领域，它可能很少是规定的，而更多是直觉性的。在每一种情况中，临界值都是通过思考设定的，体现了那种有正常的基本表现目标的领域的特色，并且不是通过表现者可能也会拥有的外在实用目标来设定的。

外在于那个领域的目标当然可能恰当地驱使一个表现者冒极大的风险。即便如此，从领域内部的视角看，这个表现依旧太冒险，该表现者在故意冒这种风险时是马虎的，或者对风险太不敏感。因此，考虑到各方面的因素，一个篮球运动员投出一个跨越整个球场的球，可能也是非常合理和恰当的行为，尤其是如果这个运动员是清白的，没有被买通。但是，这种投篮依旧是一个糟糕的投篮，因为作为一场比赛中的投篮，如果存在大量时间安全地运球到一个更安全的范围，那么它是缺乏选择的或马虎的。

6. 因此，在正常情况下，完全适切的表现要求知道我们适切地表现。

⑨ J. Adam Carter. Robust Virtue Epistemology as Anti-luck Epistemology：A New Solution. Pacific Philosophical Quarterly，2014.

如果它应该是完全适切的，那么它是一种指导我们的表现的知识。[10] 这将在知识论中起着某种作用。[11]

B. 知识论中的完全适切性

74 1. 在早先的作品中，我区分了两类知识：动物知识和反思知识。我认为反思知识既能更好地符合常识，也能更好地符合从皮罗主义者到笛卡尔的知识论传统。[12]

现在，我乐于呈现一个更解释性的说明。动物知识与反思知识之间的区分来自一个更深层的区分，即动物知识与完好之知之间的区分。这主要是因为完好之知蕴含反思知识，后者由此获得特殊意义。现在似乎已经清楚，更重要的是完好之知的概念。这种知识能够更好地处理最近几十年的认知案例。完好之知也说明了从皮罗主义者到笛卡尔的怀疑论问题。

无论如何，这是我要论证的东西。

2. 首先思考一个案例，一个猜测很奇怪地可能有资格被称为“知识”。请回忆一下你每年的眼科检查：

> 做检查时，我被告知要读取视力表中的字母。在某一点上我开始

---

⑩ 在此，我不讨论我们如何获得虚拟条件句知识的问题。一个有趣的建议可以参见：Timothy Williamson. Philosophy of Philosophy. Oxford：Blackwell，2007：ch. 5. 在不必支持那个建议的情况下，我分享了如下重要假设（第 141 页）：我们通常知道哲学条件句的真，并且在指导行动方面有非常重要的应用。（但是我并不认同威廉姆森的观点，即认为虚拟条件句以我所建议的特殊方式帮助指导我们的行动，即通过赋予它们完全的适切性。）

⑪ 但是我们应该注意一个限定。许多表现不能以特别苛刻的方式追求完全适切的成功。例如，求真的表现几乎总是不能追求在先保证的成功，而只能追求可能充分的成功。但需要被保证的东西是，这个成功很可能是成分的。基于一个合适的样本，这完全不像关于一个罐子里的东西的分解比例的保证。

下面我们主要关注确定的成功的情况及其相应的完全适切性。这是为了简便，尽管一个完全的解释需要覆盖更为一般的表现现象，这些表现是“完全”适切的，在某种程度上是不可错的。因此，完全的解释也需要覆盖由可能足够适切的在先知识所指导的表现。

⑫ 这一章的 D 部分会展示这个推理的某一部分。

失去信心我所读取的字母的方向是正确的，但是我继续读取，直至技术员告诉我停止，然后记录结果。在那一点上，多数情况我都非常不确定我读取的是“E”还是“F”，或者是“P”而不是“F”，等等。然而，假定结果是，在我不确定的地方，我事实上每次都是对的（我不知道这一点）。在那一点上，我事实上是在“猜”。我确实做了断定，对我自己、对技术员，并且我确实致力于让这种断定成真。那毕竟是这个检查所要求的：我试图正确地回答。我能够确定地保证我展示了一种胜任力，只是我没有认识到它是足够可靠的。当我在检查中继续断定的时候，后者就是我诉诸猜测的理由。然而，不为我所知 75
的是，我的断定结果出人意料地可靠。

那么，我应该如何评估我的表现？在此，我是矛盾的。正如我令人印象深刻的可靠性所表明的那样，我或多或少确实知道我所看到的字母。但是我也可以说我确实不知道。怎么解释这一点？⑬

3. 首先我们需要一个区分。我们断定更低行数的字母，致力于让它正确。我们尽最大的努力，因为只有这样我们才能做好视力检查。但是我们足够可靠地致力于让它适切地正确了吗？没有，在这一点上，它与我们是否确实可靠地让它正确根本没有关系。我们只是做出了我们的最佳猜测，致力于成功地完成这个检查，从而配一副正确的眼镜。我在那一行是否依旧可靠不是那么重要，因为这些字母很小，而我的视力不管怎样都是好的。与此相应，我做出猜测不是致力于让它适切地正确。⑭ 结果依然是

---

⑬ 构造一个关于我们的记忆的相似案例是很容易的。年纪越大越需要对表层记忆依旧是足够可靠的保证。

⑭ 然而，即使我们在正常情况下没有适切地让它正确，我们依然可能追求这个目标，我们依然可能在猜测。为了超越猜测，我们必须在一阶和二阶层次上都足够自信地断定。如果我们在一阶层次上足够自信地断定，但是在二阶层次上不太确定，那么我们就依然在以那种方式猜测。下面的章节试图更好地解释自信在知识论中尤其在判断中的地位。

在看视力表中下面足够小的字母时，正常情况下一个眼科检查对象在一阶和二阶层次上都在猜测。以在一阶层次上感觉自信的主体为例，关于他们如何或是否拥有一种可靠地传递一阶保证的胜任力，他们依旧在二阶层次上感觉不确定。这种立场即使不是完全融贯的，也是可能的。

我们几乎在那一行是无错的，这是假定的结果。

许多人坚持认为，这个案例中的视力检查对象或多或少知道，即使不知道他确实知道。所有把知识归属于葛梯尔学（Gettier lore）的盲视者（blindsighters）和小鸡性别识别者（chicken sexers）都会同意这一点。而且，视力检查案例容易想象，不需要沉迷于科学幻想。[15]

76 4. 此外，随着字母越来越小，我们开始猜测，我们依旧以某种非常基本的方式知道，拥有一种亚信度的（subcredal）“动物知识”，低于要求信念的动物知识。当我们降低到这种更低层次的知识的时候，我们丧失了什么？它区别于我们在读取更大的字母时享有的更高层次的知识的东西是什么？

也许区别仅仅在于更多的自信？当字母越来越小的时候，为了知道，我们仅仅需要的是更多的自信吗？根据假定，我们是很可靠的，那么更多的自信是我们所需的全部吗？这是提供给我们关于更大字母的知识的唯一相关的差异吗？

我们中的一些人天生就是自信的冒险者，而其他人通过治疗获得自信。假设我们仅仅通过治疗获得我们的自信，其他不变。这并不会给我们提供更大字母的知识。事实上，这种人为的自信心提高反而会恶化主体的认知立场。

与之相对，不仅自信而且确认（confirmation）当字母越来越小时依旧是可靠地正确的人，超越了单纯的自信，这种获得可能会把他提升到一个更高的认知水平。现在，他可能获得要求判断的知识，而不仅仅是猜测。因此，他的知识不仅包含更多的自信，而且包含恰当的元保证（meta-assurance），即使那些字母非常小，他的胜任力水平也能把认知风险控制在正常的界限内。

---

⑮ 相反，某些更早先的案例对一个现实生活中的人来说是很难想象的，因为知识归属与我们的背景知识是如此剧烈地冲突。这同样适用于千里眼诺曼案例和真探普（Truetemp）案例。在后一案例中，真探普能够直接说出周围的温度，这是一个被植入他大脑的温度计（他自己不知道）告诉他的。然而，我真正能够知道的是，我自己事实上有资格成为一个视力检查对象（缺乏自信或确认，但拥有极其可靠的猜测）。这个视力检查对象与我们的背景信念完全相符，就像盲视者和小鸡性别识别者那样，而不像千里眼诺曼或真探普。

缺乏这种额外的确认，视力检查对象在二阶水平上缺乏良好的自信，他的一阶断定比单纯的猜测要好。即使根据假设他的猜测不仅仅通过运气而是正确的，他还是不能确定那一点，因而是不胜任的。

相反，当字母接近顶端而变得越来越清晰可辨的时候，我们不仅仅在猜测我们对那些行的字母的断定是适切的，这种猜测与我们能够识别那些字母是什么的知识是一致的。

也许我们在更低行数里所失去的东西是把我们的“猜测”当成是足够可靠的？正如我们的自信在消逝，甚至当我们开始猜测的时候，我们依旧在断定。那么，失去的是什么？正如我们失去了反思适切性和完全适切性那样，反思的胜任力也失去了。⑯

5. 此外，认知主体不仅仅追求断定的正确性。他们也判断，追求 77
断定的适切性。所以，一个正常自信的主体即使能够适切地断定，也可能判断出错。为什么会如此？因为当他在正确地断定的努力中适切地断定时，他可能没有适切地判断。当在适切地断定的努力中断定时候，他可能没能在那个努力中适切地断定。换言之，他的求真断定（致力于真）可能是适切的，但不是完全适切的，在那种情况下，他的判断就可能是不适切的。

在此，我们依赖两个事实：（a）我们可能把某个东西更多地当成一种方法，而不是一个目的；（b）适切不仅与方法相关，而且与整个形式结构相关：采用方法 **M** 来达到目的 **E**。因此，我们可能适切地拉开一个开关，努力点亮一个房间，但却没有适切地警告别人，即使通过拉开一个开关，我们致力于同时达到这两个目标。也就是说，第一个目标可能适切地达到了，但第二个目标却没有适切地达到，或根本没达到。

与此类似，我们可能适切地断定，致力于正确地断定（如果这个断定应该是求真的而不仅仅是实用的，那么它就要求一个目标）。与此相容，我们依然可能在（求真地）适切断定的努力中不适切地断定，甚至我们不仅没有努力正确地断定（致力于真），而且（因此）也没有适切地断定。只有第二种努力的适切成功才是完全适切的认知断定。并且，只有这才是适切的判断，超出了我们的断定的适切性。

---

⑯　第四章我们会进一步讨论关于自信如何影响知识的讨论中的一个缺陷。

基于我们的区分，下面思考知识论的某些难题。

C. 葛梯尔传统

1. 下面思考葛梯尔传统中的已经被证明是很重要的案例⑰：

(a) 推论案例。葛梯尔自身的案例是推论性的。雷哈尔
78 (K. Lehrer) 的哈维特/诺戈特 (Havit/Nogot) 案例：S 基于卓越的证据相信诺戈特有一辆福特车。然而，诺戈特没有福特车，但 S 不知道的是，哈维特也恰好在此，并有一辆福特车，而 S 恰恰是从诺戈特有福特车这个前提推论出有人有一辆福特车。S 并不由此知道，因为那个信念仅仅因为哈维特而是真的，而不是因为诺戈特。知识论的传统智慧认为，这些案例中的主人公不知道。

(b) 谷仓案例。巴尼看到一个谷仓，并由此相信，尽管他看到的可能是一个假谷仓，这种假谷仓在附近到处可见。绝大多数知识论者都否认这个主体知道，但重要的少数人不是那么确定。⑱

与西蒙 (Simone) 相比，他正处于飞行训练的末段，而且从她的角度看，每一天早晨都分不清在一个模拟器中还是在一架真实的飞机中。当她碰巧真正在驾驶一架飞机时，她能够知道她在这样做吗？

---

⑰ 在此，我宽泛地理解这个传统，不仅包括最初的葛梯尔案例，而且包括整个旨在根据与它是不是确证的真信念有关的案例来理解命题性知识的传统。

⑱ 然而，X-哲学调查结果暗示，基于巴尼的直觉，民众与哲学家的分歧巨大。参见：D. Colaco，W. Buckwalter，S. Stich，E. Machery. Epistemic Intuitions in Fake-Barn Thought Experiments. *Episteme*，2014 (11)：199-212. 这篇文章测试了最初版本的假谷仓案例。"知识"归属很高。诺布 (Josh Knobe) 和图利 (J. Turri) 都用非常大的样本尺度独立重复了那些发现 ("知识"归属的发现，尽管不是年龄影响)。整体比例是 0-6，而平均反映 (mean response) 是 4.75。参见：J. Turri，W. Buckwalter，P. Blouw. Knowledge and Luck. Psychonomic Bulletin& Review，doi：10.3758/s13423-014-0683-5. 这篇文章测试一种更普遍的案例，即"假威胁"案例，假谷仓案例就属于这种案例。"知识"归属很高 (有时达到 80%)，而且不同于日常的知觉知识。最后，图利还有一篇文章，即《"葛梯尔"案例中的知识与断言》("Knowledge and Assertion in 'Gettier' Cases")，这篇文章测试了一个最初版本的假谷仓案例。结果显示，"知识"归属和"可断定性"都很高 (大于 80%)，而且不同于日常的知觉知识案例。

(c) 千里眼诺曼、真探普、小鸡性别识别者、盲视者。这些主体自身发现相信某种东西，事实上是完全可靠的，但却对他们是如何做到的没有任何观念，甚至对他们这样做了也没有任何观念。这些案例更平均地区分了知识论者。某些人认为这些主体知道，其他人则认为他们不知道。许多人能够感受到这种对立观点的拉扯，但决定“勉强忍受”。

2. 巴尼和西蒙等主体似乎因为他们的窘境而有所不足。剥夺他们拥有知识的东西是切近的可能性所造成的威胁，因为附近的假谷仓或模拟的驾驶舱。但这种**不安全性**位于哪里？就像在篮球案例中，这个问题引起了二阶的安全性。巴尼和西蒙在哪里以及如何不安全地表现的呢？在第一 79
阶，还是在第二阶？

3. 合乎情理的是，巴尼缺乏知识，因为他**以某种方式**不安全地断言。在面对一个假谷仓时，巴尼可能太容易断言他面对一个谷仓。然而，这没有解释它为什么在直觉上如此有吸引力，诺曼和真探普同样不知道。诺曼和真探普的求真**断言**可能自信是安全的！

相反，如果知识要求**判断**的适切性，那么这就解释了诺曼和真探普为什么有所不足，也解释了为什么巴尼的断言需要是安全的。判断的适切性**蕴含**断言的安全性。⑲ 在他所做的**判断**中，巴尼必须在某种程度上意识到如下这一点，把它视为理所当然，或预设它：**如果他断言，那么他就可能不太容易在那个假谷仓问题上不正确地断言**。在这样判断时，巴尼致力于适切地断言他确实面对一个谷仓。所以，他的**判断**是适切的，当且仅当他适切地达到**这个**目标：适切地断言。这种情况会发生，当且仅当他被导向其断言（他确实面对一个谷仓）的适切性，因为他有如下二阶觉知，即如果他断言（他面对一个谷仓），那么他就（很可能）**会**是正确的。⑳ 从这一点来看，如果他的判断是适切的，那么他的断言就是安全的。因此，我们指派这种安全性要求，同意巴尼和类似人物不能适切地判断，故而不能知道（不能达到完好之知）。

此外，为了达到完好之知，巴尼必须知道，如果他在自己的条件下断

---

⑲ 本章后面还会继续阐述这一点。

⑳ 此外，这种觉知既不需要是有意识的，也不需要是时间上在先的。

言他面对一个谷仓，那么这种断言就不那么容易错。为了以完全的断言适切性所要求的方式指导他自己的适切断言（适切判断所要求的东西），他需要这种条件的知识。所以，他的判断能够是适切的，当且仅当它是安全的。与此相应，巴尼完好地知道，当且仅当他的构成判断是安全的。但不合理的是，假定附近存在假谷仓，他的信念是安全的，所以他完好地知道。因此，如果我们感兴趣的知识是判断性的完好之知，那么我们就能理解巴尼并不知道这个想法的吸引力了。

80 我们关注适切判断（和判断性信念），以及相应的知识，这种知识位于单纯的亚信度动物知识（就像眼科检查案例中的知识）之上。判断是致力于适切地断言的断言。在判断中，一个人致力于适切地求真断言。因此，判断性断言 p 必须不仅展示了让是否 p 问题正确的胜任力，而且展示了适切地这样做的胜任力。为了让一个判断是适切的，主体必须适切地达到断言的适切性。

与之相应，巴尼的判断是成功的，当且仅当它不仅达到正确性，而且达到适切性。最后，这个目标是适切地达到的，当且仅当巴尼之断言的适切性展示了他适切地断言的成功的胜任力。

确实如此，为了成为适切的，巴尼的判断必须是安全的。因为它是一个构成性地致力于适切地使之正确的断言，所以一个判断将成功，当且仅当它满足两个要求：（1）内嵌的（embedded）断言必须是适切的。（2）内嵌的断言必须以如下方式是一个适切的断言：主体必须拥有一个完全的胜任力，由此，如果他运用那种胜任力断言，那么他就会足够可靠地正确和适切地断言那个问题。

在最好的情况中，适切地判断的主体知道，如果像他们所意图的那样断言，他们就会正确地断言。主体完全适切地断言，当且仅当通过对他们如此断言的胜任力的二阶知觉指导一个正确的和适切的断言。这意味着，如果一个判断是适切的，那么内嵌的断言就是完全适切的，因此必定是安全的，使判断必须是一个真的判断，并且本身就是以那种方式是安全的。断言必定是安全的，因为主体必定知道如果这么尝试了，他们就会适切地成功，使得如果他们断言了，他们就是正确地这样做了。这就等同于断言的安全性，反过来，等同于判断的安全性。

相反，一个断言能够是适切的，而不是安全的，即如果他这么断言，它就**不是**真的。㉑ 这是因为一个适切性断言能够是不安全地适切的，但一个完全适切性断言必须是安全地适切的。

而且，如果完好之知要求断言的**完全**适切性，那么这也解释了是什么东西驱使我们认为诺曼和真探普不是真正地知道。假设他们确实不是猜测而是判断，他们的这种判断**不是**适切的。即使内嵌的断言**是**适切的，这些主体在**适切地如此断言**时也确实不是适切地成功。他们是通过运气而不是胜任力适切地断言。尽管诺曼和真探普就像眼科检查案例中的主体一样有 81
动物知识，但他们还是缺乏完好之知。盲视者和小鸡性别识别者等同样如此。㉒

思考如下直觉，眼科检查案例中的猜测者确实不是**真正地**知道（即使他们或多或少确实“知道”）。那种直觉可信地来自他们不能完全适切地断言，因此来自他们不能**完好地**知道。他们缺乏所要求的适切觉知，即如果他们的一阶断言会（足够可能）如此正确地和适切地这样做，他们就处于如此的条件（条件良好的SSS）。当然，他们所缺失的东西不仅仅是完全沉思的有意识的觉知。**毋宁说**，他们**甚至**因为缺乏一个适切的预设而是有所不足的，这是一种**隐含的**适切觉知，即他们的相关一阶断言是而且会是适切的。㉓

㉑ 注意，在此包含了特殊种类的安全性：一个构成性地致力于X的表现是“安全的”，当且仅当，他如果这样做了，**就会**实现X。

㉒ 如果我们区分（a）如果S回答是否p问题，他适切地断言或判断他会适切地断言和（b）S适切地达到适切地回答是否p问题的目标。后者只要求S回答是否p问题的断言，这种断言需要如下二阶觉知指导，即他对是否p问题的回答是一个适切的回答。因为如此，一个人知道一阶断言**是**适切的，但这种二阶觉知是不够的。这种二阶觉知也必须**指导**我们相关的一阶适切性。我们的一阶适切性的实现**必须**展示他的相关二阶胜任力。

㉓ 当然，某些情境特征可能理性地维持我们的隐含假设，即光线适合颜色判断。例如，我们可能依赖如下事实，基于各种因素（如打开的窗户、明媚的阳光、灯泡是熄灭的等），我们知道光线是自然的。当我们做出表面看起来是红色这个判断时，我们可能不仅依赖其红色的外表，而且依赖那些其他因素。如果讨论光线条件所需要的特殊理由对颜色判断是合宜的，那么确实如此。但这不是假设，一个人总是需要关于一个人的一阶SSS条件的适当性的这种特殊的积极证据。相反，在**其他**案例中，只要没有相反的特殊信号出现，一个人就可以默认地信任这种适当性。（当然，我们可能会说缺乏这种信号是一种隐含的因素，这种因素是一个人在做一阶判断时要理性地回应的。但是，这似乎仅仅是一个符号变量。）

因此，我们能够解释我们在Ⅰ（b）和Ⅰ（c）案例中的直觉分歧。在那些案例中，主体确实享有那种来自适切断言的动物知识。但是，他们并不是完好地知道的。就推论性案例Ⅰ（a）来说，这些主体显然没有任何知识：没有动物知识，更没有反思知识。当然，他们也没有完好之知。

这种完全适切性的要求解释了这三类案例。有各种各样的知识的事实调和了这种明显的直觉冲突。某些直觉对更低级一点的知识敏感，而某些直觉对更高级一点的知识敏感，即使这种敏感不需要为了拥有其效果而是有意识的或明确的。

D. 论反思的知识论

82 1. 除了完好之知的重要性之外，人类知识本质上包含高阶现象。允许我概述一些理由来解释这种现象为什么是如此合理的——下面的（a）、（b）、（c）和（d），而不用完全展示支持性论证。

> （a）判断是带有（一段时间内）胜任地和实际上适切地断言的意向的断言。这个意向区分判断与单纯的猜测。游戏竞赛表明，参赛者致力于正确地断言的断言（因此，赢得比赛），同时把他的断言当成一种单纯的猜测，而不是适切的认知表现。㉔

因此，判断包含一个涉及某人自身断言的二阶立场。当一个人判断时，他通过这样断言而带有适切地使之正确的目标地断言（在其中，目标不仅仅是愿望或希望）。

> （b）判断的悬搁是一个意向性的双重不作为（double-omission），由此，一个人或积极地或消极地放弃断言。内在于理性悬搁的是如下评价，即这个断言太冒险了，这意味着，不管是积极的还是消极的，

㉔ "但是，一个猜测者可能不仅试图使之正确，而且试图适切地使之正确，同时认识到他适切地使之正确的概率是非常低的。"然而，这两个行为完全不同：致力于使之正确依旧不同于致力于适切地使之正确。因此，我们能够通过同一个断言行为区分猜测和判断。（但是，一个更完全满意的回应要等到本书的第四章。）

它都是不适切的，或至少**缺乏**对它**可能**是适切的评价。

因此，这样理解的悬搁包含一个双重不作为的二阶意向（这个意向不需要是有意识的或时间上在先的）。不管积极的还是消极的，判断与悬搁都可以等量齐观，作为一个三重选择的部分：肯定、否定和悬搁。因此，判断也包含一个致力于适切地断言的二阶断言意向，然而，意向性的悬搁包含致力于只是适切地断言的意向双重不作为（断言，既是积极的又是消极的）。所以，可能与认知断言和悬搁共享的一个目标就是**适切地断言且只是适切地断言**的目标。

> （c）对一阶问题的判断的胜任力来说，通过回应一个完全恰当的判断必须权衡的理由，我们必须避免认知疏忽。哪一类理由？

反判断 p 的理由能够是**反权衡的**（counter-weighing）理由，即**相反** 83
（opposite）判断或判断**非** p 的理由。

相反，消解性的理由反对判断 p，而不偏向相反的判断。首先，这些可能是认为没有可行的好理由的理由。其次，它们可能是认为一个人没有好的状态做出一个判断的理由。最后，它们可能是认为一个人做判断的**技能**被降格或完全缺失的理由。（技能是一种最内在的胜任力，一个人甚至在最差的状态或糟糕的处境下都能保持的胜任力。）

至少，这三个理由是一个人必须对避免一阶判断的认知疏忽保持敏感的理由。而且，它们的全部真相是：一个人的敏感性是二阶的，包括二阶胜任力。

因为一阶判断必须回应这些不能忽视的因素，所以一个人的一阶判断必须受助于二阶胜任力。思考一下因为没有出现二阶击败者而保持不变的信念，对它们的在场或不在场**不做回应**，**即使击败者出现了**，行动主体也会相信相同的东西。这里依旧存在一种削弱或消除任何信誉的运气，这种信誉可能以其他方式是应得的。

> （d）最后，思考一下最高形式确定知识的历史典范：笛卡尔式的**我思**，即**我现在在思考**的思想。什么东西解释了它的特别高的地位？我们的途径就是提供一种说明那种地位的独特方式。思考一下关于**我现在在思考**的判断，并假设这是我对索引内容“我现在在思考”

的断言，一个断言致力于适切地断言（实际上带有最高级的和不可错的适切性）。如果是这样，判断将达到其目标，当且仅当我的断言达到适切性，而且是*适切地这样做的*。这意味着我在这样断言时的适切性本身必须是适切地被保证的。所以，我必须用一个二阶胜任力来保证一阶断言的适切性。我的一阶断言不足以达到正确性，甚至不是适切地这样做的（带有足够的可靠性）。*此外*，一个人的*这种*适切性*本身*被要求适切地达到。这恰恰就是我思典型地这样做的东西。

在《沉思三》的一开始，一旦我们看到我思这个段落，它在某种意义上就是如此。由此，笛卡尔满足于他自己断言如下索引内容“我现在在思考”以及相关的判断，他是正确的，*而且他必定是正确的*。在他的
84 怀疑论场景的帮助下，通过获得和辩护这种洞见，他现在意识到如果他曾经断言“我现在在思考”，那么他就能正确地断言。所以，正如他现在在沉思他是否在思考，他意识到，如果他肯定地断言，那么他就可能正确地断言。假设这种洞见引导他肯定地断言，他就可能适切地断言。在那种情况下，他获得了“我现在在思考”这个断言的适切性，而且是在如下适切断言的指导下获得的，即这是一个适切断言。这个适切断言使得他在思考这个知识成为一种完好之知。

2. 之前的思考——前面小节中的（a）、（b）、（c）和（d）——解释了反思胜任力为什么在认知上有重要意义。

可能的反驳是，这种二阶胜任力不必然形成如下*判断*的胜任力，即某人的一阶判断是适切的。在某些情况下，这种二阶胜任力的在场特别重要，就像我思的案例那样，而且它还要求一种特定层次的沉思上升（meditative ascent），这种上升对思想具有特殊的重要性。即便如此，也不*要求*这种有意识的判断。但是，*一般而言*，这种被要求的二阶立场不需要采取有意识的判断的形式。它可能仅仅是一个预设、一种默认的觉知，即所有这种二阶立场对一阶判断来说都是足够的。在某些基础案例中，这甚至可能是一个被恰当地维持和缺乏击败者的默认立场。我们不要求特殊的理性建基于（rational basing），因为一个人乐于敏感地检测击败者就足够了。

动物知识和反思知识的区分以及偏好这种区分的理由就谈这么多。除

此之外，对一种更充分地发展的德性知识论，我们还能说些什么？

E. 反思：重要但只是辅助性的

1. 这种新理论为什么比早先的理论更具解释力？在动物/反思德性知识论中，反思部分输入了一个重要的认知维度。但是，为什么那个二阶维度对我们的一阶知识如此重要？为什么它对一个人是否拥有单纯的动物知识或“上升”到更反思的层面如此重要？为什么反思知识不仅仅是附加的知识，即动物知识之上的动物知识？为什么二阶动物知识应该被强加在 85
一阶知识之上，把它提升为一种更好的知识？

反思品质在很大程度上因为如下理由而是重要的：(a) 因为判断的本质以及它与猜测的不同；(b) 因为悬搁的本质；(c) 因为胜任力必须避免疏忽和对击败者不敏感。所有这些理由——(a)、(b) 和 (c)——以上面提及的各种方式上升到二阶层次。作为一种红利，(d) 我们也获得了关于笛卡尔式我思的特殊地位的洞见。

但是，现在思考我们是否和如何应该更进一步。

反思的重要性没有被完全地解释，直到我们看到什么是真正重要的：一阶适切性是在二阶觉知的指导下获得的。一阶层次的表现必须通过或明或暗的二阶适切觉知导向适切性，即在那种情况下，主体胜任地避免过分的失败风险。这与主体的适切觉知一致，如果他们在一阶层次上表现了，那么他们就能（足够可能）适切地这样做。

要求完全的适切性更令人满意地处理了完整的材料。这种要求完好之知的人类知识理论获得了进一步的成功。我们已经看到它如何通过葛梯尔问题更好地指导了我们。但它不仅解释了葛梯尔问题。事实上，作为完好之知的一种更可欲的人类知识理论是某种更一般的东西的特例。

对一般表现来说，完全可欲的身份是完全的适切性：受二阶适切觉知指导的一阶适切性是一阶表现必须适切的。一阶表现致力于实现一个特定的基础目标，例如击中目标。这引出了适切地实现那个基础目标的相关目标。适切地实现这个基础成功比不适切地实现更好。

而且，适切地达到一个人的成功的适切性也比不适切地达到这一点更好。这是从篮球案例中获得的教训，特别是从跨越整个球场命中篮圈的惊艳一投中获得的教训。相形之下，这个成功与一个短期目标吻合，不在于得分，而在于足够胜任地甚至适切地这样做。如果一次投篮缺乏完全的适切
86 性，那么它就是一次糟糕的投篮；也就是说，如果运动员不能通过知识导向适切性，那么她的投篮就可能是适切的。这些进一步层次的成功所需要的东西就是运动员在离足够可靠的胜任力的临界值太近时所缺乏的东西。她不知道自己在这个临界值上（即使她现在确实在这个临界值上，她也不知道）。

这个惊艳的投篮是糟糕的，因为它不是完全适切的。当然，它在许多方面是值得尊敬的。它为球队赢得了本场的赛点。而且，如果它展示了高于日常的胜任力，那么它就是非常值得赞赏的。但是，教练还是正确地斥责这个运动员太冒险，完全没有必要这样做。所以，这次投篮依旧是不足的，因为投篮时机的选择很糟糕。而且，不仅时间上在先的选择是糟糕的，而且更糟糕的是，决定这么投篮是**意向性地进行的**。毕竟，这个运动员在投篮那一刻是可以重新考虑的。最重要的是，这个运动员的意向性投篮完全无视它是否足够适切。

一般而言，这个评价对于表现是重要的。如果一个表现在其表现领域低于足够胜任的临界值，那么它就是被糟糕地选择的。因此，即使它成功地实现基础目标，但如果运动员忽视了适切地实现那个目标，那么它依旧是不足的。适切地实现那个目标也是表现领域所要求的完全信誉（full credit）所要求的目标。而且，完全信誉要求这个目标也是**适切地**实现的。如果一个表现只是通过运气达到适切，那么它就是糟糕的。

对于任何领域的一阶表现都是如此，不管它是不是认知领域。㉕ 认知

㉕ 尽管对完全适切性的强调似乎设定了一个潜在的回溯，但我看不出它是恶性的。确实，就像我们上升到二阶那样，我们获得了一种认知立场的提升（通过增加风险评估，一个篮球运动员把自身的胜任力的知识建立在自己的表现情境中）。可以说，如果你的胜任力评估**本身**不仅是适切的，而且是完全适切的，那么你就可能获得进一步的提升。但不需要永远保持这样。事实上，回返可能会迅速下降到渐进地达到一个附近的界限的结果，在那个界限，你已经上升到二阶。而这是可信的，因为我们很快撞击到一个界限，在此界限，当我们上升到更高阶时，人类的胜任力就耗尽了。超越这条界限，更好天赋的人可能获得常人所不能获得的渐进的提升。因为**应该**（ought）**蕴含能够**（can），超越那个界限的失败不是人类的错。

表现只是一个特例，其中一阶认知断言的适切性是通过二阶适切觉知的指导获得的，即这种断言可能是适切的。这种完全适切的表现就是完好之知。[26]

2. 我们的德性知识论比早先版本的德性知识论有了显著的进步。这
种进步体现在两个步骤上。首先，我们强调表现的完全适切性要求通过主 87
体知道他们的表现是适切的来指导。通过解释为什么完好之知不仅仅是动物知识之上的动物知识，这个事实解释了我们的直觉在全部葛梯尔案例中的分布。对这种解释之优点至关重要的是，为了完好地知道，主体必须适切地意识到他们的断言是适切的。[27] 巴尼不知道——不能完好地知道，因为他的判断，即他致力于适切地断言的断言，可能太容易失败。

因此，除了缺乏完好之知，巴尼还缺乏某些认知上重要的事情吗？我得承认，在此我受一个更一般和直觉上更合理的原则所指导：如果不是完全适切的，那么任何表现都是糟糕的。[28] 这就是从篮球案例中得到的教训，不要说穿越整个球场的投篮，就是半场投篮也会让我们陷入无知之境，因为它刚好处于可靠的临界值之上。

完全适切的表现超越了单纯的成功、胜任和反思的适切。作为理性动物，人类能够基于风险和根据他所运用的胜任力最深刻与广泛地指导自己的表现。这就是理性必须主宰激情、肉欲和情感的理由。[29]

在任何情况下，选择这种理性指导都确实包含判断和风险，理性的信

㉖ 诚然，动物层次的成就与黑暗中幸运地摸到金子是有重大不同的（就像一开始与伊壁鸠鲁进行类比那样）。后者更像一种赌徒的幸运猜测。但这恰恰揭示了可以发现不同层次和方式的认知运气。假设我们无知的摸金者进入一个只有金子的黑暗房间。那么，在某种意义上，他摸到金子就并不偶然，但在另一种意义上，这确实是偶然的。这个被如此扭曲的皮罗式暗中摸金案例还是有助于表明一个人为什么和如何需要一个反思视角，这个视角有助于一个人的信念的适切正确性，同时避免一个重要的盲目运气要素（element of blind luck）。

㉗ 更一般地说，如果我们把功能性信念纳入进来，包括归功于心理的或生理的目的论的信念，他们的表现就会是适切的。

㉘ 或者说，任何超越人类胜任力界限的潜在表现都是如此，没有能够就没有应该。

㉙ 所以，本章就以柏拉图的注脚作结。

仰是我们最好的指南。而且，当研究揭示推动我们前进的隐含影响时，这会帮助我们提升管理胜任力。那些启示可能引导我们胜任地、德性地规避某些情境，而且随着时间过去效果开始显现，由此能够对抗不恰当的影响。因此，情境主义的证据基础可能辅助德性，而不用驳斥德性理论。

88 而且，这个认知维度仅仅是一个特例，我们的模块化胜任表观必须服从一种指派它们恰当权重的理性胜任力。这种理性胜任力决定了智慧的、完全适切的选择所要求的适当平衡。对认知而言，就是选择肯定地断言或否定地断言，或者选择悬搁。[30]

---

[30] 此外，基于对带有目标的表现的共同关注，功能性信念和知识要求对这个框架进行类推扩展（analogical extension）。

第四章　一种更好的德性知识论：进一步发展

A. 自信的位置

1. 一种特定水平的自信（confidence）与一个信念的存储所要求的可 89
靠性水平一致，使这个信念甚至在其最初的基础消失之后依然能够被恰当地保留下来。我们需要依赖向我们自己和他人的真诚断言，这种断言可能是公开的，也可能是私人的。这就是为什么恰当存储要求一种特定的最低可靠性水平，使信息是恰当地可获得的，即使原初基础回想不起来了。一种特定水平的自信大概要求应该被恰当地断言和在记忆中保存。而且，假定表征（表征实例）是通过胜任力获得信息并被保存下来时，那种自信度必须与可靠度一致。然而，这种自信度及其完全的可靠性依旧可能在认知上不足。这是我们通过假定自信水平是人为地通过单纯的治疗引发的而发现的。

2. 然而，考察来自认知胜任力的自信。假设它是通过这样一种倾向获得的，即系统地把自信度与相应的可靠度结合在一起，而且足够充分。并且，假设一个人的自信度应该与位于一个信念的存储所要求的临界值之上的可靠度结合，即使他已经忘记获得这个信念的基底。

因此，某种层次的知识是这样合乎情理地得到的。一个人至少拥有动物知识。这是一种盲视者、小鸡性别识别者及其同类都能达到的层次。为了达到这个层次，一个人的信念必须来自认知胜任力，后者把自信固定在一个与其可靠度相当的程度。这种胜任力会传递一种自信度，它与这种传 90
递是如何可靠地为真结合在一起。并且，这种被运用的胜任力必须达到某种程度，或其他程度。毋宁说，它必须是某段时间内的胜任力。它必须足够可靠。而且，这种“足够的”可靠性是位于恰当存储所要求的临界值之上的可靠性，这种临界值或者由社会规范所设定的，或者由生物规范所设定，取决于其所涉及的信念种类。

3. 这样一种动物性的、功能性的知识是如何与相应的判断性知识相关的，后者要求一个人以适切地断言为目标断言？为了完全提升到猜测之上，这是一个人必须断言的方式。一个人必须不仅仅以正确地断言为目标断言。毕竟，游戏竞赛节目中的猜测者就是以正确地断言为目标断言的。

当一个人高度自信（这种自信与足够高的可靠度一致）地断言时，这对以正确地断言为目标断言来说足够吗？因此，一个人的自信达到一个程度，且与有效胜任力的可靠性一致，这种程度就足以支持他存储信念，甚至他随后忘记了这个基底。这依旧有所不足吗？还有什么东西是可取的？

4. 思考下面这种胜任力：当一个人能够说他什么时候足够自信时，他至少在那个程度上恰当地基于其自信断言。进一步思考一种更宽泛的胜任力，它包含获得和保持那种自信度的能力。所以，这种更宽泛的胜任力将包括：（a）仅仅基于足够自信的断言策略；（b）当处于那种状况和情境时，足以获得和保持那种自信度的能力。现在，思考源自这种双层胜任力的运用的断言。这些断言以何种方式依旧是有所不足的？① 假设它们是
91 求真断言：致力于正确地断言的断言，即追求真。在正常情况下，它们不是应该被视为知识吗？

---

① （a）中的“基于”不是基于一个事实性的理由，一个人注意到这个理由，而对它的觉知驱使一个人以一种特定的方式行动。毋宁说，下面将引入跨区域的基于并为之辩护，由此，一个人可以基于一个行为或命题性态度，静态地基于某些其他心理状态。因此，一条线可以看起来比另一条线长，而这个概念表观可能基于一个视觉经验（而不是一个表观）。或者说，一个人可以把判断 p 基于一种对 p 的自信度。又或者说，一个人可以把一个判断性信念 p 基于一种对 p 的功能性的自信度，这里的基于不是因为一个人注意到他自信到那种程度的事实，然后从这个被感知到的事实出发得出关于 p 的结论的理由。我们的这种基于要求基底本身对被基于的东西的因果影响，而这种影响无须经过关于那种基底的某种间接觉知。关于这种形式的基于的更多讨论，参见本书第 9 章 D 节。

正如之前所观察到的，我们似乎确实把它们视为知识，**甚至**把那些被主体当成**单纯**猜测的亚信度（subcredel）断言视为知识。因此，我们的眼科检查案例中的主体无瑕疵地正确，而根本没有任何自信的帮助。我们的主体依旧试图正确地断言，只要他有必要进行一次恰当的眼科检查。并且，只要其表现无瑕疵，那么他最终就知道在视力检查表中很下面的字母。

5. 所以，再次思考足够自信且**胜任地**获得和保持自信度的主体。假设他基于那种自信度进行断言，并且他的断言以下面这种方式是胜任的：它恰当地基于充分的自信度。如果亚信度猜测者确实知道最底行的字母，那么我们胜任地自信的主体就不能被合乎情理地否认拥有一种更高的认知身份。

B. 信度与判断

1. 因此，我们可以认识到某种程度的熟悉自信状态，或者认识到以真为目标的求真表现的合成状态。如果主体在诸认知方面恰当地起作用，那么这种自信度将与产生这种自信度的胜任力所提供的可靠度一致。如果一切顺利，那么这种自信度将与可靠度成正比。

2. 这种自信度位于这个单位间隔。与这个单位间隔相关的东西将是一个信念位于0.5（不包括）与1（包括）之间的临界值C+，和一个位于0（包括）与0.5（不包括）之间的非信念临界值C-。因此，功能性悬搁就是C-与C+之间的自信。（这通常是一种消极的单纯功能性状态，这种状态可能或多或少是稳定的。）

3. 什么东西决定了那些临界值？在此，选项与各种类型的信念或类似于信念的状态一致。对单纯功能性信念来说，在适当的欲望下，临界值可能是由信念所促使的行为设定的。然而，对语言和理性生物来说，存在一种理解那些临界值的特殊方式，那些临界值依旧允许如下 92
区分：一方是判断与判断性信念，另一方是位于临界值C+之上的功能性信度或自信度。根据这种观点，临界值C+就是主体获得判断性信念即肯定地判断倾向的地方。（与此类似，对C-和判断性不信也是如此。)

4. 再次，根据这个观点，各种程度的自信状态中通常存在消极性，而不是自由或意向能动性。在此，一个人可能是消极地（或不）恰当断言的。然而，与此相容的是，一个人在统摄正确的、适切的断言的策略中能够是自由的，直至达到一种特定自信度。因此，一个人开始这样意愿的点就是 C + 临界值。

5. 现在，一个区分变得很重要。一个人对一个特定命题性内容 P 在时间 t 的自信度 C 可能是消极的，尽管它一定被评价为是恰当的功能。即便如此，C 是否位于 C + 之上也不仅仅是一个消极问题，而且为了断言（当一个人致力于追求真或适切性时）所需要的自信还保留了能动的自由裁量权。因此，C + 不仅是被消极地设定的，而且是通过一个人自身的能动性被设定的。所以，即使自信状态本身是相当消极的，它是否是信念——或不信，或者悬搁——也取决于主体和他们断言意愿所要求的自信。

6. 根据这种观点，我们依旧区分了（a）信度（合成的自信度状态），（b）作为信念、不信或悬搁的信度（所有这些都能成为认知态度的信度形式），（c）判断本身（致力于适切地断言的行为），（d）判断性信念（与信度信念相反），或当致力于适切地断言时，基于这些考量的判断倾向。

C. 两类表征

1. 表征能够采取两种形式。一种是单纯功能性的，没有直接能动性控制。另一种是判断性的，具有这种控制。

93 表观 p 是表征 p 的吸引。某些这种表观是单纯功能性的（在那些情况中，这种吸引能够是无意识地因果性的。）它们仅仅是表征的吸引，而这种表征本身是一种单纯功能性状态。因此，一个低级动物可能经历相互配合或冲突的刺激，直至一个合成状态构成一个积极表征 p，这些状态充分地向断言 p 方向倾斜。这整个过程能够在能动性控制水平之下发生。然而，这个过程依旧在拥有一个目标的意义上是功能性的：正确的表征。

一旦我们上升到进化尺度（evolutionary scale），某种新的东西就进入了图景：能动性、能动性控制。现在，我们拥有意向、判断以及实践推理和理论推理。当然，人类依旧是动物，并且这个新要素不是一种取代，而是一种覆盖。它必须整合我们动物本性的诸部分，这些部分依旧是单纯功能性的。

2. 但现在，我们需要区分那些单纯功能性的积极表征，而不仅仅区分那些直接可影响的能动性表征。我们需要把单纯功能性的状态与受能动性所影响但只是间接的混合状态区分开。

所以，我们不只有两种表征状态，而是有三种独特的表征状态：（a）单纯功能性的表征状态，一种根本不受能动性控制渗透或影响的表征状态；（b）完全能动的表征状态，一种直接受这种控制渗透或影响的表征状态；（c）混合的表征状态，一种受这种控制影响的表征状态，不过只是间接地影响。

3. 而且，一旦我们达到能动性水平，我们就找到了自由行动，不管这些行动是实践的选择还是认知的断言。

断言是一种意志控制下的独特行动。它是一种自然用语言所表达的公开断定，或者是一种独白式的私人自我断言行为。

在断言中，一个人可能拥有一个或多个目标。其中包含使之正确的（get it right）目标。致力于使之正确的断言的相应行动是一个“求真的”断言。一旦这种断言也致力于适切地使之正确，那么它就认知地上升到判断水平。因此，一个适切的判断是一个完全适切的断言，这种断言在求真断言中追求适切性，以及适切地达到那个目标。

4. 积极的表征致力于正确地表征，不管是功能性的还是意向性的。94
那么，它们就服从 AAA 规范结构。它们能够是精确的、熟练的和适切的（通过熟练而精确）。

一个功能性的适切表征能够不仅仅是适切的吗？它是以一种为表征者赢得更多相关荣誉（比单纯由于适切赢得的荣誉更多）的方式适切的吗？这对完全固定的表征形式来说是可以的，这种表征形式独立于单纯功能性表征。这样一种表征很少追求适切，而仅仅追求正确性。在某种程度上，一种生物拥有这种表征，而且在这种程度上它是一种缺乏能动性的僵硬机制。单纯功能性表征是完全适切性的可疑候选者。

与此相对，而且在对立的极端上，意志控制下的求真断言通常不仅渴求正确性，而且渴求适切性。它们在适切地达到所意图的适切性时，当然将达到完全的适切性。

5. 服从间接理性控制的功能性的但又不是单纯功能性的混合表征怎么样呢？这些也能够是表现，借此，主体不仅追求正确性，而且追求适切性，即使这种追求是间接通过某种间接控制而达到的。以一个擅长截击球而对网拍的强力反弹敏感的网球运动员为例。他可能需要很多练习才能以那种方式自动反应，而且可能依旧要进行很多练习和进行一种特定的心理设定。可归功于该运动员的信誉是，经过长年累月的勤奋训练，他现在能做出那种方式的反应。这与该运动员现在不能直接通过一个直接受干扰的选择行动无关，这种受干扰的选择基于对他的胜任力和情境的一种有意识的元评价。

6. 下面思考一个认知案例。一个人记起一个特定的手机号码，不仅是由于他的自动语义记忆，而且是由于基于它们的效用的知识而审慎地使用的辅助记忆手段。由于这些方法——例如组块（chunking）、关联或重复，一个人现在拥有正确的号码。通过采取这些方法，一个人不仅追求继续精确地表征，而且追求更适切地表征，以及完全适切地表
95 征。因为这些方法是通过意志控制和意向采取的，所以这个主体似乎通过他当前持续精确地表征获得了某种程度的相应信誉。不管一个人对号码的当前表征多么归功于他语义的、好的（功能性）记忆能力的非意志运作，看起来都确实如此。这种记忆表现不服从直接的意志控制。但它依旧得益于远程控制，当行动主体使用这种记忆帮助时，他就在运用这种远程控制。

D. 一种胜任力理论

最后，我们转向一种致力于符合我们的 AAA 德性知识论的胜任力理论，其核心观念就是适切信念，适切信念的正确性展示了相信者的相关认知胜任力。接下来将发展第一章中的最初概述。

1. 作为成功倾向的胜任力（和能力）②

a. 初步概述。

胜任力是一种尝试时的成功倾向（能力）。一般而言，这种倾向是如何构成的？当它们是完全的时候，它们拥有一个具有三个组成部分的 SSS 构成。但我们能够区分各种不太完全的胜任力。因此，考虑一下最内在的（基底）胜任力和内在条件（基底 + 状况）。超越这些，存在一种完全的胜任力（包括基底 + 状况 + 情境）。例如，就驾驶胜任力（或能力）来说，我们能够区分（a）最内在的驾驶胜任力，即一个人大脑、神经系统和身体中的结构性基底，甚至这个驾驶员在睡着或喝醉时还是保持这种能力，（b）更完全的内在胜任力，这要求某人处于恰当的状况，即清醒、冷静或警觉等，以及（c）良好且安全地驾驶的完全胜任力或能力，这要
求一某人处于控制一个驾驶工具的情境中，并且伴随着恰当的路况，比如 96
路面和灯光等。因此，这种完全胜任力是一种 SSS（或 SeShSi）胜任力。③

---

② 我认为认知胜任力的相关条件构成局限于那些对主体的共同体"重要和有利的"东西，参见：Knowledge in Perspective. Cambridge：Cambridge University Press，1991：281－284. 同时参见：A Virtue Epistemology. Oxford：Oxford University Press，2007：137－139；How Competence Matters in Epistemology. Philosophical Perspective，24（2010）：465－475. 约翰·葛雷克采取了一条相似的路径，参见：Putting Skeptics in their Place. Cambridge：Cambridge University Press，2000：ch. 9；The Nature of Ability and the Purpose of Knowledge. Philosophical Issues，17，The Metaphysics of Epistemology（2007）：60－61.

③ 我们一旦以我们的三重方式来理解胜任力和倾向，就能为每一个组成部分做出破坏者（finks）和伪装者（masks）之间的熟悉区分。与一个给定胜任力相应的条件句的触发（trigger）会促使一个"破坏者"排除这种胜任力。一个"伪装者"保留了倾向但阻碍了它的展示。因此，一个伪装者可能是一个醉心于阻止展示的行动者，他受倾向的触发条件的驱使介入正常地导致展示的过程，但又不排除任何相关的 Ss（基底、状况或情境）。相反，一个破坏者会通过排除一个或另一个 Ss 来阻碍展示。这可能就是结构性的基底（最内在的胜任力）、状况或情境。

某种东西能够伪装是相对于某个而不是其他相关的展示的倾向的。因此，干扰的风可能伪装一个弓箭手的与精确射中一个意向目标相关的胜任力，但又不伪装那个弓箭手与射击的熟练性相关的胜任力，如离弦之箭的速度和角度中所展示的胜任力。

最终，一个情境－破坏者既伪装了内在胜任力又伪装了最内在的胜任力，然而，一个状况－破坏者只伪装了最内在的胜任力。

b. 拥有胜任力要求什么？

i. 胜任力是一种当你尝试时的特定成功倾向。所以，一种胜任力的运用包含致力于一个特定结果。它是一种胜任力，部分是因为它是一种当一个人做出这种企图时足够可靠的成功倾向。因此，对于某个 ø，胜任力必然是一种成功地实现 ø 的胜任力。因此，它就具有如下条件句形式：如果一个人尝试 ø，他就会（足够可能地）成功。

ii. 胜任力随可靠性的不同而不同，并且具有一个临界值。然而，为了拥有一种胜任力 ø，遵守如下条件句是不够的：如果一个人尝试 ø 他就会足够可靠地实现 ø，在没有现实的 øing 的情况下，一个人不会太过轻易地尝试 ø。归根结底，它是真，因为，知道一个人的限度，一个人很少做 ø，并且只有在一个很小的范围内，这种尝试实际上才会成功。因此，你作为一个弓箭手，在离目标还有两英尺远的地方，你会限制你的射击。假设你在任何更长的距离上都不是足够可靠的，这可能是一个好的射击选择，并且它可能也展示了某种（最小）程度的射箭胜任力，但这不会代表完全的射箭胜任力（archery competence period）。④

97 iii. 那么，拥有一种胜任力要求什么？例如，射箭胜任力要求的东西是“足够范围”的可能射击（足够覆盖相关的状况和情境），在这个范围内，一个人如果尝试就会成功，这是一个足够广阔的范围。什么构成了这个范围？必定存在一个足够接近的可能世界范围，在这些世界中，一个人射击，足以跨越相关的范围，并且这些射击必须足够轻易地成功。（或者，我们可能通过概率而不是可能世界来塑造胜任力模型。无论如何，在此我的关注点都在于被可能性的“远”或近所把握的现象，不管它们是不是最好的模型。）

可能的反对是，一个人即使冷静下来，也就是说知道其条件，也可能不会尝试射击，这确实不会剥夺他的胜任力。但是，与之相对，这确实会

④ 一支铅笔虽然已经被削到只剩残根，但依旧很长，然而不能因此算是一支长铅笔。一支拥有某种长度的铅笔可能缺乏足够的长度而不能算是一支长铅笔。与之类似，一个表现可能展示了某种程度的（相关）胜任力，但没有展示算作胜任的表现的足够胜任力。

对他的完全的 SSS 胜任力造成影响，即使不会影响内在的 SS 胜任力，也不会影响最内在的 S 胜任力。而且，如果一个人确实有恐惧症，导致心理上不能尝试射击，那么这确实会剥夺一个人最内在的技能 S。现在，一个人的心理不再被如此表达，能够胜任地 ø。⑤

2. 胜任力是一种特殊的成功倾向

a. 以一个加赛时面对对方罚球队员的守门员为例。假设这个守门员想往左跳。如果对方罚球队员确实企图踢往那个方向，那么这个守门员就几乎确定能够扑下这个球。但是，如果这个守门员随意地选择往左或往右跳或待在原地扑球，那么他的扑球就几乎不能归功于他的胜任力，与对方罚球队员相关的在先经验能够让她预见到对方罚球队员的射门方向。如果这个守门员随意地选择方向，那么她对对方罚球队员选择的期望就不足以可靠地完全展示胜任力。归功于守门员的信誉就会因为她缺乏认知上的恰当期望而减损。

b. 对比一个刚刚接触网球的彻头彻尾的新手。当球快速向他飞来时，98
他盲目而鲁莽地挥拍。即使球和拍的轨迹碰巧重合，击出了一个漂亮的回击球，这也不表明这个新手具有意料之外的（足够可靠的）胜任力。然而，如果他在那些条件下每次都重复那种挥拍，那么就会产生一次次成功的回击。当球和拍碰巧重合，一次足够有力的挥拍就会可靠地产生这样的回击。但这并不揭示一种胜任力，尽管事实上，在这种情景（球以那种速度和角度飞行）中那个新手拥有通过这种挥拍可靠且成功地回击的倾向。即使它展示了某种（最小）程度的胜任力，这种程度对展示某一时期的（period）网球胜任力的挥拍来说也太低了。

c. 一般来说，侥幸的成功承认类似于回击球这样的描述。表现者碰巧处于一种情境，如果他以一种特定方式尝试，那么他倾向于成功；而

---

⑤ 但是，我们在此有一个选择。我自己所偏好的选择是，一个人能够拥有一种击中目标的“准胜任力”，只要他具有如此的属性和处于如此的情境中，即如果他试图击中目标，那么他就足够可能地成功。但是，一种完全的、恰当的胜任力要求他不是这么无能，即不管多么希望成功地击中一个合适的目标，他都不尝试。

且，他能够尝试那种方式，并实际上确实在那种情境中这样尝试了。对我们的网球新手来说，相对于球飞行的速度和角度，存在一种适合他的挥拍方式，他如果以那种方式挥拍，那么就会成功。

d. 我们不能相对于那个新手碰巧挥拍的方式的侥幸情境来定义网球-回击胜任力。毋宁说，他的胜任力只相对于他在那种情境中的过程，他的挥拍展示了胜任力，恰恰是因为他选择那种方式挥拍的能力，也许还有一点胜任地实现正确的情境的能力，例如摆好姿势准备应击球。

然而，我们不能要求一个表现者实现构成完全成功胜任力的情境的每一方面。因此，网球手的胜任力相对于某些光线、风和降雨条件（这些条件是不要求由他带来的），尽管相关的胜任力可能依旧被展示他在给定条件下进行比赛的选择中，特别是在这些条件不是那么合意的时候。⑥

99 而且，如果一个运动员尝试通过调整高失败风险的情境的练习来提高自己的竞技水平，而且这些情境不被包含在他的胜任力被假定指导他的成功倾向的那些情境中，那么我们就不能因此而责怪他。因此，一个网球运动员可能用喂球器练习，球速比他在任何现实比赛中可能碰到的都要更快，或者说，他可能在明显处于平均值以下的光线条件下练习。在那些环境中，他的失败风险当然会急剧升高，但他依然愿意考验自己。但这样一种失败率不会影响他拥有真正的网球胜任力。

我们还可以通过另一种方式看到这一点。假设运动员 A 倾向于与比自己强的运动员比赛，而运动员 B 喜欢蹂躏比自己弱的对手。因此，无论在现实上还是在倾向上，运动员 B 在网球运动员名录中的各项表现都有更高的成功率。但运动员 A 可能是一个更胜任的运动员。

e. 并不是每一种成功倾向都能构成一种胜任力，尽管当行动主体处

---

⑥ 在某种意义上，如果你在自己的全部技能中拥有一套基础行为序列（借此你进入正确的组合次序），那么你就有“能力”打开一个保险箱。但这并没有给你一种打开保险箱的胜任力，除非你知道这种组合。然而，甚至我们的银行创始人在自己的全部技能中拥有任何这种基础行为序列也是不确定的。

于某种状况和情境之中时，每一种胜任力都是由一种成功倾向构成的。一种成功倾向是如何成为胜任力的？在相关的表现领域，必定存在某种在先的状况和情境选择，使一个人在那个领域给定一种胜任力，当且仅当在那种状况和情境中进行尝试时，他倾向于成功。对一种给定胜任力来说，这类恰当的状况和情境当然会随着表现领域的变化而变化。⑦

f. 胜任力是一种成功倾向，但它必须是一种恰当地局限于3Ss——基
底、状况和情境——的倾向。至少，状况和情境必须进行恰当的限制。这 100
些限制多少被强加在相关的表现领域中。

再次，所有胜任力都是成功倾向，但不是所有成功倾向都是胜任力。只有其3Ss处于恰当范围内的成功倾向才是胜任力。⑧

g. 胜任力这个术语是灵活多变的。显然，一个人能够是一个好的、安全的驾驶员，甚至在附近的道路沾满油污时也拥有安全驾驶的胜任力。一个人作为好驾驶员的身份不依靠附近道路的条件。一个人不能在糟糕的甚至无法通行的道路上胜任地进行好的驾驶，这个事实并不剥夺他作为一个好驾驶员的胜任力。醉酒或睡觉也不会影响他的驾驶技能。这些都不影响如下事实，即一个人拥有成为好驾驶员的胜任力，后者只要求一个人为那种胜任力提供基底，意即拥有那个基底：如果进行尝试，那么基底/基础连同**恰当的**状况和情境决定了他能够驾驶得很好。

---

⑦ 为简单起见，我先不谈**你如何获得**相关胜任力要素的约束条件，诸如基底和状况等，以及随自行车手阿姆斯特朗（Lance Armstrong）（涉嫌通过人为手段提升状态）和棒球运动员罗德里奎兹（Alex Rodriguez）（涉嫌通过药物改变基底）浮现出来的约束条件。这些竞技者都通过增强自己完全的SSS成功倾向来改进自己的竞技表现，但一旦通过人为手段来提升，这些倾向就不再是胜任力。它们不再是实现完全适切表现的方式，因此，这些表现不再归功于（恰当的）竞技胜任力，因此也就不能归功于竞技者的相关胜任力。

对比一下笛卡尔提出的你必须获得和维持相关认知胜任力的约束条件，这些胜任力出现在他的第四个怀疑论场景中，包含沉思者的相关胜任力的一种低级来源，一种低于神圣的创造者和维持者的来源。

⑧ 许多领域在很大程度上或完全是约定俗成的，诸如游戏、运动和艺术领域。其他的人类努力领域是由我们的本性和需要以及进化目的论所设定的。更多领域是由群体或物种的认可所设定的。但总是为群体的不足留有空间，例如，道德领袖能够为认识早先被忽视的胜任力指引道路。

我们能够区分（a）成为一个好驾驶员与（b）拥有成为一个好驾驶员的胜任力。后者只要求某人如果尝试驾驶就拥有好驾驶的技能，而前者还要求他在驾驶时至少是正常地尝试的。这种抽离了恰当的状况和情境的最内在的胜任力构成了一种所谓的“技能”。但这种假定的——（a）与（b）之间的——区分受到了如下方式的质疑：驾驶胜任力能够依赖驾驶**目标和守则**，比如黄灯停、不能超速驾驶和转向时打转向灯。胜任力能够停留在意志中。

3. 更多关于胜任力的本质和知识论

a. 胜任力是一种特殊倾向。假设一个坚固的铁哑铃掉到一个特定表面摔碎了，只是因为一个恶魔决定摧毁它，当且仅当铁哑铃击中了表面，而且如其所是地击中了表面。这会让相关条件句成真：在那种情况下，这个铁哑铃会粉碎，但这并不能让它变得易碎。

101 易碎性是一个更深刻的、足以丧失完整性所要求的外在压力问题。因此，它是一种与触发条件和展示相关的“近端”（proximal）倾向。对于这种倾向和胜任力，情境组成部分可能是零或接近零。与此相对，一种“远端”（distal）倾向将拥有远离该倾向之主导的目标和展示。所以，假定特定输入，它是一种以某些方式与目标相关的倾向。对于这种倾向和胜任力，情境组成部分一般而言相当重要。当目标相对于主体来说是远端的时候，这同时适用于知觉胜任力和行动胜任力。

远端胜任力要求主体处于相对于那个目标的恰当状况和情境中。这个主体必须处于状况**和情境**相当有趣的结合中。

b. 使技能、状况和情境的三元-S结合变得“有趣的”东西是一个有趣的、被忽视的问题。这种结合构成了对被许多人类共同体所认识到的表现领域感兴趣的无数胜任力。这些领域——竞技的、艺术的、理智的、医学的、科学的和法律的——包含致力于独特目标的表现，以及表现者或多或少胜任地成功的胜任力。当一个成功展示了这种胜任力时，那么它就是适切的，而且只有这样才是适切的。构成任何这种胜任力的SSS概述并不总是服从完全且详尽的语言学表达，在这个方面它更多结合了其他实质性的人类利益和重要性，例如在践行被称为礼仪的东西的时候。

什么行为被称为礼仪？与详尽的语言表达相比，通过特殊情境中的知觉来甄别会容易得多。对一般意义上的礼仪来说，这是如此；对特殊的礼仪问题来说，也是如此，诸如对于正常人与人对话交流的恰当距离，以及被称为粗鲁的语调和声量。

而且，这并不是说礼貌行为的规则是一种虚构。不是所有规则都需要通过语言来表达。然而，如果礼仪是由人类习俗来定义的，那么就必定存在某种共同体事先认同的宽泛意义上的规则。不需要一种构成性习俗来制定那些规则。它们的制定可能更原生态、更少人为因素。而且，共同体内 102
的认同不要求那么多语言交往。它可能是被更隐含地制定的，通过赞同/反对、赞赏/责备的持续概述以及在个人行为与社会行为中的系统和隐含的展示。

c. 回到我们自身的问题，这种样式的规范性似乎也适用于胜任力。因此，需要共同体默认的胜任力的 SSS 概述可能不是由先决的、语言表达的习俗所决定的，而是由这种为共同体决定礼仪之内容的持续的隐含概述所决定的。

而且，这种相似性不是一种单纯的巧合或类比。毕竟，礼仪中存在胜任力这样一种东西，甚至道德中也存在。似乎可以这样设想这些领域，要么根据隐含地发挥作用的规则来设想，要么根据由恰当的共同体利益来决定的胜任力来设想。⑨

d. 胜任力、安全性与可靠性。

i. 为了拥有一种表现技能（或一种胜任力的基底/基础），一个人不需要满足任何绝对一般的可靠性要求。此外，一个人能够频繁地在不适当的状况或情境下运用自己的技能，以至于它高频率地失败，当然同时依旧处于适当的基底（因此被频繁地运用）。

ii. 技能可能是当下的和被运用的，并且它的运用甚至可能导致

---

⑨ 当然，这并不是说所有这些领域都在人类习俗中拥有自己的规范来源或基础。我们也不需要假设，基于习俗的领域在全面或特殊方面超出了客观评价的范围。它们可能依旧服从这种评价，评价它们多么好地促进了它们被设计保护的任何价值。

> 那种没有展示它的成功。因此，一个弓箭手可能非常有技巧地进行射击，而箭可能被不期而遇的大风弄偏。然而，一个盘旋的守护天使可能恰巧路过，它决定纠正被有技巧地射出的箭的轨迹，使得箭在（且仅在）被这样射出但却被不幸的大风所干扰时仍会击中目标。在这个案例中，弓箭手的技能被运用了，并且在所描绘的情境中，技能部分地成为一种完全的成功倾向的基底。但这种倾向并不等同于真正
> 103 的胜任力，因为它在情境上本质地基于这个天使。这个天使的出现是一个幸运的意外，而不是相关背景的一个稳定部分。

让最内在的弓箭手基底成为一种真正技能的东西是，如果这个弓箭手试图击中一个目标，那么它结合恰当的状况和情境便可以使这个弓箭手足够可靠地成功。然而，在现实情境中，这个弓箭手的基底/基础不能结合一种恰当的情境。这个天使是一个例外和临时的情境因素。在射箭领域之利益相关的情境中没有出现这个天使，只有相对于这样的情境，我们才能评估真正的弓箭手胜任力和成就。当弓箭手处于如此的情境和状况时，使最内在的弓箭手基底/基础成为真正技能的是，如果这个弓箭手试图击中一个目标，那么它结合恰当的状况和情境便可以使这个弓箭手足够可靠地成功。

考虑这个情境：弓箭手的射击被意料之外的大风所干扰，但有一个守护天使碰巧路过并校正了箭的轨道，弓箭手对此毫不知晓。这个弓箭手确实没有为自己的成功赢得恰当的信誉，这种成功确实没有展示胜任力。[⑩]我认为，造成这种状况的理由是，这个弓箭手没有在恰当的状况和情境中进行射击。射箭胜任力之恰当的状况和情境不能由一个临时守护天使的潜在干扰所构成。这个恰当的状况和情境必须把射箭的背景视为理所当然的。相关的信誉将有助于这个弓箭手，当且仅当他的技能在这次射击的成功中得到了展示。这种信誉将规则性地增长，当且仅当这种技能在恰当的状况和情境中推动了行动主体的成功。

---

⑩ 注意：这个弓箭手的确没有为自己成功命中某个特定目标赢得恰当的信誉。但是，他可能依旧为这个射击的重要品质（诸如箭被射出时的方向与速度）赢得了许多信誉。

iii. 技能确实以相关的群聚方式出现。一个知道守护天使及其能力和意向的弓箭手可能拥有一种被提升的射击技能，这种技能需要被考虑在内。当大风吹过而天使让箭回到正确轨迹时，这个弓箭手实际上可能展示了他的被提升的射击技能。因此，他的射击成功能够被恰当地归功于他的被提升的技能，故而能够被恰当地归功于他。

iv. 与之类似，一个弓箭手能够谨慎地挫败一个恶魔让自己的箭脱靶的企图。在此，一种被提升的胜任力依旧起作用，这次射击的成 104
功依旧值得赞赏。

e. 底线在于，一个达到其目标的表现的成功被恰当地归功于一种技能，即胜任力的最内在的基底，当且仅当那种技能相对于相关领域的利益的事先挑选好的状况/情境的结合，并且这个表现的成功展示了这种技能：也就是说，当且仅当这种技能与该行动主体的相关恰当状况和情境结合在一起足够可靠地产生了成功。

f. 最后，一幅本体论图景是与我们的倾向和胜任力观点相容的。

一个给定实体不确定地服从许多如下形式的 SSS 条件句："如果 X 把基底 Se 与状况 Sh 和情境 Si 捆绑在一起，并且在时间 T 触发，那么 X 就会产生展示 M。"但只有**某些**条件提供了倾向和胜任力基础。倾向和胜任力是相对于共同体利益的。共同体（可以只是由正常人所构成的默认共同体）在如下方面拥有一种特殊利益，即当某个触发条件被触发时，实体如何以一种特定的状态在各种情境下做出反应。并且，相对于特殊利益的状况/情境结合，它将挑选出关于特殊利益的一种倾向或胜任力的基底 Se。开放的是，多种 Se 条件——Se（1）…Se（n）——能够回应相同的倾向或胜任力。一个潜在基底 Se（1）（为一种倾向式胜任力提供基底）要求与特殊利益的 Sh 条件和 Si 条件结合，并且在一个触发条件下，这种结合构成具有结果 M 的真值条件句的先决条件。

因此，我们能够定义**积极的**或**描述性**的德性和恶性，它们显然是相对于相关共同体的，这些共同体确实为特定的触发条件、展示、状况和情境的潜在的"特殊利益"赋值或使之贬值。由此，相关共同体的变化取决于我们所关注的核心领域，不管是一种特殊的运动领域，还是一种特殊的学科领域或专业领域等，或者说，不管它恰好正是基本的人类领域。

然而，这也为一个更规范性的德性和恶性概念留下了空间，它们依旧是相对于一个既定共同体和领域的。因此，一个规范性德性是一个基底Se，当主体在特定的Sh/Si结合中被某个相关条件T所触发时，它引起了一个展示M。在上述结合中，M**应该**被肯定地赋值，而且T、Sh和S**应该**
105 关乎共同体的利益，最好能够实现与相关领域匹配的目标。一个规范性恶性是一个基底，当主体在特定的Sh/Si结合中被某个相关条件T所触发时，它引起了一个展示M。在上述结合中，M**应该**被肯定地贬值，而且T、Sh和S**应该**关乎共同体的利益，最好能够实现与相关领域匹配的目标。

这引起了诸多问题，它们都同某些与伦理学中的规则功利主义相关的问题具有有趣的相似性，尽管我们的知识论观点拥有两个重要的区分点。其一，我们关注德性和胜任力，而不是关注规则。其二，我们相对化了努力领域。当我们关注最一般的人类活动和努力领域时，我们无限接近规则功利主义，尽管我们在此依旧与规则保持距离，这是我们对德性和胜任力的持续强调所要求的。

从与人类一般行为相关的最一般的胜任力领域，到受限的知识论领域，我们发现了事实上相容的选项，至少有两个选项是相容的。我们可能偏向于一种与激进的德性和胜任力概念结合的相对主义。这个选项是通过绝对知识所设定的，独立于领域和认知共同体。毋宁说，知识在此总是相对于领域和共同体的。**专家**知识是相对于特殊的经验领域的标准的。与此相同的是，存在一种更一般的**常识**知识，它们是相对于一个特殊人类群体的。根据这种解释，知识与之前提及的礼仪具有一种相似性。

然而，这依旧与相对主义相去甚远。根据相对主义观点，一个群体所知道的东西仅仅是主体间所相信的东西，或者是关于那种糟糕基础的稍加修饰。同样与如下这种观点相去甚远：一个群体的知识等同于该群体所获得的任何信念，这些信念与自身被认识到的“知道方式”一致。我们的积极理论所刻画的知识比任何野蛮的相对主义更受限制。它相对于认知胜任力，后者被理解为在特定状态和情境条件中使之正确的倾向，而在达到将服务于群体的求真利益的信念方面，这些特定状态和情境条件对群体来说具有特殊利益。但认知胜任力产生了群体所选定的求真可靠性的现实标准身份，即使人们曾经选择的标准可能更好地达到真信念，这些真信念有助于恰当的人类利益的繁荣（包括满足恰当的人类好奇心）。只有这样， 106
我们才把知识归属于他们，这种知识在深层意义上是相对于他们的。所以，一种知识可能是相对于一个特定的认知共同体的，因为它在那个共同体利益的状况和情境条件下展示了一种使之正确的真正胜任力，并且根据它们的标准而足够可靠地这样做。[11]

---

⑪　此外，一个更恰当地规范性认知胜任力和知识概念类似于正确的道德规则的一个规则功利主义规则，以及根据这些规则最好地服务于共同体来定义的正当行为概念。根据这个选项，我们会达到一种更深层次的方式表明知识是一种规范性现象。令人信服的是，我们可能认识到两种客观知识，二者都是相对于专家领域和认知共同体的积极知识，而且是在构成上更深刻的规范性知识。两个选项似乎都与一种胜任力-理论的德性知识论相容。

第五章 异议与回应及方法论后思

A. 十个异议与回应

异议一

107 如果一阶胜任力能够以千里眼的方式是“盲目的”，那么我确实看不出为什么二阶胜任力不能以同样的方式是盲目的，即使二阶胜任力是由一阶胜任力的适切性所指导的，并且其态度是判断性的。

我们想要规避的盲目性不仅仅是一种猜测的盲目性。而且，根本的问题不在于——或者不完全在于——位阶（order）。一个被适当地描述的千里眼能够达到我们所能看到的完全适切性。她比原初的千里眼更好，但她依然丢失了从认知角度说某些有价值的东西。坚持丢失的东西是某种更高阶胜任力的展示只是把问题延后了；在此，我们想起了对自主的高阶欲望解释的问题。它所丢失的部分东西就是正常知觉所拥有的东西，无论如何都不需要上升到二阶。

可以将这种担忧归结如下：除非完全适切的信念本质上基于理由，否则，它们都是相对盲目的。你的图景中没有任何东西蕴含说，完全适切的态度应该事后（ex post）根据理由来确证。什么东西解释了这个事实？可靠论的德性知识论中没有这种东西。

回应

不幸的是，我并不认为不基于理由的态度就是有所不足的。我发现如下观点是不可信的，即直觉性公理必定多少有些不如建立在公理所提供的前提上的相信定理。

正如之前所建议的，假设判断总是（被合理地驱动）基于某种自信 108
度（不管是有意识的还是无意识的）。我们不能由此得出结论说，像千里眼这样的案例，我们将拥有一个判断的理性基础，归根结底，这个基础是由一个相应的信度所提供的。是的，信度本身可能缺乏一个理性基础，但我们可以由此假设没有理性基础的信度在认知上就是恰当的吗？

那么，关于早上起床的知识，我们应该说自关掉闹钟以后，时间已经过去了超过 5 秒钟。我们拥有一种专有时间间隔，感觉状态随时间的消逝而变化吗？在我看来，我们可以极其不可信地这么说，我们不需要说这些东西。归根结底，某些简单的数学直觉和逻辑直觉必须基于无根据的表观（赞同的吸引力）。相应地，当我们再次求助非感性表观（这些表观来自潜意识机制，具有一个求真的配价和一个自信量级）时，我认为没有必要要求时间性的现象状态。

异议二

但为什么要强调二阶（因素）？考量一切可能影响成功概率的东西，而这种成功可能充分地建立在一阶（因素）上。对一个表现来说，把那些东西都纳入考量会更好吗？假设影响表现的因素是 5 分钟后的飓风。假设我射击的表现恰好发生在这个飓风到来之前。我的表现有因为把这个因素纳入考量而更好吗？如果我等了 5 分钟，并且出人意料地成功地这样做，我的射击选择无疑因为我对即将来临的飓风的难辞其咎的忽视而没有之前的好。所以，什么东西让影响表现的二阶因素变得如此重要，需要我们投以特殊的关注？难道我们不应该通过恰当地把任何可能影响可靠性的东西都纳入考量来避免对每一个层次（不管是对一阶还是对二阶）的疏忽吗？

回应

上述说法看起来都是正确的，而且确实对我们评价性企图中的完全适切性的强调提出了一种挑战。现在，如果把完全适切性放置在恰当的位置，那么这种挑战就是正确地陈述这种解释。下面就是我这样做的企图。

起先，通过更多地考量可能影响我们的表现的一阶因素，我们提高了那种表现的可靠性，这当然使之成为一个更好的表现，而且也许这不需要

109 包含任何二阶现象。确实如此，我们可能通过积极地考量促进可靠性的（reliability-boosting）因素来选择做什么，并且消极地考量破坏可靠性的（reliability-dampening）因素。为了把这些因素纳入考量，我们可能不需要上升到二阶，以便通过二阶指涉我们的一阶表现来概念化这个决定。事实上，我们可能仅仅对那些一阶因素保持敏感，不管是积极因素还是消极因素。

然而，那条路径的不充分性已经在如下情况中很清楚了，在其中，对这种一阶因素的充分敏感的结果导致悬搁，而不是肯定或否定。在这种情况下，我们既不通过肯定也不通过否定来意向性地进行双重不作为，并且是通过对相关概率化的和非概率化的因素的充分敏感而这样做的。

所以，至少在任何包含相关的沉思和判断的案例中，二阶（因素）合乎情理地浮出水平。确实如此，有人甚至可能在此否认上升的需要。也许，一个人可以直接以一种恰当地支持悬搁的足够低的合成表观、一种足够接近 0.5 而构成悬搁的自信度来回应整个相关证据？

在这个回应中，有两点需要指出。

第一，即使悬搁的程度确实潜意识地来自所拥有的证据及其全部的分量，这也确实并不意味着它源自非二阶路线。相关的二阶信念或承诺不需要为了是可操作的而是有意识的。在日常推理中发生的许多东西是在意识表面之下发生的。

第二，假设自信度基于所拥有的相关证据总体，没有上升到二阶。这是一个关于自信的现实状态的事实。但是，这个事实并不蕴含，所获得的自信度构成悬搁。因为，要构成悬搁，其最低限度必须在相关自信的临界值 C + 之下。

而且，由合成自信度**构成**的悬搁不是我们所主要感兴趣的悬搁。我们的悬搁是关于双重不作为判断层次的意向状态，由此，一个人既不能肯定，也不能否定自己所面对的问题。并且，这种意向状态超越了由一个人所拥有的证据所引起的单纯自信度。它包含了一种选择，或者说，实际上包含了一种**意图**。这似乎是一种很不合理的状态，一个人能够恰当地进入这种状态，而且稳定地占有这种状态，但却没有上升到二阶状态。相反，
110 现在我们似乎被要求根据完全 SSS 的胜任力来思考相关风险。

不仅如此，这不是一种特殊的认知性的、判断性的表现。我们可以用同样的话来讨论任何种类的表现。不管我们什么时候表现，我们都需要对促进或抑制可靠性的因素保持敏感，被影响了概率的成功即使不是认知的，也能够说是**竞技的**（athletic）。现在，我们能够看到，最好既不要争取达到 p，也不要争取达到非 p，保持中立最好。这意味着，我们在此最好还是保持双重不作为的意向状态。我们既不要鼓励 p，也不要鼓励非 p。因此，我们可以既不投赞成票，也不投反对票；我们可以放弃选边站。这种弃权必然是二阶的，因为我们对两个被压抑的一阶态度采取了同一种态度。

与此相应，我们当然可以有一种支持性状态或者反对性状态，并因为其肯定或否认而是认知的，或者因其鼓励 p 或鼓励非 p 而是意动的。

因此，一般意义上的企图服从完全适切层次的评价，因为任何企图都是由鼓励、反对、中立所组成的结构中的一部分。现在，我们感兴趣的情况是，最相关的中立是意向性双重不作为的中立，由此，一个人既不鼓励也不反对。相应地，这里的中立是一个二阶意向（既不鼓励也不反对的意向）问题。因为其他两个选择（鼓励、反对）就中立而言是同阶的，因为它们也可能恰当地来自深思熟虑的结果，因此，它们都是二阶的。

进而思考与完全适切相关的因素，那些因素不仅影响一个人的表现是不是成功的，而且影响它是不是适切地成功的。这些因素涉及一个人的完全 SSS 的胜任力品质，以及这种品质如何可能产生一个适切表现。所以，这些因素影响了一个人面对选择时的相关胜任力的可靠性。而且，它们一般而言影响了而且是众所周知地影响了一个人表现的适切性。所以，在决定做什么时不考虑这些因素，是一种疏忽。

一般而言，可能影响一个企图的可靠性的观点都**不太真实**。许多因素可能影响一个企图的可靠性，同时，这些因素的相关性甚至它们的存在都超出了主体的理解范围。通常，这不能归罪于主体，他可不是少于疏忽而
不在乎这些因素。主体甚至不需要留心这些因素，除非我们以包容一切的 111
方式追问："在此，有什么东西弄错了吗？"

相反，我们的 SSS 概述并非如此。**在这种描述下**，我们需要思考可能弄错的因素。我们需要思考我们是否胜任地胜利完成它：我们是否拥有这

项技能？我们的状况是否恰当？我们的处境是否足够好？至少，我们默认需要这样做，即使我们不用达到深层的哲学沉思的地步。一般而言，这种说法赞同完全适切的相关性，尤其赞同其认知重要性。

异议三

一个普通人诺曼提出了一个怀疑论问题，他在正常场景下看到了一只手或一堆火。你在之前写道："……日常知觉信念足以避免其他……信念（包括那些假谷仓乡村中的巴尼的信念）注定的危险？不像被放置在缸中的大脑或被恶魔欺骗的人，做梦和发疯毕竟是我们相对熟悉的现象，这些现象给日常知觉信念造成了更大的危险。不像巴尼的相关信念，这种危险足够低到让日常知觉信念保留下来吗？这并没有超出合理的怀疑。"①

所以，除非我们现在支持怀疑论，这个新理论与你之前的意见不同，完好之知要求安全性吗？现在，诺曼被否认拥有日常知识，诸如拥有手或看到火，因为他不能真正地相信他的信念是适切的吗？

回应

诚然，如果日常"知识"与完好之知结盟，而不是与单纯的适切断言结盟，那么这似乎支持梦怀疑论（dream skepticism）。假设一种切近的可能性，午后我们舒服地坐在椅子上打盹，看到火光闪烁，听到木头燃烧发出的啪啪声，并感受到了温暖。这里存在一个值得注意的认知风险，因为当我们事实上依旧感知到火时，我们可能太容易是在做梦。因此，即使我们是清醒的，确实看到、听到和感受到火焰，我们也很可能是在做梦。如果我们让日常知识要求完全的而不是单纯的断言适切性，那么可疑的
112 是，在这样一种场景下，我们确实知道我们面对一堆火。那么，我们如何回应这种怀疑论挑战？

我通过质疑我们在梦中真的形成信念来回应。② 如果我们在梦中不是真正相信我们相信，那么这种模态上相近的梦就没有引起认知风险。对梦

① How Competence Matters in Epistemology. Philosophical Perspectives, 24.1 (2010): 465-475.

② A Virtue Epistemology. Oxford: Oxford University Press, 2007: ch. 1.

怀疑论的这种回应能够让我们维持如下观点，即日常知识要求信念的适切性（完全的断言适切性）。

就疯狂而言，这取决于在判断时我们离它有多近。也许，我们太容易被贫乏地构造。不像喝醉或睡觉，疯狂超出了暂时处于糟糕的认知状况的范畴。③

这些不会影响动物知识，后者帮助我们适应那些不理解所有怀疑论的大惊小怪（顽固的可靠论者），即使他们的视野在反思层次上有所不足。

异议四

更进一步的麻烦来自成问题的案例。④ 更早之前，你提供了一个案例，桌上放几杯酒，一个主体挑选了其中一杯，而其他几杯都包含一种药物，这种药物会极大程度地降低感知力。你曾经如下描述那个主体：

> 所以，我们的主体可能轻易地极大降低其感知力。他可能轻易地相信错误，因为他的胜任力可能轻易退化。毕竟，有许多杯酒可以选择，我们无从分辨；最终，他只能凭运气选择一杯没有药物的酒来喝。尽管他事实上没有遭遇那个命运，他可能遭遇它的事实否定了他的感知知识吗？我只能向自己报告说，这看起来不合理吗？⑤

现在，你要求完好之知，其相伴的要求就是一阶断言是适切的（因此是真的）。但是，思考一下这个很难避免喝带有药物的酒的主体。现在，因为他“可能”轻易不正确地断言，那么我们冒然否认他拥有完好之知难道不是一种冒险吗？如果他可能轻易不正确地断言，那么他的断言如何能够是真的？

---

③　在此，回想一下笛卡尔的第四个怀疑论背景。在那个背景下，他认为他可能是由某些更低能动性的东西所创造的。他把这当成否定性知识，因为我们可能被贫乏地构造。而且，他的目的论推理意味着要在恰当构造这一点上做出再保证，一如梦和疯狂的问题。

④　How Competence Matters in Epistemology. Philosophical Perspectives，24.1 (2010)：465-475.

⑤　同④.

113 但是，附近酒杯里带有药物的酒存在着，由此，我们能否合理地否认我们的主体拥有知识？

回应

这里有这样一种方式思考那个案例。一个主体正确地判断的倾向的基础就是一个 SeShSi（基底/状况/处境）基础。每一个 S 组成部分都可能被危及，然而，正如笛卡尔曾经清楚地看出的那样，这种危险的确切核心并不重要。这个问题在他的第四个怀疑论背景下出现，我们可能被某些低级生物所创造，所以我们可能是情况糟糕的（ill conditioned），甚至本质上有缺陷的。如果我们可能轻易地是情况糟糕的，那么哪个条件是情况糟糕的就是一个相对没那么重要的问题：不管是基底，还是状况或处境。那么，对完全适切性来说，我们需要恰当地保证我们在**某一段时间内**是情况良好的（well conditioned），是无拘绊的。⑥

异议五

假设我设法在聚会结束时谢绝最后一杯烈酒（那个烈酒会影响我的视力，但其他方面不受影响，因为我依旧处于我能够忍受酒精的极限之内）。现在，在回家的路上，我还是相当清醒的，我注意到一个停止标志，所以踩了刹车。我可能轻易地受到影响（我几乎接受了那杯烈酒）：如果我被影响了，那么我就会弄错路标（或许还会踩错刹车），或者忽视那个标志，直接闯过去，或者鬼才知道会发生什么。但是，我拒绝了最后那杯酒。现在，抛开关于知识的一般怀疑论不谈，我自身是否有错，知道那里有一个停车标志？

如果不是如此，那么完好之知如何能够是知识论的一个有用条件：它不要求我的断言是真的吗？如果要求，那么就不仅要求情况良好，而且要求一个保证，保证我们的情况良好，而我们在此不是缺乏这一点吗？

回应

确实如此，在离开聚会并谢绝最后那杯酒后，我可能轻易地受到影响。但是，我现在是否能够判断我**现在**没有受到影响，我现在是否**可以**正

⑥ 对这个异议更完整的回应被包含在下一个回应中。

确和适切地断言那个问题，这是另一个问题。在足够久之后，如果恢复得足够好，那么我现在可以有能力知道。**尽管我可能轻易地受到影响，但是我现在完全正常了**。现在，我可能情况良好（SSS 的情况良好），同时我 114
确定我情况良好。

假设相反的场景，我已经达到清醒的临界点，再多喝一杯就会彻底喝醉。是的，我足够清醒，能够开车（恰当地辨别停车标志），但我并不是真的知道我足够清醒。作为一个主体，我依旧没有什么不足吗？（比较一下那个篮球运动员，她不知道她仍旧拥有所要求的胜任力。）

到目前为止，我们已经讨论了所需的状况（清醒）和处境（与篮圈的距离），但下面我们要看看相同的推理将如何用于基底（或技能）。

衰老让记忆模糊，使一个人开始犹豫他是否记得哥伦布在 1492 年航行。“1492 年，还是 1494 年？”随着记忆的丧失开始越来越明显，即使他完全记得这个日子，他的**判断**也不再是适切的，因为他不能适切地假定我们可以适切地断言。这个问题已经不再关乎他在此时此刻的状况，也不再关乎他所处的处境。毋宁说，它关乎他的相关胜任力的基底，即深层的记忆能力。甚至当我们喝醉或睡着时，当我们因糟糕的状况而不能正常运用我们的完全胜任力时，我们依旧保有这种能力。然而，案例中的老人思维敏捷和清醒，并且身体状况良好。在这种情况下，丧失或退化的是能力本身，而不是状况或处境。

我们再来考虑处于不确定投篮区域的篮球运动员，没有线索表明她依旧拥有安全可靠的投篮胜任力。什么东西引起了这个不确定问题似乎并不重要：不管是糟糕的球技，还是糟糕的状况，抑或是不幸的处境。不管是哪种来源，如果一个表现者不确定完全胜任力所要求的最大范围，那么他的表现就会如这个篮球运动员一样不足。这同等地适用于认知领域和竞技领域。人们将像我们检查上述案例一样进行追踪。至少在某些语境中，有人将使用“知识”这个敬语来标记这一更高要求的成就，而其他人则把它视为更低级的成就。后者能在具有高度胜任力的、可靠的眼科检查案例中的主体那里看到善，并赠予他敬称。

一个人轻易地遭受的影响与其当前未受影响的判断能力密切相关。如果一个人可能受到的影响越近、越清晰，那么他就越难以胜任地判断，不 115

管他在一阶问题上是否适切地断言。

最后，在表现的时刻最重要的是元判断，关乎他在那一刻是否适切地表现的一种回答。随后，重要的是他在那一刻的 SSS 条件以及他可能遭遇的危险。如果是这样，就想想巴尼、宴会参加者和记忆力衰退的老人（他非常接近记忆力不足的临界点）。任何这样的表现者都可能轻易地情况糟糕（源自糟糕的基底、状态或处境），然而他实际上可能在表现那一刻的情况足够好。

这些主体似乎可以足够安全地表现，即使他们不知道他们的情况足够好。并且，他们不足的方式不是缺乏与他们的基础目标相关的一阶安全性，而是不能适切地辨别这种安全性。这合乎情理地吸引我们抵制巴尼、头晕的宴会参加者、处于否定知识的记忆力临界点的老人和最近的认知文献中提到的许多其他不幸的人们，如诺曼、真探普、盲视者和小鸡性别识别者，等等。

异议六

你辩护了一种知识概念，这种知识概念不仅是个体的，而且是扩展的（extended）。假定证据本身就是一种重要的认知来源，这包括知识必须被社会地扩展的方式。你始终承诺以那种方式发展一种社会德性知识论。⑦

如果那种承诺是正确的，那么最直接影响我们许多个体知识的胜任力就是被给定的。而且，它们不需要在任何一个组织里被给定一席之地，诸如一个研究组织、公司或学校等。相反，相关的社会胜任力可能在一个混杂组织里被给定，这种组织一代又一代地扩展，就像许多通过幸存档案保留下来的遥远过去的知识一样。没有一个组织既包括那些档案的制造者，也包括后来阅读它们的研究者。所以，源自对档案的信任的知识本质上取决于一种复杂的胜任力，这种胜任力在很久以前的作者和后来阅读它们的
116 研究者中被定位。这个时间上扩展的整个组织还是给定了解释后来的阅读

---

⑦ Ernest Sosa. A Virtue Epistemology. Oxford: Oxford University Press, 2007: 93-98. Ernest Sosa. Knowing Full Well. Princeton: Princeton University Press, 2011: 86-90.

者的相关信念的认知身份的胜任力。

在那方面，混杂组织因后来正确的适切信念而值得称赞，就像一个游客的混杂组织因一个繁忙日结束后公园的干净环境而值得称赞。游客可能变化极大，可以各自做正确的小事，然而，他们的集体行动因那个结果而值得称赞。

现在，这里有一个问题。我们如何能够知道基于证言的信念是适切的？当我们缺乏对相关混杂组织的同一性的充分把握时，因此缺乏任何方式决定它们可能在那个相关主题上是可靠的，我们如何能够知道这一点？我们如何可能通过证言达到完全适切的信念？

回应

我们绝对信任我们的同胞，能够把特殊的证言归因于他们，因为我们能够理解他们口头或文字所说的。信任这种证言的传递就像我们对我们的感觉和记忆的默认信任一样自然。幸运的是，这种信任有助于知识的传播，因此，有助于我们种族和共同体的繁荣。同样幸运的是，这两类传递都足够可靠地倾向于正确，这绝非偶然。我们彼此相关，与我们的物理周遭相关，使得所有三种信息渠道在某种适当的范围内是可靠的。我们信任我们的感官、记忆和同胞，并且我们对每一种传递的信任拥有一个类似的基础，这个基础植根于我们的本质、我们与过去的关系、我们彼此之间的关系和我们与环境的关系中，这种基础保证所有这些传递的足够可靠性。如果不是这样，那么我们就知道得更少。但是，因为确实如此，我们的信任反映了我们是被如何贴切地构造和彼此相关的，我们确实通过认知胜任力知道事物，否则我们就不能以那种方式知道。

我们相信，如果我们根据所接受的证言断言，那么我们就是适切地断言的。因此，这种信任就像是我们对我们的感觉或记忆的传递的信任一样。在这三种情况中，一个基础的默认信任可以在可靠性的基础上找到。这种默认信任位于我们的二阶假设之下，即我们很恰当地适切断言，没有击败者，这支持了我们对每一个知觉、记忆和证言的信赖。这有可能让我们在这三种情况中的每一种情况中都适切地判断——完全适切地断言。

我们从证言案例中学习到的就是，展示在我们有见识的（knowledgeable）判断之中的认知胜任力不需要完全位于我们自身之中。它可以位于

117 一组人之中，我只是其中的一分子，所以，这种胜任力只是部分地位于我们自身之中。假设我们判断的正确性部分地展示了我们自身的胜任力，这种胜任力部分地构成了位于整组人之中的完全胜任力。在那种情况下，我们判断的正确性只能部分地展示我们的构成性胜任力，同时它更完全地展示了位于那组人之中的完全胜任力，在那组人之中，我的位置对于那个表现的适切性是至关重要的。当这样恰当地结合时，这共同满足了那个判断的适切性和那个被包含的断言的完全适切性。完全适切性并不要求我们的一阶胜任力达到其充分可靠性的详细知识，也不要求在那个特殊实例中这种胜任力的运作方式的详细知识。对每一个知觉、记忆和证言来说，完全胜任力只要求一种恰当的信任，即相关胜任力是足够可靠的，并能相应地保证一阶适切性。当这种信任是一种缺乏特殊理由的默认信任时，它能够是恰当的。

异议七

在最近的一篇文章中，普理查德（D. Pritchard）为一种特定的认知安全性观点做了辩护，并在此基础上反对你在过去和现在所辩护的这种德性知识论。他要求结合德性组成部分和一个独立的安全性组成部分来解决这个问题。下面是他的安全性观点：

> 安全性（普理查德的观点）
>
> S的信念p是安全的，当且仅当它形成的方式是一种可靠地产生正确答案的信念的方式。⑧

然而，这里有一个非常特殊的模态条件在起作用，澄清其内容是至关重要的。普理查德对彩票谜题的解决方案取决于那个特殊条件。他认为，仅仅基于概率，一个人并不知道他的彩票不会中奖，因为他的信念不能满足那个非常特殊的模态条件。这个思想就是，在一个非常相似的可能世界中，一个人的彩票中奖了，这足以让现实世界中的信念，即他的彩票没有中奖，成为一个不安全的信念。更严格地说，与他的上述安全性观念一

⑧ Anti-luck Virtue Epistemology. The Journal of Philosophy, 2012: 247-279.

致，使一个人的彩票信念不安全和阻止它成为知识的东西是：在一个与现实世界足够相似的可能世界中，一个人在相同的概率基础上形成了这种彩票信念，然而，他的信念是虚假的。

普理查德认为，为了构成知识，一个信念必须是以那种方式安全的， 118
而且必须德性地或胜任地形成。根据他的观点，仅当如此，我们才能恰当地消除德性知识论的紧张，这种紧张是它试图恰当处理葛梯尔反例（如假谷仓案例）与调和证言知识时产生的。[⑨] 这把我们带到了其最新的反运气德性知识论观点的核心，表述如下：

> 反运气德性知识论
>
> S 知道 p，当且仅当 S 安全的真信念 p 是其相关的认知能力的产物（使他的安全认知成功在一种重要的意义上可归功于其认知能动性）。

根据这种解释，珍妮（Jenny）在从一个路人那里接收到信息后，就知道了芝加哥希尔斯大厦的方向。珍妮被认为知道，因为她的信念是安全的，同时她的信念的正确性足以归功于其认知能动性（这种能动性尤其不要求它是如此值得赞赏的）。就假谷仓案例中的巴尼来说，他不知道，因为，尽管他的信念的正确性确实在重要的意义上可归功于他的认知能动性，但只要假谷仓在附近流行，他的信念就不是安全的。

回应

那种理解安全性的方式确实帮助普理查德的解释获得了他想要的两个结果：其一，珍妮通过证言知道希尔斯大厦的方向；其二，巴尼不知道他面对一个谷仓。后者的理由就是，至少在一个切近的世界中，巴尼会以相同的方式形成这个信念，同时他的信念是假的。当他在那个邻近区域如此平常地看到一个假谷仓时，这种情况就会发生。

然而，那种解释其运气的模态观念有一个弱点。根据反运气德性知识论的观点，一个人彩票不中奖的信念不能仅仅基于概率构成的知识。这是因为它是如此不安全，存在一个足够切近的可能性，他的彩票会中奖。更严

---

⑨ 我自己的解决方案已经公开出版，在那篇文章中我没有考虑普理查德的论文即《完好之知》的第四章第八节。尽管我在此没有重述这种解决方案，上面的异议四与我的回应也是相关的。

格地说，一个人的彩票信念是不安全的，因为在一个足够切近的可能世界中，
119 一个信念是虚假的，尽管在现实世界中以同样的方式形成的信念是真的。

这个观点与我们对足够清醒的知识案例的直觉反应冲突。下面是这样一个案例：

> 坏苹果公司案例
>
> 假设技术能够让我们中一张基数为天文数字的彩票（a zillion ticket）。在那种情况下，彩票直觉说我们不知道彩票不会中奖，我们也不知道它没中奖，除非结果宣布，它事实上中奖了。
>
> 普理查德通过要求一种安全性解释了一切。根据这种安全性，甚至没有一种失败的可能性，这种可能性与任何相关的可能性一样接近，即存在一个天文数字 -1 的同等接近的可能性，在这种可能性范围内，一个人会成功。
>
> 但是，假设存在一个世界，苹果公司已经成长到能够让 100 万个话务员持续不断地为任何简单的咨询问题提供答案，并且假设技术以这种方式随机分布，使得 100 万 -1 个话务员与现实中打电话的我在模态上接近。假设有一个坏苹果话务员即一个骗子给我提供了一个不正确的答案。但是，进一步假设苹果公司的客户服务继续这么庞大，所有其他 100 万 -1 个话务员都是绝对可靠的。那足以阻止我从现实遇到的话务员那里知道这个问题的答案吗？

在此，这个新的“反运气”安全性要求蕴含了上述错误答案。

异议八

您的观点暗示洛蒂（Lottie）仅仅基于概率信息知道她的彩票不会中奖，这个概率信息能够让她形成这个高度可靠的信念。假设她的彩票确实没有中奖，并且假设洛蒂的信念完全胜任和可靠地基于概率信息。她不仅仅是猜测，而且她的信念也不是基于任何谬误，她的信念不是来自对一个撒谎的证人的不恰当信任，也不是来自被阿尔兹海默症弱化的过去记忆。相反，她的信念似乎是胜任和可靠地获得的，所以那个信念很可能是正确的。

确实，这样获得的信念在一个非常接近的可能世界中是虚假的，即她的彩票不会中奖。但是，正如我们所见，这类不安全性不允许阻止知识。120
如果确实如此，那么我们的苹果公司客户就会被阻止知道他们本应合乎情理地知道的东西。

所以，您的德性知识论难道不是被这个简单的彩票案例驳倒了吗？

回应

1. 在彩票知识论中，需要解释的东西就是，即使我们的彩票有一个非常高的概率**确实**不会中奖，我们也不情愿认为我们知道我们没有中奖（在我们看到这个结果之前）。下面是一个建议。

本质上，我现在会回应这个彩票问题，这种回应方法曾经用于诺奇克基于敏感性的怀疑论。⑩ 对彩票问题的一种恰当处理方式也许能够像下面两个段落中的论证一样简单？

> 诺奇克认为我们不知道我们不在怀疑论背景下，这是因为我们的信念是不敏感的。但是，虚拟条件句并不是异质换位的（contrapose），我们不被误导接受一个敏感性条件，这个条件混淆了安全性条件。此外，我们确实可以合理地知道我们不在怀疑论背景下，因为这个信念是足够安全的，不管有多么不敏感。所以，对运用敏感性的怀疑论的回应就是有礼貌地暗示他们被前述的敏感性与安全性的混淆误导了。
>
> 现在，我想要提出对彩票怀疑论的回应，非常类似于早先对彻底怀疑论的回应。思考那些认为我们不知道我们的彩票不会中奖的人。此外，我们能够认为他们被这些信念的明显的不敏感性所误导，基于敏感性的怀疑论就是以这种方式被误导的。正确的要求就是一种充分的安全性（sufficient safety）要求，即在足够接近的世界中是真的。这是一个我们的彩票信念确实要满足的要求。所以，尽管这个信念是不敏感的，我们也真的知道我们的彩票不会中奖，就像尽管这些信念是不敏感的，我们也足以知道我们不被恶魔欺骗（bedeviled）或被缸化（envatted）。敏感性是在认知上有毒的概念，因为很容易被误导。

---

⑩ Ernest Sosa. How to Defeat Opposition to Moore. Philosophical Perspectives, 13（1999）：141-154.

> 它不仅在怀疑论背景方面误导我们，而且在彩票背景方面误导我们。
> 敏感性容易与安全性混淆，因为虚拟条件句看起来是异质换位的。我
> 们只有清楚它们不是异质换位的，才能支持与基础相关的安全性，同
> 时放弃敏感性。这能够让我们驳斥两个错误：关于怀疑论背景的怀疑
> 121 论错误和关于彩票命题的怀疑论错误。通过用安全性取代敏感性，我
> 们能够为一种更可接受的常识观点辩护。（当然，我们确实需要对安
> 全性有一种恰当的理解。）⑪

2. 而且，我现在要审视一下沃格尔类型的（Vogel-style）彩票命题。⑫ 确实，我们或多或少被迫说，我们不知道早上我们的汽车在停车场被偷了。但这个误导性的敏感性观念还是应该被谴责。我们还是会认为我们确实不知道，同样是混淆了坏的敏感性条件和好的安全性条件。一般而言，对于沃格尔类型的彩票命题，相同的反应是适当的。而且，如果真正重要的是安全性而不是敏感性，那么归纳结论的不敏感性就不应该导致我们担忧归纳方法。

3. 因此，某个谈论彩票，更广义地说谈论彩票命题的人，可能心中拥有一个固定的敏感性条件，因此可以恰当地否认我们拥有彩票没有中奖的知识。某些哲学家甚至可能恰当地否认一个人不在怀疑论背景下，如果他们心中也有一个固定的敏感性条件。这可能是诺奇克的案例，也可能是其他案例。当然，他们正确地认识到一个关于敏感信念的客观现象，正确地认为我们的怀疑论背景和彩票不中奖的信念之中缺乏那个条件。因此，他们能够被恰当地导向闭合问题或转向语境主义，等等。

---

⑪ 即使敏感性没有引出无知直觉（ignorance intuition），敏感性条件句也能提供这种解释。我们可能没有特殊的补偿性理由，而被知觉的不敏感性可能依旧保留一种非常强的解释性倾向，引出一种知识的否定。［这是凯斯·德娄斯（Keith DeRose）所辩护的观点。］然而，甚至在这种倾向在场的一切情况中，“无知识”直觉可能错误地来自一个更接近真相的安全性条件和敏感性条件的混淆。通过一个被强力误导的异质换位的谬误，安全性与敏感性被认为是等同的。

⑫ Jonathan Vogel. Are There Counterexamples to the Closure Principle // M. Roth, G. Ross, eds. Doubting: Contemporary Perspectives on Skepticism. Dordrecht: Kluwer, 1990.

与此相容，他们也可能忽视如下替代——相容的——观点，在那些案例中，存在一种“知识”。他们可能忽视虚拟条件句并不是异质换位的，因此，忽视了基于安全性的路径。（然而，我们需要追问哪种安全性是最恰当的，我们可能最终需要为适切性留下空间，因为信念的正确性展示了认知胜任力。）

4. 我主张彩票命题是可知的，这可能会招致难以置信的愤慨。然而，122
关于结婚25年后某人的不忠，我可能会说：“你看，你不知道!”即使补充说没有人知道他们的配偶是忠诚的是错误的，我也可以符合常识地这么说。当彩票没有中奖时，某人因为自己的希望破灭而泪流满面，我们能够说：“为什么你会如此惊讶？你应该知道你不会中奖。你知道中奖的概率!”某人信任巫师的预测，自己的彩票会中奖，当事实没中时他感到惊讶，我们可以说：“噢，得了吧，你应该更好地知道。”最后，某人焦虑地拿着彩票，满怀期待地盯着屏幕看彩票结果。你完全可以恰当地即严肃而不带开玩笑告诉他：“不要让自己失望。相信我，你的彩票不会中奖的。”⑬

与我更早先的方法论段落一致，与我之前的段落一致，我们偶尔基于常理把关于彩票命题的知识归属于人们，特别是归属于沃格尔类型的彩票命题。如果“合乎常理的”意味着许多或绝大多数日常说英语的人在某些足够日常的语境中都会赞同，那么一个给定语句及其否定句就显然都是合乎常理的。

5. 每个人都心知肚明，虚拟条件句不是异质换位的。现在，我们绝大多数人看到了安全性是独立于敏感性的。我同意，它们是彼此的一个化身。但同意那一点不等于从那个事实获得一种解释。⑭

---

⑬ 当然，这些案例可以有替代解释，但这些解释是为如下**与之竞争的**解释辩解的企图。根据这种解释，人们只是报告了显而易见的真理。两个人能够玩相同的游戏，就像反驳下面这个被广泛共享的主张的直接解释的企图。这个主张就是，我们不能基于单纯概率知道或甚至合理地相信，不管这个概率有多高。

⑭ 与此相容，我们可以为好措施增加一个类似的解释。如果彩票知识的否认者诉诸如下事实，即一个人总是**可能**赢得彩票，即使概率非常低，并由此得出，一个人永远不知道他没有中奖的结论，那么这个结论的强可信性就可能与一个相似的强倾向相关，即混淆认知和形而上学“可能”的倾向。

我们倾向于说，即使误传的概率比彩票中奖的概率更高，也只有宣布结果后我们才知道自己的彩票没有中奖。当我们知道敏感性很好地解释了
123 我们以上的倾向时，敏感性就变得极其有吸引力。差异见如下事实：在我们知道这些结果之前，我们的信念不是敏感的，然而，一旦我们依赖一份报纸（例如），我们的信念就是敏感的。最初，如果这种彩票赢了，我们还是相信它不会中奖，因为赢得彩票不会影响我们的单纯概率基础。但是，一旦我们的信念以报纸为基础，那么如果这种彩票中奖了，我们还是不相信它不会中奖（在正常情况下，基于合理的假设），因为报纸会报道某些不同的东西。所以，敏感性不可否认是具有吸引力的，但它也有一个令人讨厌的后果，所以它的吸引力就是一种海妖的诱惑。

6. 让我们回到更一般的知识论问题，这些问题都是普理查德要处理的问题。现在，我们有了一个处理彩票案例的替代方法，这种方法欢迎洛蒂是一个知道者。根据这个结果，我们现在能够选择一个更合理的和常识的安全性解释。对一个信念的安全性来说，我们不能要求存在一个足够接近和类似的案例，在这个案例中，相信者弄错了。相反，我们可能要求如下更宽容的条件，即信念是足够可靠的：在足够接近的案例中，相信者足够类似地形成了一个足够类似的信念，他还正确地相信这个信念。我们能够合理地得出结论，通过我的电话，我能够知道关于苹果公司这个简单问题的答案。

异议九

想象一个伟大但缺乏自信的街头萨克斯管演奏者。现在，他面临一个选择，或是挑选一首简单但收入很低的曲子，或是挑选一首更难的曲子。他决定——不计个人风险——吹奏那首更难的曲子。让他的选择变得不计后果的东西是一个没有根据的信念，即这首曲子超出了他的胜任力。然而，他完美地吹奏了这首曲子，因此展示了高超的胜任力，并如愿以偿地赚了很多钱。

他的表现因为其病原学而不足吗？这是完全不合情理的。我不知道一个人在没有精通一门理论之前如何能够说“是”。他的表现是无瑕疵的。尽管如此，还是有某种不足。这种不足是什么？好吧，这个萨克斯管演奏

者自身对选择这首更难的曲子的批评持开放态度，这确实是一个不计后果的选择。在此，似乎应该把这个主体及其决定的评价与那个表现的评价区分开。我们能够批评这个演奏者的选择。但是，他的表现没有什么不足。

然而，根据你的观点，他的表现必定由于不是完全适切的而有所不足。124
你认为存在这种类别的完全适切的表现，这看起来是一个问题。这种类别的表现与两个截然不同的评价点重合，而这两个评价点应该被区分开。

回应

我关注表现，但始终试图弄清楚这些表现是被假定拥有一个目标的表现。下面是对相关推理的概述，为了简洁，我将陈述其抽象的形式，尽管它与特殊案例的关系应该是显而易见的。

(1) 表现可分为两类：(a) 行为；(b) 目标。睡梦中踢到配偶是一个行为，是一个可归因行为（attributable doing）（不像一个人掉落悬崖时压扁一只兔子的行为），但它没有一个目标，不是一件一个人致力于做的事情。

(2) 目标可分为两类：(a) 功能性或目的论的（不管是生物学的、社会学的，还是心理学的；不管是动物性的，还是器官或子系统的）目标；(b) 意向性的目标。

(3) 转到知识论，思考一下求真断言，以真为目标。一个意向行动不只拥有一个目标，不只由一个企图构成。所以，一个企图构成性地包含一个特殊目标。这个特殊目标使一个意向行动服从这个企图的 AAA 规范结构，这个企图能够是精确的、熟练的和/或适切的。

(4) 一个完全的企图是不仅致力于其基本目标，而且致力于适切地实现那个目标的企图。一个完全适切的企图是适切地达到那两个目标的企图。

(5) 求真断言就是一种特殊种类的说法（公开的或私人的），因为它们必定以真为目标。

(6) 判断 p 至少是求真地断言 p（公开的或私人的），但不仅仅于此，判断也以求真断言的适切性为目标。

当然，任何成功的企图都是一个行为（一个可归因行为）。因此，当戴安娜杀死她的猎物时，这是一个成功的企图，但这也是一个行为（一个可归因行为）。选择和意图都构成了企图，但并不构成行为。所以，如果“射击”仅仅是一个行为，那么这次射击就可能是完全好的，尽管不是完全适切的。当完全适切时，戴安娜的**企图**在完全适切时比仅仅是适切时更好，但这是一个开放的问题。

无论如何，整个 AAA 结构恰当地适用于目标，特别是适用于企图，
125 但不适用于行动或行为。所以，这种能够适切的“射击”是戴安娜的企图。这个“射击”在完全适切时比仅仅适切时似乎更好，因为其构成性的选择 + 意图的品质合乎情理地关乎被构成实体即成功企图的品质。

在判断（不像单纯断言或求真断言）中，主体不仅致力于真，而且致力于适切。所以，**仅当**构成性的求真断言是**完全**适切的，构成判断的更完全的企图才是这样适切的。

反驳（异议十）

考虑另一个案例可能会更清楚：

> 戴维（Davy）已经 15 年没有玩滑板了，尽管他在少年时是个能手。他刚刚碰到他过去的老朋友。他们用 200 美元赌他不能在滑板上做出一个特定的花招。他毫无顾忌地接受了这个赌约。他没有理由认为他依旧知道如何做出这个花招。尽管他的状态非常好——他恰恰应该担心他已经忘记如何做出这个花招。结果，他依旧记得如何做，并且像专业人士一样展示了这种知识。

因为他做出这个花招的行为展示了他的能力之知（know-how），所以这个行为是一个意向行动，而不仅仅是一个可归因行动，就像睡觉时踢到某人一样。

确实，他并不知道他依旧拥有那种能力之知。这不充分地反映了他的花招表现、运用他的能力之知的意向表现的品质了吗？我并不这么认为。

但是，相同的主张同样适用于戴安娜案例。她的射击并没有因为受她的适切信念即它是适切的指导而变得更好。诚然，她更值得赞赏，她的射击选择更好了。但是，与这次射击本身是更好的主张相比，这是一个完全不同

的主张。理论中立的反思似乎远远没有让我的不同主张变得更自然。

这些观点提出了几个担忧。如果被你称为“完好之知”的一阶信念类似于戴安娜的射击，那么我担心这个信念并没有因为风险评估等东西的驱使而变得更好。如果是这样，那么就不是真的存在这个信念要上升的另一等级的知识。毋宁说，存在一个认知上值得赞赏的截然不同的评价核心——相信者和他的信念决定程序（诸如此类）。然而，我们不应该把这个一阶信念称为“完好之知”。

所以，有些东西必须被砍掉。[15]

回应

这个反驳弄清楚了一点，即当前这条反驳路线在直觉上多么有说服 126
力。诚然，这要求一个更完整的回应。幸运的是，还有更多东西要说。

第一，以适切性为目标被包含在完全适切的断言中，这必定会在断言时引导构成性的求真断言。这一点一般地适用于表现，包括那些在时间中展开的表现。当一个人决定以一种相应的方式表现时，他接受一个特定目标是不够的。毕竟，那个决定可能在行动的那一刻被放弃。如果要提供完全适切所要求的指导，那么相关的二阶意向就必须是同时发生的，与一阶行动相互协作，这可能就包含了跨越某段时间的一种程序。缺乏这种同时发生的指导，一阶行动就可能在那段时间内夭折。或者，它可能遭遇乔治·桑塔亚纳（George Santayana）归属给盲信者的命运，这些盲信者“遗忘其目标时，事倍功半”[16]。

第二，我们需要回顾一下许多在构成性领域开展的表现。一步棋不仅仅是下棋者把握了某个片段而走出的。当然，一个棋手可能只有“地理学”企图，并且那个企图（具有一个构成性目标的表现）因此能够就其成功方面被评价，这种成功可能展示了一种让这些棋步成功的极好的胜任力。然而，这可能是一步深不可测的妙招，彻底打败对手的一步棋。在此，地理学企图被嵌入下象棋的企图中（尽最大可能帮助棋手赢得棋局，

---

[15] 非常感谢西尔万提出异议九和异议十。

[16] George Santayana. Life of Reason：Reason in Common Sense. New York：Charles Scribner's Sons，1905：13.

或者至少立于不败之地）。即使这个嵌入的企图不是适切的，这个被嵌入的企图也能是适切的。

存在不计其数的这种人类表现领域，某些领域更正式，比其他领域更受规则束缚，但每一个这种领域都拥有恰当的目标，及其相关的成功标准和恰当的胜任力标准。对许多正式的体育比赛（比如国际象棋）来说，这是显而易见的，有独特的目标和规则，有成功和胜任的标准。我们的弓箭手案例和篮球案例已经隐晦地把这些东西呈现出来。但是，许多不那么正式的体育活动，如午后狩猎，它们的目标和规则就没这么清晰了。诚然，通过约定或进化，人类能够进入不计其数的成功的、恰当的表现领域。

我的论证的关键在于，对于任一给定领域，都存在一种胜任标准，一
127 种足够可靠的成功倾向的标准。这是一个相当含糊的问题，一般而言，处于人类常识中普遍存在的含糊性的上限。这个上限取决于特殊种类的表现和特殊的情境。

例如，在一场比赛中，当球向自己飞来时，网球手有各种选择。每一种选择都有一个风险/收益情况，取决于**这个网球手的相关目标**，诸如赢得赛点。

出色的运动员总是对风险/收益情况心中有数，因为他每一拍都在选择和计算。所以，他的目标不仅仅是达到那一拍想要的直接结果，也是快速下决定，比如说，用上旋球吊高越过对手的目标。不，那次回击在更深层的意义上可以就它是不是一个好选择的回击做出评估。如果对手有足够的时间从网前回来，而这个网球手足够接近拦网，那么他显然是轻率的，他应该回击一个定角穿越球（angled passing shot）。这个吊高球的风险可能太大，尽管这个风险的大小取决于对手离网有多近和网球手离网有多远。

即使给定与这个领域匹配的一个相当简单的目标（例如赢得赛点），这个案例也说明了相关风险的评估有多么复杂。即使这个网球手一般而言必须只选择**一种最可能帮助他赢得赛点的回击方式**，然而，这种情况的细节依然是复杂的。

而且，注意到这个回击可能是一次卓越的选择，即使它很可能不能赢得赛点，因为它依然像这个网球手的所有可选项一样是可能的。如果困难

重重却干净利落地赢得赛点，那么它将是值得赞赏的，甚至这个网球手也是值得高度赞赏的。然而，如果我们的网球手选择了一次比其他可选回击（定角穿越球）风险更大的回击（吊高球），那么这次取胜的回击就是可指责的。尽管是一个取胜球，它依旧是一次极度糟糕的选择，就这一点而言，它是一次拙劣的回击。

然而，人类表现能够逃避批判领域的约束，这些领域包括运动竞技、艺术表演和其他任何有正式或准正式的规则或标准的领域。人类表现也能通过进化逃避物种的标准设定，正是这些表现导致了正常的人类繁荣。人类表现能够是无拘无束的、自发的，或以其他方式逃避任何这种标准或界限。实际上，相关目标可能完全是主观的，总体上是主体自由选择的结果。所以，什么足够可靠或太冒险，对此并没有限制。

相应地，如果脱离任何正常目标，那么反例（诸如从路人身上骗钱或 128
赢得打赌）对于我们的德性-理论解释就更加麻烦。假设萨克斯管演奏者和滑板运动员只是提出了进行一个愉快但又困难的表现的想法，这个表现甚至可能不包含任何音乐或滑板因素。毋宁说，他们将完全自由地即兴表演，进行表演的唯一目标就是取悦他们自己或他们的朋友，这种审美取悦不同于其他表现，创意是其主要因素。对于这种自由表现，不存在领域-中立的足够可靠的标准，因此，不存在适当风险的标准。因此，这似乎是一个有限制的完全适切案例。这是一个完全适切自动实现其简单适切目标的案例。因为这里没有太大的风险，主体能够以一阶成功为目标，同时暗中以实现那种成功的适切性为目标。因为不管适切性什么时候实现，它都将被适切地实现，所以这种表现只要其简单成功是适切的，就不可能是不足的。

为了看到这一切与知识论的相关性，我们只需认识到认知表现的认知维度，以及包含独特标准的领域，不管这些是由一门特殊学科或专业所设定的标准，还是正常人类共同体所要求的标准，抑或是我们进化地设计的动物本性的官能的正常功能所要求的标准。⑰ 因此，试想一下知识，不管是哪种知识，专家知识、常识或功能性的动物知识。任何这种知识都包括

---

⑰　我们将在本书第八章更完整地讨论这一点。

一个相关认知领域内的表现，这个领域将输入标准或界限；根据这些标准或界限，我们可以看到求真表现——不像自发的、即兴的表现——的适切性并不蕴含其完全适切性。

B. 方法论后思

对前面异议——特别是异议三到异议八——的更完整的回应可能要
129 求我们从形而上学分析转移到语义学分析和概念分析：从对知识的本质和
条件的形而上学探究转移到对“知识”及其相关术语的语义探究，或者，
转移到对我们的相关概念的内容的概念探究。

完全适切的德性知识论提供了一种统一的表现规范性理论，这种表现规范性贯穿了整个人类表现。随后，关于我们的认知直觉的统一处理产生于对那个特例的一般解释。哲学家们对劳伦斯·邦久（Laurence BonJour）的千里眼诺曼和雷哈尔的真探普等案例意见不一致。但是，甚至这些分歧现在都有了统一的处理方式。这是怎么办到的？

首先，我们依赖一个表现规范性框架，包含如下内容：

> 企图，成功的企图、胜任的企图，胜任且成功的企图，适切的企图，反思地适切的企图，完全适切的企图。

用于知识论，我们就有了：

> （求真）断言，成功的断言、胜任的断言，胜任且成功的断言，适切的断言，反思地适切的断言，完全适切的断言（适切的判断）。

哲学家们和平常人挑挑拣拣，而我们的认知词汇确实已经含糊不清，随着语境的变化而变化，彼此对立，诸如此类（包括认知模态与形而上学模态的冲突和安全性条件句）。假设现在我们更感兴趣于知识的形而上学，而不是认知词汇的语言学。只要我们能够看到人们可能归赋的认知身份的种类（不管通过什么语言学工具），因此，只要我们把这些身份的归赋放置在表现规范性的框架内，我们就可以满意于此，至少一开始是如此。

这种完好之知的新德性知识论比动物/反思区分更完全地解释了直觉的

分歧。重新思考一下葛梯尔传统一再提出的那些关于臭名昭著的认知冲突的案例。为什么这些案例让哲学家们一再地陷入分歧？现在，我们能够建议说，我们中的某些人只关注单纯的动物知识，相应地肯定那些主体“知道”，而其他人则关注反思知识或完好之知，否认那些主体真的“知道”。

第三部分
知识与能动性

第六章　知识与行动

亚里士多德的德性理论是对人类知识和行动如何彼此相关的一种解 133
释，下面就是我们从中获得的灵感。

A．亚里士多德

1．我们从一段说明亚里士多德伦理学的文字开始，这段话来自《尼各马可伦理学》：

> 一个人也可能碰巧或者由于别人的指点而说出某些与文法一致的东西。可是，只有当他说出某些与语法相关的东西，并且合语法地这么说时，他才是一个文法家；这意味着他是与其所拥有的语法知识一致地来说的。（*EN* II 4，1105a22－6）

这提供了理解亚里士多德的观点即人类繁荣是基本的伦理价值的一把钥匙。请注意：第二个“与……一致”（in accordance with）不仅仅意味着“与……内容一致”。毕竟，我们所做的事情可能完全碰巧与我们的知识的内容一致。但亚里士多德本意是排除这样一种偶然的巧合，这体现在上述段落的第一句中。为了表达与知识一致，在我们关于一个特定语句是合语法的知识与我们的表达要合乎语法之间必定存在一种更紧密的关系。首先，这个语句可能被认识到是合语法的，但其合语法的表达可能只归功于一个骗子的担保（归功于“别人的指点”），而知识依旧是内隐的和消极的。

这个观点在《尼各马可伦理学》卷一第七章的概要陈述中得到了进

134 一步的说明：

第七章说：

> ……人类善就是与德性一致的灵魂活动，并且如果有不止一种德性，就是与最好的和最完善的德性一致的活动。（*EN* I7，1098a16-7）

第八章又说：

> 不过，如所说过的，幸福也需要外在的善；因为没有那些外在的手段，就不可能或很难做高尚的事情。在许多行动中，我们使用友谊、财富或政治权力作为手段……（*EN* I8，1099a31-b8）①

第九章进一步解释道：

> ［幸福］……被说成一种灵魂的特定的德性活动。对持存的善来说，某些善必定是作为幸福的条件而在先存在的，而其他善自然是协作的，并且充当有用的手段。（*EN* I9，1099b26-8）

卷五第一章的最后一个重要组成部分就是：

> 德性行为都是高尚的，都是为着高尚的事的。因此，慷慨的人，也像其他有德性的人一样，为高尚的事而给予。他会以正确的方式给予：以适当的数量、在适当的时间、给予适当的人，按照正确的给予的所有条件来给予。他在给予时还带着快乐，至少不带着痛苦。因为德性行为是愉悦的或不带痛苦的。（*EN* IV1，1120a23-7）

2. 越过他自身的主要陈述，通过与斯多亚学派的观点进行比较，亚里士多德的观点就会显得更清晰，它们似乎刚好是相反的。亚里士多德式

---

① 我们可以这样认为，作为一种促进真正内在地构成的幸福，外在善促进了幸福，就像一杯好的威士忌促进了内在的愉悦状态。但这是不对的，因为亚里士多德认为福祉是由高贵活动构成的，诸如慷慨地馈赠礼物，而不仅仅是像《黑客帝国》场景中模拟的假象。同样不可信的是，幸福是由德性活动加外在善组成的，因为人类善是德性活动，外在善不是德性活动，而是在某些这种活动中使用的工具。

繁荣包含了一个人的（道德的和理智的）德性的运用。然而，某些德性要求它们的实践的外在帮助，就像慷慨要求金钱一样。相反，斯多亚学派要求对幸福的一种全面衡量，德性是一个人恰当地排列其偏好，并在此基
础上合理地选择的品质。真正的德性存在于人们的理性本质的完满中，正 135
是且仅当这种德性的运用才使人生变得良善。②

这形成了一种尖锐的对立。谁是对的？③

B. 亚里士多德与斯多亚学派

1. 以一种以羊为神圣和以狼为邪恶的文化为例。羊应该被保护，而狼应该被杀戮。假设你射杀了一只披着狼皮的羊，你的行动是与德性“一致的”。然而，它是有所不足的。我们关注你杀死那只羊的行为——正是那个行为，而不是你所做的事情。严格来说，这个行为不同于你的任何其他行为。一个做 ø 的行动必须执行 ø 的意向，从这个角度说，你没有意图杀死一只羊。你确实意图杀死那只动物（伪装成一匹狼），且那个动物是一只羊，但你并不在这种描述下意图杀死它。

假设接下来你射杀了一匹披着狼皮的狼。现在，你确实意图杀死这个动物，且这个动物是一匹狼，那么你确实意图在这种描述下杀死它。现在，你的全部努力都与你的德性一致。因此，你的成功也是因为你的德性。你确实意图杀死那个动物，只是它碰巧是一匹狼，且你确实把它当作一匹狼而意图杀死它。在某种程度上，这种成功是与你的相关实践和认知

---

② 《斯坦福哲学百科全书》（*Stanford Encyclopedia of Philosophy*）中的巴尔特兹拉（D. Baltzly）关于斯多亚主义的文章包含了一个简短的说明。同样相关的是与如下假定的苏格拉底观念之间的表面对立，即智慧是幸福（繁荣）的充分条件。但琼斯（Russell Jones）提出了一个有力的批评，援引了一个段落支持苏格拉底（或柏拉图笔下的苏格拉底）实际上认为智慧是幸福的充分条件，但不是必要条件，具体参见：Russell Jones. Wisdom and Happiness in *Euthydemus* 278－282. *Philosophers' Imprint*. 13（14）（2013）：1－21.

③ 我试图只引用某些关键段落来说明标准的亚里士多德观点，至少在最重要的部分是如此。当然，一个完全的解释可能包含更多细节。[参见《斯坦福哲学百科全书》中克劳特（Richard Kraut）那篇关于亚里士多德伦理学的文章的开头。]

胜任力“一致的”。当你瞄准它并相信它确实是一匹狼时，你在致力于通过射击杀死那匹狼。因此，你必须具有一种复杂的、合成的胜任力。这包括你说出一匹狼的样子的能力，也包括你的射击胜任力。所以，你对那匹狼的致命射击展示了你所具有的相关德性和胜任力。然而，杀死那匹狼的
136 行为是有所不足的。你以**杀死一匹狼**为目标的基本行动的表现（比如扣动扳机）确实展示了你的那些知觉和执行的胜任力。你那种**有目标的表现**依旧有所不足，因为**其成功**没有完全展示胜任力，而只是本质上依赖运气。④

对比一下你的**以杀死一匹看起来像狼的动物为目标的**基本行动的胜任力（还是以扣动扳机为例）。在此，成功确实完全展示了胜任力，它是完全适切的。

这个基本行动（扣动扳机）必定是微不足道地成功的，因为一个人扣动扳机是一个基本行动，当且仅当他只有通过这样做才算以扣动扳机为目标。与之相对，扣动扳机的行动不仅是一个**扣动扳机**的努力（或目标），即使一个人确实拥有这样做的目标。假设一个人因此杀死了一个看起来像狼的动物。这不仅仅是一个基本行动，它拥有一个更大的手段-目的结构。这个目的就是**杀死一个看起来像狼的动物**，手段就是**扣动扳机**（因为一个人知道如何正确地使用枪支和有一个看起来像狼的动物在他前面）。这种更复杂的行动的成功要求一个人实际上杀死一个看起来像狼的动物，并且他具有下述内容的意向目标在他执行那个基本行动的决定中起到一种恰当作用：杀死一个看起来像狼的动物。在此，一个人的胜任力足够正常地发挥作用，足以赢得成功的完全信誉。

也许，在杀死一个看起来像狼的动物（一匹狼）时，一个人也意向性地杀死一匹狼。但他的胜任力现在被削弱了，因为它依赖一个重要的运气成分，即依赖他的信念看起来像狼的动物确实是一匹狼。这个信念确实是真的，但只是通过削弱信誉的运气才是真的。

2. 当亚里士多德赞美与德性一致的行动时，他有意包括你射击披着

---

④ 或者是侥幸、偶然或单纯的巧合。下面，这种进一步的阐释打算悄无声息地与“运气”的发生联系起来。这种能动性运气与胜任力展示的程度成反比，它是一种削弱信誉甚至消除信誉的运气。

狼皮的羊的行为吗？当然不是。他有意包括你射击披着狼皮的狼的行为甚至值得怀疑的。这类被包含在这些杀戮中的运气——在羊的案例中是坏运气，在狼的案例中是好运气——似乎不利于亚里士多德基于德性的人类善的观点。回想一下，因为亚里士多德明确地有意排除碰巧的成功。那么，我们应该如何理解他的如下观点，即杀戮完全不是与德性一致的行动？有 137
两种不同的方式值得思考。

一种方式引介了亚里士多德的概要陈述中的内容："……人类善就是与德性一致的灵魂活动"。当你看到你前面的那个动物时，你打算杀死它，并且快速地选定一个计划。你可以通过射击杀死它；你的枪瞄准它，把你的手指恰当地放在扳机上并且扣动扳机，最终你射击它。所以，一旦你拥有目标，并且把你的手指放在扳机上，那么通过扣动扳机你就可以射击它。现在，你碰巧扣动扳机。你自由地这样选择，并且如果你确实这样选择，那么你就是在致力于杀死那个动物。给定你所处情境的认知和实践视角，你自由地选择这样做，并且你通过干预方式来践行你的意志。

现在让我们关注这个"灵魂活动"，即自由选择、自由决定。在此，既不存在杀死披着狼皮的羊中的那种滑移（slippage），也不存在杀死披着狼皮的狼中的滑移。在那些杀戮中，一个关键的手段-目的信念结果是**假的**或至少**不知道是真的**。这种运气，不管好坏，都与选择无关。这个选择要么根本不要求手段，而只是选择而已，要么可以被解释成一个有限的手段-目的行动。在这种情况下，这个有限的手段-行动命题可以不是假的，甚至可以不知道是真的。通过选择，你做出了选择，这只是一种微不足道的真和知道是真的。而且，在基础行动的情况下，选择与行动之间只有微小或根本没有间隙。即使我们通过**选择**（**自由选择**）扣动扳机，也没有优先秩序——时间、空间或有效的因果联系上的优先性——能把选择和行动区分开(但毕竟有可能在我们干预并导致死亡的那一刻改变我们的想法)。

根据这种解释，我们避免了亚里士多德的表面问题，这个问题是从他的公式中推衍出来的，人类善是由与德性一致的活动构成的。相关活动是灵魂的活动，即选择，并且没有搅局的运气发生的可能性。

根据这种解释，逍遥学派与斯多亚学派之间似乎不存在明显的深刻差异。无疑，两方都将认识到偏好，都将恰当地认识到被排序的偏好（与

138 德性一致的偏好)，并且都认识恰当地表达这些偏好（与审议的德性保持一致）的选择。没有哪一方存在那种在我们的羊和狼的案例中影响行动的运气（不管好坏)。⑤

然而，这种解释与亚里士多德强调恰当的德性行动的外在工具的需要和背景的观点冲突。因此，下面笔者将挖掘亚里士多德的一种不同解释，并且以一种不同的方式把知识与行动联系起来。

C. 适切与繁荣

1. 在陈述亚里士多德的观点时，替代选项的陈述并不强调“灵魂”。当然，它确实需要与那个陈述一致，但却是以不同的方式这样做的。早先的解释随着对古希腊的“灵魂”概念的理解的加深而变得苍白。

我不能改进如下对亚里士多德观点的简要陈述:

> 在（亚里士多德）的框架中，一个有机体的灵魂就是执行这个有机体自然的重要功能的积极能力的系统，所以，当一个有机体参与相关活动（例如吸收养分、运动或思想）时，它是由于其灵魂的能力系统而这样做的。⑥

与此相反，斯多亚学派的观点局限于:

> 相当戏剧性的灵魂理论的恰当主题。事实上，斯多亚学派以他们独有的方式限制了灵魂的功能，这种限制在由笛卡尔式心灵概念的复杂历史中扮演了一个重要角色。⑦

---

⑤ 作为一个“通过”关系的限制案例，它简化了理论表述以便允许一个人通过 ϕing 做 ϕ 的情况。但对我们的目的而言，这是可选择的。我们可以选择一个不是定义为“仅仅通过 ϕing 进行 ϕing”的基础行为的概念，而是定义为“在没有其他选择意向性地做一个人 ϕs 的事情地方 ϕing”。这不会严重影响我们主要文本中的相关推理，尽管它要求某种重新表述。

⑥ 引自《斯坦福哲学百科全书》中洛伦兹（Hendrik Lorenz）的论文《古代灵魂理论》(“Ancient Theories of Soul”)。

⑦ 同⑥.

然而，斯多亚式的灵魂活动仅限于诸如选择这样的内在活动，而这不是亚里士多德的观点。亚里士多德的灵魂活动可以由诸如与慷慨一致的捐献财物的现实活动这样的外在活动所构成。⑧ 确实如此，物理性的捐赠来自选 139
择。但行动本身不仅包含选择，而且包含其通过意向恰当地施行（因为选择蕴含了意向）。发展这个选项，有助于更全面地理解支持一个意向所包含的东西。尽管这个选择的灵感来自亚里士多德，而且它看起来似乎是理解其观点的一种可信的方式，根据事物本身来发展它更是一种理解亚里士多德的有趣方式。

2. 让我们从一般意义上的支持性态度（pro-attitudes）开始。一般来说，这些态度包含偏好，包括肉体的欲望和不可抗拒的选择吸引力，可能来自其他人的建议，或来自一个人自身的推理。这种一般意义上的偏好可能也是情感性的，而不是肉体性的，因为它们源自或帮助构成我们的情感，包括那些社会性的而不是肉体性的情感。意动动力学（conative dynamics，即广义上的“权衡”，不管它是有意识的还是无意识的）是一种平衡行为，由此偏好是基于选择的尺度来权衡的，直至达到一个最终结果。

在审议中，这样一种偏好可能既不是原初的，也不是结果性的。如果是原初的，那么它可能采取一种希望或愿望的形式。这种希望或愿望受到进一步引导之后会被提升到意向的层次吗？并不必然如此。意向局限于独特的内容，然而我们可以希望或愿望任何结果。意向最多不过是一个**实现**某个特定结果的偏好。

如果我们确实最终偏好我们在未来某一时刻实现一个特定结果，与单纯的希望或愿望相反，我们必须加上的必要的代价是值得付出的吗？在许多手段是必需的情况下，我们不必预设这些在经济上将是足够可取的吗？当然，我们不需要确定这些。但你很难严肃地承认实现相关结果，同时说

---

⑧ 可能有人反驳说，狭义的亚里士多德的“灵魂活动”局限于吸收养分、运动或思想活动，所以这些不仅仅是一般形式的案例。但是，知觉首先就要被包含其中，无疑，（对环境的）知觉、吸收养分（食物的摄取）、外在之物（看到的对象、摄取的食物等）将共同构成活动。

服你自己只能以高昂的代价实现它。这不可能是一个严肃的承诺，也无论如何不是一个合理的承诺。

我们至少需要更多，即使我们心中确实还没有一个详尽的计划。在那
140 个点上，即使我们拥有这个计划如何做出的详尽计划，计划也只不过是做出一个计划的计划。无论如何，实现某种东西的真正承诺和意图似乎要求我们认为自己会成功，即使这个思想缺乏全部判断和判断性信念。⑨

3. 在此，让我们关注一个简单的手段–目的行动；比如说，通过打开开关开灯。如果我们打算下一刻这样做，那么我们就必须拥有某些观念说必要的代价是值得付出的。从凳子上站起来或多或少意味着这种代价，例如，我们可能需要寻找开关，正常情况下我们可以在房间里找到它。如果不愿意实施这个计划，那么我们就不能足够严肃地把它视为一个真正的意图者（intender）。

当然，这并不意味着必定存在某个这样的计划，我们必须准备实施，除非我们把寻找未来某一时刻的计划视为已经拥有一个计划。如果我们还没有致力于采取这样一个计划，那么我们就只是希望或愿望我们将实现那个结果。为了升级这个偏好使之构成一个意图（intending），我们必须通过一个现实的或潜在的计划而拥有更多，这个计划将让我们站起来达到开灯的那个结果。

亚里士多德式行动包含了基于某人实施一个计划达到一个目标的合成偏好的选择。我们选择、行动，最后努力通过实施我们的计划达到那个目标。在此，为了简单起见，我们关注简单努力，诸如打开一盏灯。在这种努力中，如果事情顺利，那么我们付诸行动的就是一个原初的选择。因此，一个胜任地做出的选择就是与胜任力（德性）“一致”的选择。这就是为什么射杀一个看起来像狼的动物的选择是胜任的。

在一个慷慨行动中，假设我们认为行动包含的不仅仅是选择，还包含拿出现金的身体动作。在这种情况下，一个胜任的行动依旧可以是灾难性的，就像射杀一只看起来像狼的羊那样。而且，行动甚至在有所缺陷的情况下依旧是胜任的和成功的，就像射杀一匹披着狼皮的狼那样，那个案例

⑨ 但是，在这一点上，我们最终会找到质疑的理由。

在本质上是一个被葛梯尔化的手段-目的信念。

射杀一匹披着狼皮的狼不是一个与德性一致的行动吗？一个特殊行动难道不能构成繁荣吗？可以说，它不能。一旦我们在那个完整行动中加入
外在因素，包括那匹狼的死亡，一旦我们说这是通过他的行动的成功构成 141
主体的繁荣的一部分，这个势头就很难停止，直至我们达到亚里士多德式的恰当观点。在众多与这种繁荣相关的因素中，这种观点不仅包括结果的成功，而且包括行动主体的表现的适切性。只有如此的成功才不是以亚里士多德所谴责的“碰巧”的方式获得的。适切性不仅仅要求行动主体的计划得以实施，以便所意向的结果能够实现。这个结果也必须展示该行动主体的相关胜任力。特别是，行动主体必须胜任地实施他的完整计划，包括胜任地采取相关的步骤及其所呈现的规划。

当然，射杀披着狼皮的羊没有达到行动主体的目标，所以它不是一个与德性一致的行动：它确实没有导致行动主体的主要的一阶目标的成功，即杀死一匹狼而不是杀死一只羊。那么，杀死一匹披着狼皮的狼的情况又怎样？为什么这不是一个与德性一致的行动？因为，尽管这个行动成功地达到了其主要目标，但它是通过运气成功的，所以相关胜任力没有被充分地展示在杀死狼的行动中。⑩

4. 与亚里士多德的繁荣相关的区分我们就谈这么多。亚里士多德真的偏向那些选项中的一个而不是另一个吗？为什么认为只有适切行动是与德性“一致的”，不像单纯胜任的、熟练的行动那样？为什么认为在我们的案例中只有适切地杀死一匹裸狼（bare wolf）才是合格的，而不是胜任

⑩　本质上包含在这种假定胜任力中的是行动主体（或明或暗）的信念，即如果他看到的动物像狼，那么它就是一匹狼。但我们的弓箭手并不知道这一点。因为他被葛梯尔化了，他真的不知道如何说出下面这个结果：他杀死了他面前的这匹狼。（在预期的意义上，以下事实是开放的：在他面前有一匹狼，他知道如何杀死它。）这种特殊的能力之知是有缺失的，尽管他保留了杀狼的一般能力。他确实不知道通过射击一个看起来像狼的动物会真的杀了一匹狼。所以，他缺乏所要求的特殊情境的（situation-specific）胜任力。通过射击一个看起来像狼的动物，他成功地杀死了一匹狼，这种成功没有展示相关的胜任力。我们的行动主体缺乏完整的特殊胜任力。

地杀死一匹错把它当成披着狼皮的裸狼？这个更强的要求，即要求适切，从如下这个直觉来看是合理的：如果一个行动更多的是通过运气而不是（展示）胜任力来获得成功的，那么它就是有所不足的。这个语法表述因为其语法性质如何归功于运气或一个骗子的建议而是有所不足的。

亚里士多德著名的奥林匹克成功案例（example of Olympic success）也鼓励这种思想。亚里士多德指出，我们钦佩和奖赏的对象是实际地参与
142 竞技并获得成功的竞技者，而不是那些局外人，不管他们具有多么高的天赋。与此相关，令人钦佩的善完全只呈现在成功的行动中。胜任力和倾向只具有衍生性的、次要的可钦佩性。即使我们没有认识到亚里士多德作品中的这些区分（正如我们所见，这是事实），只是通过运气而获得成功的奥林匹克运动员与通过胜任力适切地成功的运动员之间的区分也是自然的。只有后者才是完全意义上的繁荣。

5．最后，通过这样解释，亚里士多德能提供一条关于知识超越单纯真信念的价值的美诺迷思（the Meno puzzle）的解决之道。通过胜任力到达拉里萨的旅行者与德性“一致地”胜任力行动——德性胜任力——以某种方式否定了某人仅仅通过运气（而不是知识）碰巧找到了正确的道路。当然，这个无知的旅行者确实到达了拉里萨。在那个方面，如果他为道路的选择找到了恰当的理由，那么他的相关行为就是成功的，甚至有资格称为胜任的。然而，他的手段-目的行动的成功并不是完全地展示了与运气相对的胜任力。他并不比跛脚和虚弱的奥林匹克跑步运动员更配得上完全的赞赏，后者能赢得比赛完全是因为其他跑步运动员被终点附近的雷电所阻碍。通过无知的运气到达拉里萨不是繁荣的表现。

D．知识与行动

1．一般而言，知识的重要性可以充分地从它与人类成就的关系中推导出来。下面是一个突出案例：

> 在一个无月之夜，满怀希望的猎人迷失在茫茫林海中。到目前为止，他还一无所获。无聊之下，他在黑暗中射出一箭，希望能射中某

> 个猎物。神奇的是，他确实射死了一只兔子。当然，这次射击是一次成功的射击。
>
> 在类似的情境中，迷信的猎人把一缕清风解释为猎神对他的鼓励，鼓励他在黑暗中射出一箭。他相信神会引导他的手，并且使之射出的箭击中目标。在那个基础上，他在黑暗中射出了一箭，并且确实成功了，但只是由于幸运女神的垂怜。

每一个猎人都能弯弓射箭并杀死猎物吗？如果这仅仅意味着他射击并射中 143
在逻辑上是否可能，那么答案显然是肯定的。没有什么东西能排除这样一次射击杀死某个猎物的可能性。

2. 在射击的那一刻，满怀希望的猎人有能力杀死某个猎物吗？此外，如果这仅仅意味着他是否“能够”，他射杀某个猎物在逻辑上是否可能，那么，回答显然也只能是肯定的。然而，我们所讨论的能力通常要求得更多。一次黑暗中的射击在正常情况下不被认为展示了能力。如果黑夜是寂静无声和无臭无味的，如果没有什么东西能够引导猎人的手，如果这次射击只是随机的，那么，即使成功在逻辑上是可能的，它也很少展示任何能力。满怀希望的猎人甚至不相信那次射击有多大的成功概率。在他看来，概率几乎为零，这似乎阻碍了通过射击获得成功的任何真实的能力。

3. 但那只是一种幻觉吗？为什么不说他确实拥有那种能力，即使他没有意识到它？一个基础行动对他来说是可获得的，他能够做出这个行动，通过这个行动他能够杀死某个猎物。这就是他被认为能够杀死这个猎物所蕴含的一切，对他来说，他也仅仅拥有这种能力。当然，迷信的猎人分享了那种能力，即使他缺乏相关的知识。假设他确实相信他拥有这种能力，也实际上相信他知道谁赋予了他这种能力，其信念的来源也不是知识的来源。

满怀希望的猎人和迷信的猎人似乎都取得了可归功于该行动主体的成功。在每一种情况中，人们都可以可信地推理如下：“这种成功只是通过一种与相关信誉不相容的运气获得的。猎人的成功都没有展示他们的胜任力。他们所处的情境非常糟糕，甚至于没有一个猎人拥有所要求的胜任力。”

4. 另外，胜任力如果不仅仅是一种成功倾向，那么到底是什么？为什么迷信的猎人没有这种倾向？无疑，如果他尝试了，他确实会成功。他会把他的真信念作为一种有效的工具来使用，并据此而行动，最终成功。

然而，这个直觉使迷信的猎人坚持认为，甚至他都不是通过（相关）胜任力而获得成功的。因此，他射击猎物的能力本质上是由一个不胜任的、不确证的信念构成的。如果他在那种情况下成功了，那么这只是一个
144 幸运的偶然事件。如果他总是依赖那种方式来形成他的信念，那么一般而言他就总是不能达到一个真信念，并且射不中任何猎物。

那么，什么是导致一次射击成功的、完全归功于该射击者的胜任力？即使不存在对这个问题的明确答案，我们也可以认为，迷信的猎人没有构成这种胜任力的明显倾向。确实如此，当他试图在那种特殊情况下射击某个猎物时，他拥有一种成功倾向。但这种倾向不足以构成可信赖地（creditably）成功的相关胜任力。[11]

5. 迷信的猎人是如何达到他在黑暗中的射击会成功的真信念的？不管其方向、速度和时机如何，他都可能相信他的猎神会保证这次射击成功。或者，他可以拥有一种想象的能力，这让他相信如果他下一步以某种特定的方式（带着想象的方向和速度）射击，那么他的射击就会成功，因为这个信念是由神指引的。（尽管事实上，这只是灵光一闪进入脑袋的想法，根本没有任何可靠的基础。）没有一种情况可信地说明，迷信的猎人现在拥有一种狩猎的相关胜任力。他确实拥有一种这样做的倾向，本质上基于其迷信的信念，但这种信念不能构成一种胜任力，这种胜任力使他的射击成功归功于他。

6. 为什么那个迷信的猎人会缺乏在黑暗中射中猎物的相关胜任力？

---

[11] 没有“相关”胜任力与该行动主体所拥有的某种非常弱的胜任力（这种胜任力弱到只能为他赢得可以忽略不计的信誉）相容。（至少，他足够胜任地射出了箭。）下面，一个重要的区分浮出水面。我们必须区分：（a）因为射击成功而归功于弓箭手（诸如猎人）的信誉度；（b）归功于通过这样一次射击杀死猎物、为他家庭获取食物的信誉度。可能不存在绝对更好的可选手段，而且这次知道是非零成功概率的射击是可行的最佳选择。如果猎人的射击是由这种推理所驱使的，那么只要射击确实成功了，他就还是可以赢得实质性信誉。

一种相关的胜任力似乎要求一种更宽泛的成就（accomplishment）领域。迷信的猎人所拥有的胜任力局限于特殊的情况。如果他在类似的场景中再次尝试在神的帮助下射击，那么他的成功概率将接近零。因此，他没有相关旨趣的胜任力。

胜任力是一种特殊的倾向，类似于如下关于易碎性的简单倾向。假设 145
一个白蜡杯掉落在一个特定表面会粉碎，但这只是因为一个犹豫不决的恶魔在这个杯子掉落在表面时要摧毁它。这导致下面这个相关条件句成真：这个杯子在那种情况下会粉碎，但这并不意味着它就是易碎的。因为后一种情况是这样的，当相关的条件和情境进行有意思的结合之后，我们至少需要这个杯子会粉碎。这个决定性的恶魔在关键时刻出现使那个情境与这个杯子的易碎性无关。

7. 一个猎人所需要的相关完全胜任力就是能力之知。有时，这种能力之知包含用于杀死猎物的工具或手段的知识。胜任力能够由手段 M 将实现目的 E 的信念所构成，但当且仅当这个信念是真的、胜任的或确证的，即是一种知识。换言之，当能力之知本质上是由一个手段-目的信念构成时，这个信念必须是一个命题知识（knowledge-that）。

然而，这并不是说胜任力总是如此构成的。根据我的看法，事实并非如此。我们的大量胜任力当然是如此构成的，但不是全部。我们的大脑天生具有某种基础的胜任力，或者说具有在儿童早期发育过程中获得的胜任力。似乎没有特别具有说服力的理由坚持认为这些总是等同于能力之知，特别是如果能力之知不仅被理解成能力，而且被理解成某种隐晦的命题知识。

尽管我看不出有这样做的必要，但我们也能认识到一种不是由手段的命题性知识所构成的能力之知。因此，似乎对我来说，我能够正确地说“知道如何（know how to）弯曲我的食指”，即使没有手段的命题性知识我也能这样做（除了我只有通过做它才算作它的限制案例之外）。当我的食指因外力、瘫痪或麻木而无法动弹时，我并没有丧失这种知识。现在，我依旧知道如何做它，尽管我（暂时）做不到。然而，我做它的能力之知不是由任何实质性的手段-目的信念所构成的。根据这种方法，能力之知不需要由任何实质性的命题性知识所构成，因此我们可能依旧能够根据胜任力来分析命题性知识，并且把胜任力理解为能力之知，而不会陷入恶性的无穷回溯。但用这种方法来对付恶性回溯并不是微不足道的，因为首146 先我们需要思考这种胜任力，在一个描述的实践样式中，我们能够通过这种胜任力获得我们通过做 ø 而拥有 ø 的非实质性知识。（某个能够随意摇动其耳朵的人就拥有非实质性的知识，他能够通过做它而这样做，能够随意实现那种知识。这种摇耳朵的特别之处是什么？它是如何获得这种独特的知识的？他获得了一种适切信念，至少是一种功能性信念吗？这种展示其拥有那种能力之知的效果的胜任力是什么？）

所以，避免这种无穷回溯的最容易的方式就是把胜任力理解成一种特定类型的成功倾向。反过来，这种成功倾向应该被理解成一种由命题性知识构成的能力之知，由此，它超出了单纯的能力。⑫

E. 适切的手段-目的行动确实要求手段的知识吗？

1. 作为适切信念的知识观面临西蒙案例（the case of Simone）的挑战：西蒙是一名正在进行培训的飞行员，他很容易混淆真实的驾驶舱和模拟舱。在这个思想实验中，受训者被蒙着眼睛带入驾驶舱，随后才移除蒙眼布。让我们假设西蒙驾驶一架真实的飞机并精确地击中了目标。现在她确证地相信她的训练结束了，每天早上她都驾驶一架真实的飞机。然而，事实上，大多数时间她依旧在模拟舱中。在那种情况下，当她在空中发射导弹时，她的射击依旧不仅是精确的，而且是胜任的，甚至是适切的。

关于西蒙的身体射击和它们的适切性是如何被她所处的情境所威胁的胜任力，我们就谈到这里。她的理智射击、判断和信念又如何？她正在驾驶真实的飞机，并且认为自己击中了一个特定目标。假设这个信念是精确的和胜任的。它也能够是适切的吗？这就是说，它能够是一个其精确性展示了西蒙的认知胜任力的信念吗？尽管她的胜任力被模拟舱所威胁，它依旧是适切的吗？

---

⑫ 由此，我们或者否认这种胜任力是一种能力之知的胜任力，或者否认等同于这种胜任力的能力之知本身就是一种命题性知识。

2. 我们可以认为西蒙确实拥有一种知识，因为她确实拥有一种适切信念，一种超越“电眼门知识”（knowledge of an electric-eye door）的强健知识。 147

当西蒙在空中通过她的飞机击中目标时，回想一下她的射击。她的射击显然是成功的。她击毁了目标。而且，她的成功展示了她的胜任力，因此是适切的。

现在思考她的相关完全胜任力。这包括恰当地瞄准和扣动扳机的能力。她相信，如果她扣动扳机，那么她就会击中或很可能击中预期的目标。通过训练，这个信念已经是其射击胜任力的一部分。

通常，一种胜任力将包括一种构成性的如此这般的手段-目的信念，能够通过明确要求一种该行动主体可获得的足够可靠的手段来付诸行动，并导致预期的结果。现在，我们可以推理如下：

> 假设这个信念是虚假的。当这样做是虚假的时候，你不能适切地通过采取你相信将会导致那个结果的手段来适切地达到一个结果。
>
> 如果这个信念是真的但不胜任，那又怎样？假设它是一种没有充分证据而形成的信念，尽管它是一种要求证据的信念。一个不胜任的手段-目的信念很难帮助构成一种完全归功于该行动主体的胜任力，其胜任力的运用可能产生可归功于他的成功。这个行动主体的成功还是没有展示相关胜任力。
>
> 试想一下我们的行动在多大程度上是手段-目的行动，特别是如果我们在此不仅包括因果地有效的手段，而且包括任何“通过”关系的情况，即我们通过做某事而做某事。这种日常行动的适切表现所要求的胜任力通常包含适切的手段-目的信念。

3. 这种胜任力是由达到一个目标的能力之知构成的。构成这种胜任力的就是这种能力之知，但包含在其中的是产生那个结果的手段的知识。假设西蒙适切地击中她的目标，且在重要方面知道她的手段会产生她的目的。如果她确实知道通过扣动扳机会击中那个目标，然而，如果她确实知道她扣动了那个扳机，那么她就必须知道她将击中那个目标。这是某种她必须知道的东西，尽管她的信念看起来是那么“不安全”，因为她可能很容易就在模拟舱中，扣动扳机只会产生一次无效的射击。

148 当西蒙在空中适切地击中目标时，她似乎拥有关于她周遭以及她能够如何通过她的基础行动来影响它们的动物知识。对西蒙来说，为真的东西同样对所有动物为真，因此，这些动物的行为是可以通过手段-目的、信念-欲望心理学来说明的。正是通过关于我们的周遭的适切信念，我们获得了让我们成为有效的动物行动主体的能力之知。

这就是我认为我们都拥有的动物知识，即使在那些我们直觉地倾向于认为这个主体或多或少真的不知道的情况下也是如此。这个直觉也能被调和，但也许只能通过援引一种反思知识来调和，我们能够失去反思知识，但我们无须失去动物知识。

F. 反思知识

1. 一个信念就是动物知识，只要它是适切的，但它不是反思知识，因为它只有是元胜任的（meta-competent）才是反思知识。这给我们解决西蒙问题提供了希望。我们已经达到了如下结论，如果西蒙在空中适切地击中目标，那么她就必须知道通过扣动扳机会击中目标。否则，她击中目标的完全胜任力在那个时刻就是可疑的。但她如何可能知道她自己正在开一架真实的飞机，当她很容易在模拟舱中进行操作时更是如此。在那种情境中，很难知道她如何能够真的知道那么多。

现在，我们能够回应说，西蒙的知识是动物层次的，但有所不足。完好之知要求适切的信念，或完全适切的表征。因此，它不仅要求适切的表征，而且要求二阶适切把握（至少以适切的预设形式）、一阶适切表征是适切的。在其中，这个二阶态度的精确性必须展示相信者的二阶胜任力。

2. 下面，让我们稍稍改进一下我们的案例，使模拟舱包括一个看不见的屏幕，只是有时是透明的，允许西蒙看到外面的景象并射击真实的目标。通常这个屏幕只包含一部电影，影片与屏幕外面没有任何关系。当这个屏幕碰巧是透明的时候，西蒙在这时想知道她是不是安全地和胜任地形

成某个关于她通过屏幕*确实*看到的东西的知觉信念，这时情况又如何？现 149
在，即使这个屏幕很容易只是在放映一部电影，而她不能说出其中有什么差别，她能够肯定地正确回答吗？在那个有趣的时刻，她可能实际上看到了在她面前的景象，看到事物是如此这般，即使她很容易根本没有看到这些事物，而只看到一部电影的内容。

可信的是，西蒙能够（在那一刻）基于其适切的视觉经验胜任地断言，事物实际上就是如此这般地呈现在她面前。在正常的阳光下，这个场景是完全可见的，就像当她在某一个晴朗的早晨从窗户往外看一样。因此，所获得的知识当然能够帮助她构成其射击一个她所看到的目标的胜任力。然而，我们很难把她的断言归为真正可知的。现在，我们能够提供一种解释。

西蒙可信地拥有关于她面前的场景的一阶"动物"知识，就像她通过完全透明的屏幕所看到的一样。因此，她似乎正确地运用了其一阶视觉胜任力。他运用了（a）知觉胜任力通过她的视觉系统形成了视觉经验，在那个基础上，运用（b）概念性胜任力把适当的视觉经验汇聚在一起，并形成反过来成为基础的视觉判断。因此，这种动物知识帮助她构成射击她通过屏幕看到的目标的胜任力。然而，她在认知上丢失了某种重要的东西。因为，她不能适切地相信她所形成的判断是对她所看到的场景的把握。这是因为这个屏幕是随机可见的。当她开始进行判断时，她所看到的非常可能是一部影片，而不是真实的场景，而且她不能说出二者之间的区别。出于这个理由，她不能判断或预设——正是在那个时刻，她决定是否断言——她基于视觉的断言可能是足够正确的。她不能知道在那个时刻是否拥有或将拥有所要求的 SSS 胜任力。⑬

因此，试想一下她的如下判断：当屏幕碰巧是透明的而允许她看到外面确实是阳光灿烂时，她断定外面阳光灿烂。致力于正确地断言的单纯断言在一阶层面是可信地胜任的。这种一阶断言直接基于这个适切的视觉经 150
验和适切的视觉外观 p。根据这样来断言时，她是恰当地发挥功能的。因

⑬ 我们可以假设，在她做出判断的那个时刻，她的情境能够瞬间进行切换，从透明屏幕无缝地切换到电影屏幕。

此，这个断言确实是正确的，这样的行动也展示了一阶胜任力，使之做出一个正确的视觉断言。所以，这个断言不仅是胜任的，而且是适切的。然而，这个断言可能太易于不适切，因为这个屏幕可能很容易就是不透明的（当无缝地切换到与实在相去甚远的那一端时）。因此，在这个相关判断中，某种东西严重不对头，将在下面这个方面是有所不足的。

进行判断就是致力于适切地断言的断言。但当她认为她的断言是适切的断言时，我们的主体是错的。给定这个屏幕的随机行为，给定屏幕透明的概率与不透明的概率一样，如果她终究还是断言了那个问题，那么她就错误地认为她会适切地断言。只是通过运气，她在那一刻正确地断言了，具有以真为目标的相关一阶知觉断言。确实如此，她的断言 p 在那一刻是正确的，当这个屏幕碰巧是透明的时候（至少在那一刻是）。她的断言是正确的，甚至是适切的，如同她在一个阳光灿烂的早晨基于通过一扇打开的窗户获得的知觉断言一样适切。

它们为什么以那种方式是适切的？因为她碰巧满足了有趣的状况和情境要求，它们与她的视觉分类（visual sorting）的技能的结合赋予了她对她所看到的东西进行分类的胜任力，这种胜任力被清楚地展示在阳光下。

然而，西蒙通过随机的透明屏幕的知觉判断是不适切的，因为她的断言不是通过对条件的适切鉴别而导向适切的。因此，当她碰巧通过透明的屏幕看到她面前的场景并努力适切地断言那个场景时，她是适切地断言的，但她这个目标的实现不是适切的。因为该屏幕的随机性阻碍了她适切地相信她关于屏幕外面场景的断言是适切的，即如果她由此断言那个场景，那么她的断言就会是适切的。这个断言变得不真实，因为事实上屏幕很容易在那一刻不是透明的。该屏幕仅仅碰巧是透明的，所以她的断言将是适切的，但与此相容的是，这并不因此就意味着她的断言会是适切的。相反，它很容易是不适切的。

151 3. 沿着这条反思思路，我们需要区分作为判断的断言和不作为判断的断言。一个断言是一个判断，当且仅当它致力于可靠地断言并确实是适切的。它有可能只是求真的（alethic），致力于正确地断言，或者，它可能只拥有某种实用或非认知的目标。因此，游戏竞赛节目参赛者的猜测能够是致力于正确的求真断言，但它不是致力于适切地正确的判断性断言。

回想一下，我们的眼科检查案例表明动物知识不需要是信度的（credal）。假设我常年在眼科检查中无瑕疵地猜中字母的方向。由技术员所收集的几十年的统计数据表明这不是偶然的。当我进行猜测的时候，我**或多或少**能够知道那一行的字母。当然，我**试图**正确地回答。这就是为了恰当地通过这项检查并获得一份正确的眼科检查报告而假定要做的事情。所以，为什么说我是在猜呢？因为一个人能够通过致力于正确的断言进行猜测，就像一个人在游戏竞赛节目和眼科检查案例中所做的事情一样。那么，什么东西阻止了这个猜测成为一个判断？这个丢失的组成部分是什么？回想一下我的建议：在一个判断中，我必须以足够可靠的正确为目标，甚至以适切为目标。如果是这样，那么就存在一种根本不要求信念的（不管是不是判断性的）动物知识，因为它只要求猜测。[14] 因此，眼科检查案例中的主体所获得的知识是一种亚信度知识，由非信度断言和非判断或判断性信念所构成。

亚信度动物知识要求适切的断言，但判断要求更多。就判断而言，我们致力于比单纯正确更多的东西。我们不仅致力于成功，而且致力于足够可靠甚至适切的成功。要成功达到这个目标，就像我们断言一样，要求我们能够说出它会适切地正确，或至少足够可能会适切地正确。判断性的知道者必须拥有一个二阶把握——一个信念或预设，所以她的一阶断言会是适切的。再假设她面对随机变化的屏幕，当她断言的时候碰巧那个屏幕是透明的。在那种情况下，西蒙确实拥有亚信度动物知识，这种知识部分地构成了准确射击的胜任力。因为屏幕碰巧是透明的，所以当她与因透明屏 152
幕而成为可能的知觉胜任力一致地断言时，她的断言的确是正确的。但她缺乏判断性知识所要求的二阶胜任力。她缺乏所要求的判断的胜任力，即不是适切地断言的。这种被要求的胜任力使她能够适切地成功，不仅正确地断言，而且**适切地正确地**断言。

4. 因此，当我们否认甚至当屏幕在她形成一阶适切的知觉断言（或

---

⑭ 在我们的案例中，保持不变的是，猜测不是一种单纯的猜测。

表征）时她真的知道时，我们可以常识性地追踪的就是这些东西。那些断言（表征）没有通过该主体意识到它们会是适切的而导向适切。即使当屏幕碰巧是透明时它们是适切的，它们的适切的实现也不是适切的；它会被限制信誉的运气所破坏。

5. 然而，我们的两个西蒙案例之间存在一个差异。在地面上飞机里的西蒙确实拥有关于她面前场景的信度动物知识，尽管她很可能在模拟舱中。相反，当她面对透明的屏幕时，西蒙缺乏任何关于她面前场景的信度知识。

这两个西蒙案例之间的对立源自如下相对应的对立。当升空的时候，西蒙的知觉断言是以某种方式不安全的：因为她做出了她的知觉断言，所以她可能很容易弄错位置，因为她可能在一个模拟舱中。我们称之为向后-不安全性（backwards-unsafety）。尽管她的知觉断言是向后-不安全的，西蒙在空中的断言依旧以另一种方式是安全的：如果她问自己她的断言是否因此会是适切的，因为她沉思了一个知觉断言，那么她能够在这个断言中正确地回答。所以，她的断言是向前-安全的（forward-safe）。

如果空中的西蒙缺乏信度动物知识，那么这就不是屏幕-依赖的西蒙缺乏这种知识的理由。这不是因为她适切地断言她面前的场景是虚假的。如果空中的西蒙缺乏信度动物知识，那么毋宁说这是因为，即使她碰巧适切地断言，她还是适切地断言了。假定她很容易处于模拟的状态中，但这不是她能够知道的事情。

另外，西蒙要面对那个随机变化的屏幕。她在那一点上的知觉断言不
153 仅是向后-不安全的，而且是向前-不安全的。因为她在那一刻思考她的断言是否会是适切的，她不能正确地回答说是的，因为这个屏幕很容易从透明变成不透明。这符合我们否认当依赖随机变化的屏幕时西蒙甚至拥有信度动物知识的观点。

6. 给定那个结果，当那个屏幕碰巧是透明的时候，我们应该认为西蒙的成功射击指的是什么？在我看来，她确实适切地射中了目标，其成功展示了相关信誉所要求的射击胜任力。如果是这样，那么就没有一种信度能力之知要求适切地成功的、相对来说值得赞赏的意向行动。然而，我们至少保留了所要求的亚信度能力之知。甚至当她面对随机变化的屏幕时，

西蒙依旧拥有关于她面前场景的亚信度知识，只要这个屏幕碰巧是透明的，使其知觉断言成为可能。

7. 是的，那个案例至少保留了适切地成功的、相对来说值得赞赏的意向行动所要求的亚信度动物知识。所以，那个案例保留了那个普遍主张。但它真的是普遍真实的主张吗？我们将在第七章关注这个问题。

第七章　意向行动与判断

A. 盘存

154　1. 我们已经挖掘了知识与适切行动之间的一种关联，适切行动的成功展示了相关胜任力。我们已经注意到行动采取了一种手段-目的形式，人类行动通常都采取这种形式。完全的胜任力要求这样的行动是胜任的，而且其成功（即达到目标）展示了胜任力。这种胜任力似乎最初要求行动者有见识地（knowledgeably）相信相关的手段-目的命题。

经过进一步反思，这似乎是一种约束力太强的适切行动观，毕竟它们并不要求比一个好猜测（good guess）更多的东西，尤其是一个人必须在没有更好的认知理由而行动时。作为回应，我们可以把知识的水平降低到简单地认为手段-目的命题是真的，只要这个想法被足够胜任地保持，甚至胜任力的可靠性远低于50%。我们甚至不需要坚持这是知识。我们能够允许我们隐喻地把这种类似于猜测的思想称为“知识”。如果我们的兴趣与其说在于语义分析，不如说在于形而上学分析的话，那么这就并不能引起我们的关切。但我们已经看到，在英语中，认识到一种亚信度动物知识是再正常不过的事情，正如我们在完美的眼科检查案例中所看到的那样。

如果信度动物知识不要求胜任力的成功，那么亚信度动物知识也许就足够了？也许，这种最低限度的低层次知识是必需的？

155　2. 甚至许多半信半疑的行动依旧在某种程度上是适切的和可信任的，而无须任何被恰当地称为知识的东西充当手段-目的关联。甚至亚信度知识也不是必需的。

我们来看这样一个案例：在该案例中，我们只需通过假设一个特定的手段-目的命题是真的而进行随意的选择。我们可能需要基于那个假设而行动，不过只是作为一个在360个同等选项中的一个随意选择，但却是必须做出的一个选择。我们可能只是通过选择游向360个方向的一个方向来进行猜测，并且我们可能恰好游到了陆地。在某种程度上，这种行动是适切的。我们的猜测在最小意义上是胜任的。至少，我们不是在绕圈圈！所以，这似乎是一种选择可到达的陆地的正确方式，展示了某种程度的适切性。①

另外，我们甚至不需要积极的猜测。我们不需要积极地认为我们做出的选择是正确的，而且我们的选择将会是一种完成我们的目标的成功手段。相反，我们只能假设和希望这个被选项将会成功，并基于这个假设行动。在此，一个人的行动可能是成功的，甚至在某种程度上是适切的，尽管运气的成分表明了我们假设的随意性。再次，能够让这个行动达到某种程度的适切性的东西就是以某种方式展示（充分）胜任力的成功，即成为某种或多或少可归功于行动主体的成功。

3. 这可以让我们对适切行动是否要求最低限度的、动物层次的知识的探究下个结论。任意的假设不能构成任何种类的知识。② 与知识论相关联的适切行动比手段-目的知识所要求的更加精细。没有什么东西比随意的假设更必不可少，基于这种假设，我们愿意冒险行动。有时候，这种假设能够通过把一个人的目的与某些手段关联在一起来适切地达到，由此帮助构成一种更完全的胜任力，这种胜任力展示在这个目标的成功达到中。

因此，动物知识的一种价值不在于它对于适切的意向行动是必不可少

① 比较一个没有展示胜任力却幸运地击中了本垒打的投球手［不像独一无二的贝比·鲁斯（Babe Ruth）——贝比·鲁斯被喻为美国最伟大的职业棒球运动员之一。——译者注］。我们依然可以说，他的成功展示了某种（轻微）程度的胜任力，并例示了某种（与之相应的轻微）程度的适切性。

② 在此，我们应该把这个假设的“任意性”解释为，它阻止了能够让眼科检查案例中的主体的猜测构成一种亚信度知识的那种亚信度可靠性。

156 的，而在于它通常是成功达到目标的充分状态的构成部分。通过构建主体对相关手段-目的信息的领会，动物知识通常获得了这个地位，不管这个领会可能是多么得贫乏，不管是通过一个足够可靠但亚信度的思想即手段将产生欲求的目的，还是通过对那个结果的一种更实质性的判断。而且，这种“有见识的”成功比归因于虚拟运气的成功更全面地归功于行动主体。相关的信度动物知识带来了超出其亚信度相关事物的信誉。

4. 与此相容，我们赞成亚里士多德的人类繁荣观是一种成就人生(a life of accomplishment)。在某种程度上，灵魂活动是一种依据德性的活动；在某种限度上，它是一种依据“……最好、最完全的东西”的活动。由此，灵魂活动适当地避免了运气。

B. 什么是一个意向行动？一种初步解释

1. 现在，我们是否无意中发现了第一章中对意向行动的分析的一个问题？一个意向行动被认为是由行动主体的一个意向性的适切成功构成的，这种适切成功展示了这个行动主体对于具有这种意向的成功的胜任力。

关于成功登岸的游泳者，我们现在应该说些什么？他是意向性地登岸的吗？似乎是如此。至少，他确实致力于这样做。而且，他确实达到了目标。但他这样做是适切的吗？这个目标的达到展示了这样做的胜任力是足够可靠的吗？

非常确信并非如此。首先，这个游泳者只是随机地猜测 360 个方向中的一个，并且正如我们所看到的，这种猜测甚至不需要上升到陆地位于哪个方向的思想的层面，不管他对这个思想是多么犹豫不决。它只是一个任意的假设，因为尝试任何一个方向都有可能成功。

我们难道应该就此得出结论说，这个游泳者意向性地登岸但没有展示任何这样做的胜任力？这个成功看起来确实是一个运气问题，表面上反驳了作为适切意向的意向行动解释。

但远没有弄清楚的是，这个游泳者的成功确实没有展示一种登岸的特殊胜任力。毕竟，胜任力不需要不可错。它们可以只在某种程度上是可靠的，而且程度可以非常低。一个全垒打投手可能以筏夫为目标，运用一种在运动史上没有与之匹配的天赋。在此，可靠性依旧非常低，但至少这个 157
目标的达到无疑是意向性地值得赞赏的。③

如果游泳者要登陆的海岸非常遥远而难以跨越，那么成功就可能展示了杰出的胜任力。而且，他确实致力于安全登上海岸。这是他在游泳的时间段里始终保持的目标。

是的，杰出的胜任力是显而易见的。那么，给定游泳者的能力和能力之知，他的登岸胜任力是显而易见的吗？这就不是那么清楚了。然而，根据我们的解释，为了成为意向性的，成功必须展示这种特殊的胜任力。但为什么拒绝把在那些条件下的尝试的成功赋予游泳者的特殊胜任力？

比较一下这样一种情况，一个网球新手鲁莽地挥舞球拍接一个高速发球。他可以有许多种方式挥舞球拍，他的球拍可以从许多不同角度追踪许多弧线。当然，存在一种将产生一记获胜的回击球的强有力的挥拍方式。假设他碰巧以那种方式挥拍，并且确实以一记获胜的回击球得分。那么，他胜任地击出了一记获胜的回击球吗？

尽管不是一种非常高的胜任力，为什么不说他确实拥有一种这样做的胜任力？毕竟，他确实致力于击出一个必胜球，且他在表现中保证了胜任力的各种要素。他的眼睛是睁开的，他警觉而专注，他在正确的方向面对并挥拍，诸如此类。当然，他回击这个发球的完全胜任力是极低的；然而，他确实拥有某种程度的胜任力。而且，这种程度的胜任力被用于追求做出回击这一坚定的当前目标。他确实成功地这样做了，而且其拥有某种适切性的努力对于他的企图的成功是至关重要的。另外，看起来相当合理的是，这个目标是意向性地达到的，就像游泳者的目标那样。

2. 胜任力有程度之分，不同的程度反映了其在相关状况和情境条件下成功的概率。当处于相关的状况和情境时，一个人拥有的“胜任力”是与他成功的概率成正比的。

---

③ 但是请回忆一下，我的“意向性地”等同于“按照设计地”（by design），因此这个术语应该被限制在日常话语的范围内。

类比一下写作的“长度”。一本小说可以达到某种长度，但不必被认为是一本长篇小说。类似地，一个行动主体可以达到某种程度的（相关）胜任力，但不必被认为是一个（相关）**胜任的**行动主体。所以，我们必
158 须区分：(a) 在一个特定领域中展示某种程度（相关）胜任力的成功的达到（attainment）；(b) 在那个领域展示（某一时段内的）胜任力的成功的达到。(a) 类达到可能有资格被称为意向行动，为此，它们只需某种程度的适切性，因此，符合该行动主体所运用的相关胜任力的程度。只有具有 (b) 类达到，我们才确实在那个领域达到了（某一时段内的）适切成功。在这个意义上，一个领域将在正常情况下允许：(c) 某种程度上适切的达到，展示某种程度的相关胜任力；(d) 在那个领域内，（某一时段内的）适切的达到，且展示（某一时段内的）胜任力。

3. 前面的解释适用于登上安全海岸的游泳者、一杆进洞的高尔夫球手，也适用于下面这个具有说服力的案例：

> 一个囚犯被他的狱警告知，他的单人牢房在接下来的晚上整晚都不上锁，但这个狱警的证言只是一个残酷的玩笑。尽管如此，这个囚犯确实形成了这个信念，并且采取了行动，而且因为完全偶然的原因，门确实没锁，所以他越狱成功了。他的越狱是意向性的吗？是适切的吗？

很难否认这个囚犯是意向性地（故意）越狱。而且，他的越狱似乎足够合理地展示了某种程度的胜任力，当他躺在床上准备行动时，这种胜任力已经在他身上了。这种程度的胜任力似乎也被展示在其成功的越狱中，尽管运气在其中占了重要成分。毕竟，一种胜任力并不是不可错的。

无论如何，先让我们注意狱警与戴维森的侍者之间的尖锐对比。这个侍者打算惹恼他的老板，并且通过打翻一叠盘子达到这个意图。所以，他在厨房里安排了一叠很高的盘子，准备实施自己的计划。但在他付诸行动之前，他神经质的意图让他很紧张，使他一不小心撞倒了这叠盘子，惹恼了他的老板。在此，直觉告诉我们，这个侍者不是意向性地惹恼他的老板，即使他是意向性地这样做而导致了这个结果的产生。那么，这个案例与我们之前的那些案例到底有什么不同？难道这些案例不都告诉我们，行

动主体成功地实施了他们所意图的行为，并且是与计划相符的成功吗？这个侍者确实通过撞倒盘子惹恼了他的老板。那个网球新手也确实通过特定方式挥拍，高尔夫球手也成功了，而游泳者也通过游向一个特定方向成功登岸。所以，为什么我们的直觉如此强烈地告诉我们这个侍者既不是意向性地也不是适切地成功？

4. 我的建议如下。假设意向和适切行动都要求存在一个时空上排列 159
的基本行动集，使得行动主体（至少在实践中）采取它，通过这样做**部分地**达到目标。假设行动主体必须通过这组基本行动的所有动作作为其最小充分条件来达到目标。在此，我的意思是“行动的最小充分性”*。这就是说，尽管这个集合的每一个成员对于该集合的充分性是至关重要的，这个目标的达到也并不要求其他的基本行动。因此，就它是一个展示了行动主体的某种程度的特殊胜任力的成功而言，这个目标的达到构成了一种意向性成功，甚至或多或少是一种适切的成功。

此外，行动主体至少必须在心中有一个计划，而且至少是一个可测（determinable）计划。通过实施这个计划，他意图达到目标，使这个目标与这个计划是一致的。

这个最后的组成部分的合意性（desirability）可以通过高尔夫球手案例来鉴别。如果他确实一杆进洞，那么其中就必定存在运气成分。但一杆进洞的成功依旧源自这个高尔夫球手试图让球尽可能地接近球洞的计划的意向性的和适切的成功。这个高尔夫球手的可测计划可以被恰当地执行。但存在一个特殊情况，这个高尔夫球手的一杆进洞不能这么合理地等同于一种意向性的和适切的成功。假设这一杆球打偏了，打在一棵树上了，球弹飞入洞。这种方式达到成功在这个高尔夫球手的模糊计划的范围之外，只是一次意外；毋宁说，这种满足计划最终目标的方式与这个计划本身就是**冲突的**。意向性成功似乎要求行动主体达到其目标，并在这样做的过程中展示某种程度这样做的胜任力。但它也要求这

* “最小充分性”是一个统计学概念，其定义如下：一个充分的统计量是最小充分的，如果它能够被呈现为任一其他充分统计量的函数。直觉上说，一个最小充分统计量最有效地捕获某一参数的所有可能信息。——译者注

种达到不与计划相反，且这种胜任力展示必须是一种成功执行该计划的胜任力。

5. 最后，区分一个行动的意向性成功与**适切**成功是重要的。意向性成功要求行动展示某种程度的适切性，但**某一时段**的适切性要求在相关领域内适合于那类行动的**充分**可靠性。因此，**适切的**意向性成功不仅仅要求某种程度的适切性，即满足那个意向性成功的适切性。它要成为一个适切的意向性成功，这不仅要求某种程度的适切性，而且要求**足够**的适切性。

什么东西决定了一个意向行动在其表现领域内在某一时段是适切的？这随着领域的不同而不同。什么时候一个篮球运动员的投篮足够可靠到可
160 以被视为适切的？一个棒球手的挥棒情况又怎样？一个象棋大师的开局棋法呢？一个喜剧演员的危险玩笑呢？一个侦探追踪一条线索呢？一个科学家的探究路线呢？在每一种情况中，都必须做出具有适当风险的某些判断，我们可以根据这个表现者的技能、状况和情境来具体考量。

C. 两个进一步的问题

1. 再来思考一下高尔夫球手的一杆进洞。以他的条件，他击出一杆进洞的胜任力（或至少这样做的可靠性）必定是非常低的。但我们已经越过了这个表面问题。然而，这个高尔夫球手确实意向性地击出了一杆进洞。而且，如果在这样做时他确实没有展示胜任力，那么这就不必然是因为胜任力的展示太低了。我们已经看到，低可靠性不是意向性成功不能克服的阻碍。

然而，更成问题的是，高尔夫球手在正常情况下并不特别致力于一杆进洞。高尔夫球手并不需要设定这样的目标来达到成功，尽管这种成功是他意向性地达到的。因此，我们必须放松如下条件，即为了意向性地达到X，一个人必须特别致力于达到X。一个人必须致力于达到Y，因为某个Y与X是适当相关的。在高尔夫球手案例中，一个很可能的Y就是：尽可能地接近球洞（以击球入洞作为其极限状态）。当然，这并没有提供接近Y如何必须与X相关的一般解决方案。一个建议是：X必须是Y的一

个决定因素。一个更好的建议是：X 必须是 Y 的一个决定因素，使行动主体偏向 Y&X 超过 Y&～X，以这种方式他特别致力于如下更特殊的表达：Y，X 是可取的（preferable）。以这种方式，一个目标能够是一个复杂的、等级排序的目标。④

2．第二个问题。假设我经常与年幼的外孙一起玩象棋，并且能够看 161
到他的飞快进步，同时也能看到他的低自信和焦虑不安。因此，我继续玩使（如我完全预期到的）他赢的次数越来越多，他获得自信并享受这个游戏。假设我的主要意图是玩下一个游戏。我致力于输掉游戏，因为我自信地感到他现在无疑是一个更好的玩伴，即通过与他玩游戏，我很可能促进他获胜。但我想让这个游戏更真实和更公平，所以我追求获胜，但这就失去了主意向。如果我确实不致力于失败，那么我就不会玩游戏，因为他曾经害怕我可能会破坏他脆弱的自信，让他丧失做其他运动的勇气。

假设我赢得了游戏。我是意向性地要赢的吗？我确实是意向性地要赢的。而且，我通过胜任力的运用适切地达到了我的目标。如果我输了又怎样？我是意向性地输的吗？此外，我致力于输，并且如果我达到了这个目标，那么我也是胜任地这样做的。这不是一次虚假的输棋。这并不是我想要的。并非如此，这是一次真正的输棋，因为我真的试图赢棋。然而，我的主要目标是通过这样尝试来输棋。自相矛盾的是，一个人能够同时认真地以输棋和赢棋为目标。这如何可能？

如何可能？我们的案例告诉我们，一个目标是从属于另一个目标的。但是这种从属性是特殊的，而不是通常的。一个目标从属于另一目标的通

---

④　回想一下迷信的猎人在黑暗中射死一只兔子的案例。现在，我没有看到有什么好的方式来否认那个猎人与幸运的高尔夫球手和游泳者一样拥有信誉。最好承认这个猎人确实“意向性地”杀死了那只兔子，正如游泳者登岸和高尔夫球手击球入洞一样。在每一个案例中，重要的胜任力都被用于一个目标成功（aimed-for success）的结果。与此相容，归功于运气的成功在很大程度上是一个程度问题，归功于胜任力的成功同样如此。某种程度的因果信誉似乎无论如何都要归功于行动主体。至于后果性的信誉或无信誉应该达到什么程度似乎是一个语境问题，取决于相关行动领域之独特的相关实践。

常方式是，通过前者的手段实现后者的意向。我们的特殊方式是，通过主导（hosting）前者实现后者的意向。我们的特殊方式是，一个目标从属于另一个目标是通过一个人通过支持前者来达到后者的意向。因此，我不是通过赢棋来致力于输棋给我的外孙。毋宁说，我通过认真致力于赢棋来致力于输棋给我的外孙。问题依旧存在：如果我赢了，我是意向性地赢的吗？如果我输，我是意向性地输的吗？

我不确定要说什么。我自己倾向于做出区分和标记。也许我要说的东西是，输棋是我的主意向，赢棋是我的衍生意向。为什么是这样的？在此，主意向就是输棋的意向。这最深刻地解释了我的行为。但为了追求那个目标，我认真地致力于赢，因为我确实想要我的外孙真正赢棋，而不是虚假赢棋。然而，如果我意外赢了，那么我的赢棋依旧是意向性的，只不过这种意向性是衍生性的，因为我的主要意图是输棋而不是赢棋。

作为一种选择，我可能会说只有主意向能够使一个行为是意向性的。
162 但我在此没有看到比一个语言问题更多的东西。现在，相关现象的结构是一览无遗的，它依旧只适用于标签。确实如此，根据自然语言的标准，这并不是说标签不会被误用。但它也没有先天假定语言总是准备传递专用标签，这些标签恰当地区分了所要区分的东西。我感觉，这样的表达就是后者的一个例子。当我的主意向是输棋而赢棋的意向只是衍生性的时候，我是否意向性地赢棋真的是一个关键问题吗？

在本章的附录中，我会讨论什么是意向，这个问题值得我们关注，因为它位于我们关于意向行动的解释的核心位置。但现在我们继续这个解释。

D. 意向行动：进一步的发展

1. 下面让我们通过形而上学的“通过”关系更全面地挖掘意向行动的形而上学。

某人口袋里有十美分，可能是十个一分硬币，也可能是两个五分镍币，还可能是一个一角硬币。这些都表明某人口袋里有相同数目的钱。某人让灯亮起来，可以是激发一个感应器，也可以是打开一个开关。这些可选方式都能让灯亮起来。如果一个人激发了一个感应器，他可能是消极地这样做的，就像人跌落悬崖一样。作为一种选择，它可能是一种行为，一种属于某人自己的所作所为（doing），甚至也许是某人意向性地做的某种行为。相反，有可能是自己抬起右腿。当然，也可能是在医生的木槌敲击下的神经反应而抬起腿。

一个人抬起腿不仅仅是抬起了腿，它可能是某人强迫的结果，也可能是被外科医生截肢下来的腿抬起来了。这些抬腿方式与某人抬起腿之间似乎存在一个差别。后者也许是某人所做的行为，即使他是在医生的木槌敲击下不自主地抬起了腿。如果一个护士走在路上，某人踢了那个护士一脚；这是那个人确实做了的事情。如果一个人被从山顶推落时确实滚下了山坡，那么一个人当被木槌敲击时就以一种类似的方式确实抬起了他的腿。即使这些事情没有一个被恰当地认为是“一个人自己的所作所为”，他也确实做了这些事情。

相反，被截肢的腿抬起来，或被某人物理地提起来，或被风吹起来，与某人的行为并不相符，甚至也与某人消极地做的行为不相符。依旧，一个人确实在木槌的敲击下抬起了腿，而且他在睡觉时也非常有可 163
能消极地抬起腿。在最后这种情形中，一个行为是我们自身的行为［因此是一个“行为”（deed），让我们这么称呼它］，即使它不是被意向性地这样做的。

因此，存在某人的身体或其部分所做的事情——正如腿被迫抬起——而不是某人自己所做的事情。这条腿确实抬起来了，即使它是被外力强迫这样做的。存在消极地这样做的事情，不是意向性地做的行为，就像我们睡觉时移动我们的腿一样。

2. 胜任力不与上述任何行为结合，因为它要求意向，而意向则在那些案例中都是缺乏的。胜任力是一种成功达到我们可能在一个特定领域所拥有的某些目标的倾向。如果我们试图达到那些目标，那么胜任力就是一种达到它们的倾向。再啰唆一句，我会说，它是一种意向性地达到它们的倾向，即使这并不意味着目标的达到必须是有意识地（consciously）意向性的。

我们推进到了如下假设，即为了意向性地做某事，我们必须根据我们最决定性的相关计划来做这件事，并且从一个基本行动集合开始，终止于所追求的结果。这个结果的呈现必须不能与那个计划冲突，就像一个高尔夫球撞到了树弹进球洞而一杆进洞时那样。而且，这个计划的实施必须由一个时空地排列的基本行动的表现所组成，借此我们通过那个计划达到了目标。如果我们认为我们依旧能够影响结果，那么这个计划就可能因为行动时间的接近而获得特殊性，这就是基本行动能够是时空地排列的原因。

3. 因此，我们依赖基本行动概念。我把它理解为一个我们意向性地做的行为 D，不存在除了意向性地做 D 之外的其他行为 D’（或者，不存在这样一种致力于做 D 而意向性地做的行为 D’）。

下面要用到的一个重要观念是，一个目标 A 部分地是由我们做行为 D’来达到的。如上所述，这个目标可能是我们自身的一个行为 D。但其他目标也可能部分地是由我们自身的行为所达到的。

当一个人致力于做 D 时，存在一个行为 D’，通过这个行为，我们意向性地致力于做 D，在极限情况下，D = D’。而且，我们胜任地做了 D，
164 这是因为我们为了 D’而胜任地通过 D’做了 D；这是与如下可能性相容的：为了 D”（不同于 D’），通过做 D”来做 D。而且，我们可以通过做 D’而胜任地做 D，而不会通过做 D”而胜任地做 D。在那种情况下，如果我们总是试图通过做 D”来做 D，那么实际上当我们试图做 D 时，我们就不能胜任地成功。为了胜任地成功做 D，必定存在一个 D’，使当我们试图通过做 D’而做 D 时，我们足够可靠地成功。（或者，必定存在某个行动集 D’，使在试图做 D 时，行动主体足够可靠地挑选这个集合中的一个或另一个行动作为行动，通过做这个行动，行动主体试图做 D。）

举例来说，让 D = 在一个特定洗手盆里放一些水，D’ = 用右手打开右边的水龙头，D” = 用左手打开左边的水龙头。

然而，在正常情况下，我们必须协调我们自身的基本行动以便达到某个目标。我们的基本行动必须形成一个时空排列，使我们只有通过那个排列中的成员的结合才能达到目标，这个排列足以达到那个目标。在此，这个目标是通过从事相关排列中的行为的结合才充分地达到的。所以，我们有：

> A 是通过集合（排列）X 充分地达到的，当且仅当 X 是行为 D 的最大集合，通过它之中的每一个行为部分地达到 A。⑤
>
> A 是一个个体 I 的个体成就（individual attainment），当且仅当 A 是通过集合 X 充分地达到的，所有行为是 I 的行为。

因此，我们可以首先通过右手打开右边的水龙头注满洗手盆，然后用左手打开左边的水龙头。如果没有其他基本行动是那个集合的行动充分性所要求的，那么快速注满洗手盆就是一个个体自身的个体成就。

E. 知识论中的意向行动

下面我们把对行动的解释运用于知识论这个特例。 165

1. 根据我们的解释，一个判断 p 是一个致力于适切地断言是否 p 的断言 p。在正常情况下，断言是一个基本行动，或者至少是一个在我们自己心中对我们自己的私人断言。因此，如果认知行动主体适切地正确把握那个主题，那么他们就能通过断言 p 达到适切断言。而且，如果判断不仅达到成功，而且适切地达到成功，那么行动主体就必须不仅达到真，而且他们的断言通过断言 p 是适切的。这意味着，为了判断是适切的，其中包含的求真断言就必须是完全适切的。这种断言必定是在达到真的目标中达到适切的，这种适切性也必须是适切地达到的。

正如我们通过案例所看到的，有人可能对一个特定问题进行适切的断言，而不用如此完全适切地这样做。他们的断言可以适切地达到真，而不

---

⑤ A 是一个集体成就（collective attainment），当且仅当 X 是一个集合，使 A 充分地通过集合 X 达到，并且 X 至少存在两个不同的行动主体所从事的两个行为。因此，A 是群体 G 的一个集体成就，当且仅当 G 是所有行动主体的集合，使其中的每一个成员至少在做 X 中的一个行为。

因为一个结果可能在能动性上是多因素决定的（overdetermined），所以在此更多的区分是相关的，但这个原初的概述将遗漏对这些区分的完全展示。而且，为了分析集体行动，我们现在可以在这里使用这些观念，这些观念可能包含在空间和时间中广泛散布的行动主体。这些行动主体各自的基础行为对于充分的排列组合来说是至关重要的，而正是凭借这些排列组合，相关的结果才产生出来。在此，我们不继续深入探讨这种社会问题。为简便起见，我们主要关注单一行动主体，尽管他的相关基础活动可能在时空中广泛传播。

用适切地达到适切性。后者是断言的完全适切性所要求的，也是与之相关的判断的适切性所要求的。因为一个判断是一个致力于适切地回答相应的是否问题的断言，所以一个判断本身不是适切的，如果它仅仅作为一个判断达到成功。假定它的一个构成性目标，一个判断将保持适切性，仅当适切性（而不仅仅是求真断言）是适切地达到的。

当一个判断成功时，它是一个意向行动。这是一个意向性的适切断言。但意向行动只要求那个行动的构成性目标通过某种程度的胜任力达到。这种程度不需要高于认知胜任力所要求的可靠性的临界值。所以，那个断言的适切正确性本身不需要是适切地达到的。为了适切地达到这种适切性，我们需要一种二阶胜任力来足够可靠地达到它。（然而，适切性能够意向性地达到，而无须足够可靠地达到。）

> 因此，一个适切判断限制了我们对一个适切的意向行动的解释。(a) 意向性地正确回答(一个特定的是否问题）的行动具有一个适切的积极断言；(b) 适切地成功的行动本身是适切地实行的，使其成功展示了认知行动主体的部分相关胜任力。

166 因此，我们可以得出结论说，一个判断是一个适切地断言的意向行动，这种适切断言可能本身是适切地达到的。一个判断是适切的，当且仅当其本质上包含了完全适切的断言。

2. 最后，判断是一类特别简单的适切的意向行动。

> 在一个“简单”的意向行动中，行动主体在 t 时刻部分地通过实施一个基础行动 B 来致力于实施一个行为 D。

因此，根据我们的解释，正确的求真断言和正确的判断都是简单的意向行动。但它们以下面这种方式有所不同。

在一个正确的求真断言中，行动主体通过致力于正确地断言而进行断言。(所以，一个求真断言不能完全被实用目的所驱使。它至少必须拥有正确回答所断言的内容的最小认知目标。）因此，如果行动主体确实正确回答了他们的断言，那么我们就拥有如下结构：行动主体在 t 时刻部分地通过断言 p 正确地断言 p。如果行动主体在 t 时刻的断言 p 是一个基础行动，那么他们的求真断言就是在意向上正确的断言，因此有资格被称为简单的意向行动。

在一个*判断*中，行动主体通过致力于适切地断言而进行断言。如果行动主体确实达到那个目标，那么我们就拥有如下结构：行动主体在 t 时刻部分地通过断言 p 来适切地断言 p。再次，因为 t 时刻断言 p 是一个基础行动，所以行动主体的断言是在意向上适切的断言，并且构成了在意向上成功的判断。因为判断是一个由致力于适切地断言的断言这一基础行动所构成的结构，并且因为它在这个目标上的成功是通过那个断言的基础行动达到的，所以判断也是简单的意向行动。

附录：什么是意向

我们可能认为意向是达到一个既定目标的合成偏好（resultant favoring），至少伴随一个这样做的最小计划。在这个计划中，这种偏好将指导我们通过计划来努力。在正常情况下，初始计划因其逐渐逼近目标所预期的时间而获得特殊性。这个建议只强调了这样一个计划是打算（intending）的必要条件，而不是充分条件，因为完全的计划可能是没有被采纳的合成偏好。

现在思考在执行一个计划中的意向与手段-目的行动之间的关系： 167

> 致力于达到 E 的行动 X 包含了一个实现 E 的意向，也就是说，它包含了通过执行一个这样做的特定计划来实现 E 的合成偏好，这个计划包括我们正在做的行动 X。

这种合成偏好（选择的合成吸引力）可能是无意识的，因此可能在意动（conative）领域拥有的一种立场，类似于认知领域的信度立场（断言的合成吸引力）。这些并不必然吸引去自由选择或自由断言。某些最强的吸引力可能是不可抗拒的，尤其是当它们源自一种强有力的意识经验或欲望时。某些吸引力可能是被不可抗拒地绑定在一起，尤其是在我们成瘾的时候。

无论如何，某些选择是自由地决定的，就像某些判断或断言行为一样。一个合成偏好可能或可能不够强烈到构成做出一个有意识的选择的倾向。而且，这个合成偏好可能被某种结合力与某个结果绑定在一起，并且可能被迫做出选择。但如果那种结合力是绑定的理由，那么这个选择就依旧是自由的，这是一种判断也能享有的自由。

这些有意识的选择拥有类似于构成有意识的信念的有意识的判断的优势。首先，要进入有意识的推理，当其表现在集体审议的过程中时，它们能够帮助协调集体行动。对一个社会物种来说，这样一个优势是相当重要的，甚至是本质性的。

我们的合成偏好，包含那些决定有意识的选择或这样选择的倾向的那些偏好，是一个更大的偏好集合中的一个子集。这个更大的集合包括所有与可断言的祈愿句相一致的合成偏好，这些祈愿句拥有“宁愿 p!”（would that p!）的形式。这些祈愿句的命题性内容可以涉及其他人的行动，而不只是涉及主体自身的行动。所以，为什么我们在此要关注我们特殊的合成偏好？为什么我们特别关注基于以特定方式行动的偏好的选择或选择的倾向？因为我们对亚里士多德式的行动感兴趣，我们感兴趣于它如何能够帮助构成个体的或社会的繁荣。这种行动是目标导向的，追求一个包含意向的目标。

第八章　人类知识的社会根源

社会因素至少以两种方式影响知识论。它们不仅与一种重要类型的信 168
念有关，而且与一种相应类型的认知胜任力有关。这涉及知识所拥有的一种价值，也涉及实用论如何能够正当地入侵知识论。让我们从后一个问题开始。

A．实用论入侵

实用论入侵的风险

什么类型的因素与对一个弓箭手-猎人的狩猎的评估有关？这包括那次射击对整个狩猎相关的目标的贡献如何，比如说，一个美好午后的狩猎。它能够做出贡献的一种方式就是，成功地、适切地射击一个高价值的目标，并且杀死那个猎物。这种适切性并不要求这次射击是元适切的。一次射击能够适切地杀死猎物，展示弓箭手的技能，即使它是一次太冒险的射击，暴露了贫乏的判断。因此，一次适切的射击能够不是元适切的。在元层次上我们追问，这次冒险是不是恰当的，它可能包含什么？当把这些实践目标划归为猎人滥用精力、时间和资源对于其个人及其部落有多重要的问题时，我们如何理解一种管控和评价风险的方式？

假设成功的狩猎是狩猎领域的首要目标，在这个批判评价中，其相应
的主要价值对那个领域来说是恰当的。当然，确实如此，但构成“成功” 169
即**狩猎**成功的东西是什么？按照现在这个样子，这个目标是正常的且必须获得那次特殊狩猎的特殊内容。这个狩猎团体（小至一个人）的大小和性质是什么？它捕获的是哪类猎物？它是一次运动事件还是为了获取生存

所需的食物？然而，就当前的目的来说，我们抽掉所有这些细节，只关注正式的目标。因此，对这个猎人的恰当风险的评估可信地依赖他的射击及其成功概率是如何与他可能采取的其他射击结合在一起的，并且依赖这个狩猎团体的其他成员可能采取的射击，也依赖很可能对一次成功的狩猎有贡献的最终风格。① 因此，这种评价需要超越单一的概率评估，需要那次射击所包含风格的评估。如果单独考虑一次概率太低的射击，那么这次射击就依旧是元适切的，只要它恰当地归属于一种整体风格，这种风格就依旧可能足以导致一次成功的狩猎。(即使一次成功的狩猎所包含的东西并不清晰和明确，尤其是如果他只是一个狩猎团体的一分子，情况可能依然如此。因此，每个猎人都可能以一次成功的狩猎为目标，这种成功的狩猎可能包括个体猎人或猎人团体的狩猎。)

其他不同领域的情况同样如此。以一个正在进行激烈比赛的网球冠军为例。结合其在某一关键点上的所有可能性，他打出一记非常糟糕的二发，但却成功越过对手。当然，在某种维度上说，这是一次卓越的发球：一记归功于该冠军技能的成功的 ACE 球。比如，他的发球有 15% 的概率成功，而一个努力发出一记非旋转球的黑客却只有几乎为零的概率成功。然而，这记发球可能是极端贫乏的网球判断。在关键节点上，他应该不会冒这种风险，不会根据网球-相关的赢得比赛的目的而做出这种判断。

在此，某些东西是没有助益的：该冠军注意到他的女友进入了场地，所以想要表现给她看。这记发球确实令她印象深刻，但这个事实并不能使它成为更好的发球。另一记发球更为恰当：一个高得分率的旋转球打高了，尽管打到了对手防守比较弱的反手区域。这是一记更恰当的发球，即使它最终越出底线，没有得分。

170 这并不是说该冠军的糟糕二发是不恰当的。尽管它的得分率很低，它也可能是恰当的。这取决于一件事情，即它是否符合整场比赛的打球风

① 在一个特定语境下，我们必须在如何设定这个与狩猎相关的恰当终极目标问题上是灵活的，例如，好的狩猎是否与一个下午有关，或与一个几天长的狩猎旅行有关。不管怎样，这个目标是特殊领域的；一般而言，它不会随一个主体或共同体可能拥有的全部目标而变化。

格。(例如，它可能挫败对手或让对手退后一点接球。)

某些类似的东西对弓箭手来说同样真实。在一次狩猎中，射箭胜任力所要求的平均可靠性将取决于与一次成功的狩猎相容的射中/射失差值(hit/miss differentials)。但是，通过展示一种不是完全可靠的胜任力，一次射击仍然能够是适切的，甚至在这种胜任力的可靠性非常低时也是如此，只要它是足够可靠的。真正重要的是，这次射击及其个体的可靠性如何符合某种更宽泛的风格，这种风格与该行动主体的过去和未来的自我以及其他行动主体相协调。

下面我们将从一般的表现规范性转向更为具体的德性知识论。

通过断定和信念规范的实用论入侵

当我们被告知知识是一种断定规范时，这能够被理解为提倡**恰当**断定的一个必要条件，即知识。② 这种属性到底是什么？大概，它包含社会认知规范。这些规范可能（或可能不）来自人类风俗。它们可能不是通过风俗设定的，而且是通过一个共享信息的社会物种的需要设定的规范集合。抛开这种规范的精确来源、内容和本质不谈，我只讨论它们存在的合理性。

在不继续讨论认知规范的来源和客观性之后，我们依旧想知道：什么样的事物决定了它们的正确性？为了论证的需要，让我们假设在某种重要的意义上，知识是一种断定规范，即如果一个人（不管是公开地还是私 171

② 那么，这可以作为一种解释我们发现某些摩尔－悖论主张是多么讨厌的方式而得到辩护，这些主张包括“p 但我不知道 p”、“p 但我不相信它”或“p 但我不确证地相信它”等等。什么使得知识这个规范不同于真、信念或确证的信念等规范呢？大概，不同之处在于，知识是能够解释其他规范的最一般的规范。是的，真、信念或确证的信念也是规范，据此，一个人在缺乏任何真、信念或确证的信念时进行断定是不正确的，但这很可能是因为缺乏这些东西的人也缺乏知识。所以，知识统一了这类相关的规范。然而，如果这是论证，那么一个人所知道的知识更有可能成为断定规范的候选者。这是因为存在几个摩尔－悖论主张，它们不能由知识规范所覆盖，而只能由一个人所知道的知识规范（knowledge-that-one-knows norm）所覆盖，特别是如下主张：“p 但我怀疑我是否确证地认为我知道它”。但这些问题对我们当前的关切来说是次要的。

人地）断言他并不知道的东西，那么他就是有所不足的。这种断言能够是一种思想行为或言语行为。判断是一种特殊的断言性的思想行为。③ 因此，知识是一种判断规范。当然，这与知识是适切的信念或其正确性展示了（充分的）胜任力而不仅仅是运气的信念的观点相容。因此，结论就是，适切性是一种信念规范。毫不为奇，这符合我们的图景。如果一个信念不能通过胜任力变得正确，那么它无疑是有所不足的。如果它不能通过胜任力保证其目标，那么它就以任何具有一个目标的表现的方式有所不足。因此，知识是一种信念规范，这是如下事实的一个特例，即适切性（展示胜任力的成功）是一种表现规范。④

然而，这种胜任力要求什么？在一个特定领域内，核心的认知胜任力是一种辨别真假的倾向性能力。这是不可错的吗？当然不是，那样的话就要求太多了。可靠的？好吧，是的，而且是足够可靠的。那么，标准是什么？认知上足够可靠性是多大程度的可靠？

然而，要求对临界值的一种精确说明真的恰当吗？难道这种要求不是像坚决要求一个足以构成确证的精确临界值或一个足以构成信念的信任（confidence）的精确临界值一样不恰当吗？我们满足于假设存在这样的确证或信念的临界值（或模糊区域）。我们为什么不能拓展对认知胜任力的可靠性的假定临界值？难道我们不能仅仅假设存在这样一种临界值，既然我们不能更为精确地说明它？

有道理。但我们可能依旧想知道认知确证和认知胜任力的尺度（dimension）（不管这些尺度是不同的还是最终相同的），想知道信任的尺度。

---

③ 这是为了说明目的而不得不采取的权宜之计：在适当的时候，我们将发现更详尽地区分相信的状态和判断的断定行为的理由。

④ 这提供了一种对断定的知识规范的理解，这种理解与威廉姆森的《知识及其限度》（Oxford University Press，2000）中所确立的理解不同。特别参看该书第十一章“断定”：其中，知识规则被理解为构成性地统摄断定，以类似于象棋规则构成性地统摄棋子的方式。我们的解释依据是判断和断定的构成是行动，不过这个构成是目的论的，而不是规范性的。对我们来说，判断不是服从某些规范的构成性断言。对我们来说，判断是具有某些目标（即真与适切性）的构成性断言（因此具有目的论构成）。

这三者都是数值（magnitudes），每一个都合理地包含一个临界值。我们 172
依旧想知道这样一个临界值是如何被设定的。哪些考量决定了它？特别是，认知临界值不随主体和归因者（attributor）的实践情境的变化而变化吗？

多大程度的可靠性才称得上足够可靠？这种变化取决于这个主体背负多大的实践风险吗？对于归因者又如何？以事实 p 为例，早先我们区分了：（a）对那个事实（或宣称知道它）一个恰当的公开断定所要求的可靠度；（b）主体刚好知道它所要求的可靠度，不管他是否宣称这样做了；（c）刚好胜任地相信 p 所要求的可靠度，在这样相信时展示了一种足够可靠的胜任力。这些可靠度可能是一致的，甚至当其原初基础来自记忆时，它们都由我们能够恰当地保持以待后续恢复的东西所决定。如果我们把支票是否会退回或我们是否会赶不上在另一个城市召开的会议等实践关切抛开不谈，什么东西决定了一种胜任力是否在认知上是**足够**可靠的？

一旦我们把实践关切放在一边，我们如何能够评估失败（假信念）的风险？这种关切依旧是认知的或理论的。使用一个笼统的标签，让我们称它们为“（纯粹）认知的”。⑤ 它们的独特性是什么？它们大概包含真及其可靠获得。一种胜任力是认知的，当且仅当它是特定领域内分辨真假的一种能力、一种倾向。但不可错性则要求太多，这会再次触发一个持久的问题：多大程度的可靠性才称得上“足够的”？这是某种随主体变化的东西或随归因者变化，或随二者变化的东西吗？

在对一个信念的**认知**评估中，当我们引入关于身体安全、退回支票或准时到达的重要性等外在于认知的关切时，我们是不恰当的吗？这种不恰当就像我们为了让一个刚刚进场的朋友印象深刻而击出的发球一样不恰当。似乎存在决定网球比赛中的恰当风险的领域内部（domain-internal）标准。这同样适用于狩猎以及其他许多人类表现领域。不可否认，这些都反对精确规定。它们大概关涉成功如何在领域内部被评估。这种成功的领

---

⑤　在一种更完全的解释中，我们可能需要排除审慎和道德关切之外的其他关切，诸如审美关切。我暂时把它放在一边不讨论，并为了简单起见，将任何其他关切都纳入“实践关切或实用关切”的范畴。

173 域内部标准帮助规定“足够可靠性”的领域内部标准。对一场狩猎来说，我们有成功的狩猎；对网球来说，我们有胜利的比赛。一个特殊的表现是否在各自领域内是恰当的，取决于那个表现打算在多大程度上恰当地对足以达到领域内部成功的活动风格做出贡献，诸如狩猎或比赛。⑥

作为人类、作为共同体中的成员、作为我们物种的成员，我们至关重要地和多方面地依赖信息的获得与分享。认知上成功的生活是一件很难用一般术语定义的事情，认知上成功的共同体或物种的历史同样如此。假定可能性和权衡对于主体和/或其群体的构成与情境是恰当的，它似乎是一个集体获得和保持关于周遭世界图景的问题，这幅图景能够在一个可接受的范围内进行某种程度的预测、控制和理解。⑦ 在此，确实包含非认知因素。可接受的范围取决于生活和共同体的需要，取决于参与者的构成和情境所允许的可能成功的范围。

认知胜任力类似于网球胜任力和狩猎胜任力。后者的能力或倾向通过它们与网球和狩猎的恰当目标的关系来达到它们作为胜任力的地位。一场网球比赛或一次狩猎是否足够可靠，取决于其实践在一场比赛或一次狩猎期间能否充分地促成相关目标。这是与许多具体实践的失败相容的。并且，恰当表现的评估也必须考量在一场比赛或一次狩猎期间那个主体或团体把那个特殊表现与一种成功的风格多么有效地结合在一起。

胜任力和可靠性

在我们的两个对比案例（狩猎案例和网球比赛案例）中，一种不可
174 靠的能力依旧能够足够可靠地构成一种胜任力。虽然其可靠性低，但这种能力能够被展示在猎人的杀戮或冠军的制胜球的成功中，使之成为适切的表现。但认知领域似乎完全不同，或者至少初看起来似乎如此。

---

⑥ 在模拟的情境下，我们也需要允许表现有一种衍生性的恰当性，正如当一个设备在不恰当的情境中被检验时一样。通过相似的灵活性，我们也能评价一个并非比赛组成部分的实践发球有多好；其品质大概与对手在一场比赛中处理它的难度有关。

⑦ 这是一种基础层次的成功，类似于弓箭手射中目标；或者更直接相关的是，类似于一个信念击中真之靶标（the mark of truth）。

一种推测性的假设，如一个侦探、爱人或气象学家骨子里所感受到的东西是正确的，能够基于一种相当强的（considerable）能力，这种能力的可靠性不会低于50%。因此，基于这样一个基础的断言类似于猎人-弓箭手的远距离射击或网球冠军的爆发性发球。只要这个猎人-弓箭手或网球冠军的整场狩猎或比赛是成功的，它们似乎就被恰当地评价为是适切的。假设远距离射击确实杀死了猎物和低得分率的击发球的确成功了，再假设这些表现是一种风格的一部分，这种风格足够可靠地预测了整场狩猎或比赛的成功。于是，那次特殊的狩猎射击和那次特殊的击发球各自都被评价为适切的与元适切的，因为这种表现的成功展示了那个表现者的特殊领域的胜任力，并且即使失败的风险对于那个孤立表现来说非常高，那个表现者承担了适当的风险（也许这被视为一个相关整体风格的一部分）。

然而，知识领域似乎有所不同。以基于一种辨别真的能力但低可靠性的骨子里的信念（belief-in one's bones）为例。无疑，这种信念将不会被认为是知识；我们不会认为这个相信者通过运用足够可靠的认知胜任力切中了真。如果那种能力非常缺乏可靠性，如果它的成功概率低于15%，那么它就不会被承认拥有知识水平（knowledge-level）的认知胜任力的身份。表面上看，这种能力的产物既不是知识，也不是足够可靠的适切信念。

为什么一个击球手15%的胜任力被认为是出类拔萃的，就像一个投篮手40%的三分球得分率是出类拔萃的一样，但同样水平的认知能力却被认为不够标准、不足以提供知识？确实如此，那些竞技类的得分率在整个人类，甚至在运动员中的相关分布上处于顶端。然而，假设侦探、爱人或气象学家进行正确推理的能力在相关分布上也处于顶端。他们的这三种能力在这个高风险的推测性思想中一样好，而且都远超众人。然而，这不会使他们的相关胜任力足够可靠地提供关于真的知识。即使我们并不总是要求高于50%的认知可靠性，15%的可靠性也还是太低，达不到知识的 175
标准。不可靠的推测的正确性不能展示足以构成知识的胜任力。

以一个展示低真可靠性的倾向的思想为例。为什么这样一个思想被认为是不够可靠的？这能够通过我们是一个信息分享的物种的成员并且处于更特殊的认知共同体中来解释吗？为什么适切的信念和判断要求比击球与投篮更可靠的胜任力？我的建议是，至少部分的答案在于认知胜任力不仅与实现相信者关于事物的好的图景相关，而且与报告（informing）他人，由此扩大共享信息之池相关。被报告的高风险猜测确实无法通过被客观地认可的真之适切实现（apt attainment）的检验，这些真是留待以后使用的，而且是通过公开断定可传递给他人的。

为什么不呢？为什么我们报告他人的需要拥有如此重要的解释性结果，远远超过我们自己认识事物的需要？为什么知识论的社会维度可能引入了一个高于其他领域（在这些领域中，展示了低可靠性的胜任力的表现也被认为是适切的）正常水平的可靠性要求？下面我将逐步回答这些问题。

适切性 vs. 可靠的适切性

以万福玛利亚投球（Hail-Mary Shot）（即在篮球比赛最后几秒钟内投进的决胜球）为例。这种投篮通过运动员的适切表现而准确命中篮圈得分，即使这种远距离投篮的成功概率非常低。一个社会实体，包括一支篮球队，以及这个运动员的表现被评价为是整支队伍的表现的一部分。然而，他的不可靠投篮胜任力（通过异乎寻常的投篮）可能依旧展示在达到某种程度适切性的表现之中，即使从那个距离来看，他得分的概率非常低，可能低于10%。毕竟，运动员的平均得分率可能恰好低于这个百分率。⑧ 即使他的相关胜任力根本不卓越，它也确实包含某种技能。他至少
176 投篮的方向是正确的。此外，没有其他可供选择的方式获得更大的成功概率，因为比赛临近结束，也没有时间传给队友。因此，篮球这种包含了团队的社会维度并不会阻碍一个表现可能达到一种令人印象深刻的适切度，同时展示了非常不可靠的胜任力。为什么不允许类似的信念适切度建立在不可靠的胜任力之上？

下面建议如下这种区分：

> **或多或少适切的思想**，其正确性展示了相信者的某种程度的胜任

---

⑧ 一个好的棒球手每一投掷或挥棒的成功率（与击球率相比）也是很低的。

> 力，而且是在此时此地的情境之下。
>
> （**在一个时段内**）**足够可靠的适切思想**，位于一个信息共享的共同体中人类繁荣的需要所设定的可靠胜任力的临界值之上。

假定这种区分，我们可能会允许一个思想能够达到某种程度的适切性，但又不是知识。因此，自信的福尔摩斯或爱因斯坦的博识的假设能够等同于或多或少适切的思想（断言的思想），但又不是知识。它们以某种方式成为或多或少适切的断言，其正确性确实展示了远高于其所处环境的平均水平线以上的胜任力。然而，它们不是足够可靠的适切断言。它们在能够成为真正知识之前需要被证实——在某些情况下通过更平庸和更可靠的方式。只有通过这样的证实，它们才能最终达到足够可靠的适切信念。因此，只有如此，它们才能（在一个时段内）是真正适切的。

进一步关注这如何可能帮助解释要求规范的（norm-requiring）断定的胜任力（或认知确证）的立场。存在一种源自强加于人类共同体成员的默认的可靠性要求的断定规范。被恰当地断定的东西只是展示了足够可靠的胜任力。这种规范的立场反过来来自恰当地分享信息（有助于通过相互依赖促进人类繁荣）的要求。所以，如果分析应该恰当地有助于这种繁荣，那么这种规范的立场的解释就来自可靠性的要求。⑨

一个更好的解决方案：恰当地理解判断性信念

一个早先使用过的案例在此是相关的，因此再次引用一下： 177

> 做检查时，我被告知要读取视力表中的字母。在某一点上我开始失去信心我所读取的字母的方向是正确的，但是我继续读取，直至技术员告诉我停止，然后记录结果。在那一点上，多数情况我都非常不确定我读取的是“E”还是“F”，或者是“P”而不是“F”，等等。然而，假定结果是，在我不确定的地方，我事实上每次都是对的（我不知道这一点）。在那一点上，我事实上是在“猜”。我确实做了

⑨　在此，相关的分享是关于当下的人际间的证言，也包括不同时期的之前的自我与后来的自我的记忆性分享。

> 断定，对我自己、对技术员，并且我确实致力于让这种断定成真。那毕竟是这个检查所要求的：我试图正确地回答。我能够确定地保证我展示了一种胜任力，只是我没有认识到它是足够可靠的。当我在检查中继续断定的时候，后者就是我诉诸猜测的理由。然而，不为我所知的是，我的断定结果出人意料地可靠。那么，我应该如何评估我的表现？在此，我是矛盾的。正如我令人印象深刻的可靠性所表明的那样，我或多或少确实知道我所看到的字母。但我也可以说我确实不知道。怎么解释这一点？完全合理的是，缺失的是我对于我的“猜测”是足够可靠的评估。

所以，我们能够做出一个涉及一阶行动或态度的区分，这种行动或态度包含在这个字母是不是“E”（或者“F”）的问题中。甚至当我们的自信消退成关于这个字母确实是“E”的断言或断言的意愿（willingness）时，我们依旧保留这种行动或态度。在此，在这个断言或断言的意愿中，我们依旧致力于正确地回答这个问题。我们不再表现或持有的行动或态度就是断言或断言的意愿，致力于足够可靠地（实际是适切地）使之正确。

相应地，我们能够区分两类断言。致力于足够可靠地（实际是适切地）使之正确的断言，在一个确定的问题上就是判断——让我们这样称呼它。努力断言使之正确，相反，不足够可靠地努力断言使之正确，这就只是猜测。（你依旧能够以其他方式猜测，例如通过单纯的假设或假定致力于使之正确，实际上却又达不到断言的程度。）当然，一个判断或猜测事实上都能够使之正确，而且如果它确实使之正确，那么这个判断或猜测就可能或可能不是足够可靠地使之正确的。[10]因此，它们任何一个都能等
178 同于适切的理智表现，一种以某种方式展示表现者的胜任力的表现。

在此，我们愿意归属的知识要求成熟的（full-fledged）判断，而不仅仅是猜测。与此相容，我们能够允许一种低级的“知识”，不管是隐喻意义上的还是字面意义上的，这种知识只要求适切的猜测，不要求适切的判断。而且，适切的判断要求表现者实现其目标，而且以展示“足够的”

⑩ 然而，只要实现，猜测的成功就可能足够可靠地实现。

相关胜任力的方式实现目标。与之相应，要真正（在判断的意义上）知道，我们就必须致力于断言，适切地使之正确地（足够可靠地）断言，并且我们必须以展示其相关胜任力的方式实现那个目标。因为眼科检查案例中的猜测者甚至没有做出判断，所以他不能判断地知道。[11]

入侵与不变主义：什么是“足够的”可靠性

因此，适切是通过胜任力的成功，而胜任力必须足够可靠。这导致了我们完全知道的事物与我们足够知道践行它们的事物之间的区分。毕竟，我们可能知道某种东西，即使在一种特殊语境中，例如在要求专家意见的地方，我们确实没有足以付诸行动地知道它。想一下原子反应堆、法庭或外科手术室语境中所包含的风险。如何更具体地理解这种变化？

我们可能试图说，在一种高风险情境中，足够好地知道就是拥有一个足够可靠的适切信念。如果我们使用早先的公式，那么我们就不得不说，随着危险的上升，只要他的胜任力没有提升，该主体的知识就会变弱甚至消失。

然而，更合理的是，不存在这种知识的完全丧失；改变的只是这个主体是否在新语境和高风险中足够好地知道，他是否足够好地知道，使他能够恰当地依赖信念作为实践推理的前提。这个临界值确实提升了：当风险上升时，足以决定某些不重要的东西的可靠性不需要是足够的。（我在本章的附录中将进一步推进这个观点。）

下面的案例可能有助于让知识标准保持稳定、不随风险的变化而变化 179
变得合理：

> 假设 H 处于高风险情境中并有好证据支持相信 p，但没有好到足以赋予他知识 p。L 也拥有好证据支持他相信 p，但没有 H 的证据好；然而，L 的证据足以赋予 L 知识 p，因为在他的语境中，风险比较低。假设 H 和 L 都以正常的方式存储了他们的信念。几个星期后，他们都相信基于他们惊人的记忆力相信相同的东西，现在当他们睡着后，

---

⑪ 尽管我们聚焦于判断性信念及其构成性目标，但功能性信念也是以足够可靠地使之正确为目标的，以至于判断和判断性信念之间存在功能性关联。这种关联只要求功能性目标，而不要求意向性的、有意识的努力。

> 移除了任何高风险情境。现在，即使 L 的证据基础比 H 的弱，而且在获得各自信念时没有超出不同风险的其他相关差异，难道我们应该说 L 知道但 H 不知道吗？

尽管这是一个偏向不变主义的有说服力的理由，我们在此也还是发现我们自己是冲突的。[12] 如果我们依旧在主体-敏感性和变化主义中寻找仅剩的合理性，那么我们就需要重新思考如何最好地容纳让这些东西变得合理的任何东西。

我的建议是，“人类知识”在获得时与风险并不相关，在评价时也与之不相关。我们在一个时段内“知道”的东西是一个我们相信什么以及那个信念的存储的足够可靠的适切性的问题。这种存储所要求的可靠性是与我们作为信息共享的社会物种的成员的信念和断定相关的可靠性。足够可靠地断定你并不相信的东西会使人类共同体受挫，因为我们不大可能追踪人们之信念的证据病原学（evidential etiology）。所以，我们需要某种大家认同的尺度来评估穿插于主体之间的证言和穿插于过去的我们与当前的我们之间的**记忆**的权重。

那么，根据当前的建议，一个人“知道 p”，当且仅当他足够可靠地根据存储信念适切地相信 p，甚至在忘记了其获得的原初基础的时候也是如此。没有一种单纯的猜测是足够好地被存储的，以便甚至在其原初凭证消失的情况下依旧保持不变；只有知识适合这种存储。

180 而且，这与如下事实相容，你为了存储而足够好地知道的东西可能不是你为了在高风险时为行动提供恰当的实践基础而足够好地知道的东西。所以，当风险很高的时候，即使你并不足够好地知道如何将某种东西付诸实践，你也可能“竭尽全力地”知道它。

另一方面是适切的万福玛利亚投球或我们所想象的福尔摩斯或爱因

---

⑫ 难道实用论入侵的支持者不能简单地否定关于记忆知识的保守主义？确实，实用论入侵的支持者似乎已经隐含地否定保守主义，但从表面上看，这不是那种观点的一个特征，而是一个直觉问题。要完全解决这个冲突，我们当然需要思考一个反保守主义的独立论证，但我自己不知道任何这种有说服力但又不反对恰当地被构造的保守主义的独立论证。

斯坦的信念之中的理智相关因素。即使你的断言思想不是竭尽全力的知识，它也可能是适切的。它可能依旧值得尊敬地通过胜任力而变得正确，具有一种对推测思想或黑暗中的思维来说足够好的胜任力。你的思想可能依旧有所不足，简单来说，它对存储来说可能不够可靠，与此相应，对人类知识来说不够可靠。

B. 知识与判断

信念及其与判断的关系

之前，我们区分了两种信念：其一，位于一种特定信任临界值之上的自信；其二，断言判断及其相应倾向。这后一种“断言性的”变种就是作为一种求真断言的倾向的信念，致力于正确、足够可靠和实际上适切地回答相关问题。这种断言是一个开/关（on/off）的判断行为，这种行为发生在主体的心里。因此，否定就是否认的断言，悬搁就是肯定和否定的意向性不作为（intentional omission），这种不作为或是临时性的（当一个人权衡或沉思时），或是结论性的。

然而，为什么我们应该认为存在这种孤注一掷（all or nothing）的断言思想行为？当且仅当我们能够理解这种行为，相关的行为才能根据它来解释。（因此，p 的否定就是断言非 p，悬搁是否 p 问题就是对 p 的断言的意向性不作为。）那么，我们应该如何理解假定的私人的心理断言行为？我们应该如何更全面和明确地理解这种假定的行为？为什么我们应该允许存在或可能存在任何这样的行为？

不可否认，当然存在公开言说如此这般的开/关行为，这种行为是通过运用自然语言进行的。通过这样的言说，我们能够努力实现大量目标中 181
的一个或另一个，包括实用目标，区别于无关利害的（disinterested）报告意向（intention to inform）。幸运的是，经常存在单纯的报告意向——报告或不误传——作为人类交往中的主导性目标。假定我们策略性自欺的能力，一个适用于公开断定的类似区分似乎也适用于判断和信念。我们虽然容易受到认知上不相干的实用因素的影响，但依旧存在这样一种无关利害的信念，这种信念单纯地受到了使之正确、正确地相信的目标的影响。

试想一下恰当断定对于一个信息共享的社会物种的重要性。一个新闻评论员或一个教师的断定具有证言的属性，即使他们只说出了他们自身的信念。[13] 如果说话者在这种认知机构中不起任何作用，没有新闻评论员或教师这种角色，那么他们的断言就只有在表达他们自身信念时在认知上是恰当的。否则，就显得相当不真诚。但在此表达的是哪类信念？是拥有足够自信的信度，还是判断，一种正确地、真实地、足够可靠地和适切地断言目标的断言行为或断言倾向？

假设这种判断是最直接决定恰当的、真诚的公开断言的东西。一个说话者关于他确实不是在这个意义上判断为真的东西的断言包含了一种认知上不恰当的冲突：他愿意公开说的东西与他对自己说的东西之间发生了冲突。为了避免这种不恰当，这个说话者公开断言的东西必须与他对自己内心断言的东西一致。否则，这种话语就要么有瑕疵，要么缺乏真诚。认知上完全恰当的断言要求避免任何这种瑕疵或缺失。它必须在无瑕疵的话语中表达说话者（在行动或倾向上）想说的东西。仅当说话者真诚而没有语言瑕疵地说出他想说的东西，这个说话者说的东西才具有认知属性。[14]

存在一种根据信度临界值的解释，与我们根据判断的解释相对立吗？
182 根据这种对手解释，通过真诚和避免瑕疵的断定所要求的东西是位于特定自信临界值之上的信度的恰当表达。但什么东西设定了那个临界值？它是主体在致力于正确回答时自愿向自己断言的东西吗？可能是这样，但为什么是私人限制？为什么是对主体向自己断言的东西的限制？当一个人面对一个问题并致力于正确地回答时，为什么不把信念理解为一种公开地断定的倾向？好吧，首先，彻底“沉默无言的”人不能持有任何信念。其次，我们根据私人断言的回答不受如下事实影响，即认知不相干的实用因素可能轻易影响一个人愿意在公开场合说的东西。最后，我们的信念解释将最

---

⑬ 正如詹妮弗·拉琪（Jennifer Lackey）在《学自语词》（Learning from Words. Oxford：Oxford University Press，2008）及更早的论文中所澄清的那样。

⑭ 在把这些语言瑕疵算作认知瑕疵时，我假设在证言交往中可以这么算。假设某人在纸上写出一个证明时弄错了一个符号，而这个证明打算用于通过探究决定信念。在我看来，这算作一个认知瑕疵。当然，相较而言，认知瑕疵是多种多样的。

平顺地对主体的有意识的推理产生影响，因为主体在实践权衡或理论沉思中援用了前提，这些前提都能发生在他自身的思想中。

一个信念什么时候充分可靠地构成知识

思考一段清理掉实用因素的思想或言语。你感知到 p，保存下这个信念，当后来你碰到一个相关问题，你的回答与那个存储信念一致。下面思考促使你保存原始信念的理由，不管是知觉理由还是其他理由，这些原始信念在你由以形成它们的记忆消退很久之后被保留下来。在那个点之后，你所通达的基础将被还原成依旧支持你继续如此相信的东西，沿着你能够恰当地归属给你的相关记忆的可靠性，通常只是你依旧相信的事实。

尽管获得了这样一种具有高自信度的信念，这种自信可能依旧随着这样相信的原初基础的感觉的逐渐消退而消退。事实上，这后一种自信将不与原初自信及其基础匹配，反而与对那个信念主题的当前可靠性的共时自信匹配。什么是适合一个信念保存的可靠度？这种可靠度能够关键性地不同于后来所要求的可靠度，取决于那个信念是在主体私下的有意识的推理中，还是在他的公开断言中。一个人后来确证地私下作为前提或公开断定的东西当然将取决于在手的问题和在这样作为前提或断定的修正中他自己或他的共同体所冒的风险。但我们的问题要抽掉这种特殊语境，在这些 183
语境中，超出了正常的信息传递或依靠一个前提所冒的风险。实际上，我们的问题甚至在一个人睡觉或无意识时都是适用的。在那种情况下，一个人依旧存储了大量信念。什么东西决定了一个信念是否被具有认知属性地存储下来？

这种存储信念的用处或认知用处是什么？大体来说，当我们依旧忘记它们原初被保存下来的基础时，它们依旧具有这种用处。然而，我们确实想要我们的信念具有超越某种最低限度的可靠性。当它们相关时，我们想要在任何随后的时间点上能够恰当地诉诸它们。所以，当一个信念的存储基础赋予了它至少那种最低限度的可靠性时，我们被允许存储一个信念。而且，当我们确实达到那个水平（在某种程度上是可能的），又没有过度负荷我们的记忆银行时，我们就想潜在地存储有用的信念。现在，我们考虑主体及其不确定的未来，在这种未来中，他也许能够发现他的存储信念是有用的。即使对一个脱离集体的独断主体来说，如果他要存储一个具有认知属性的信念，那么就要求某种水平的可靠性。我们可能想要他的存储信念有这样一种水平，以便我们能够在不确定的未来信任那些存储信念。

在一个特殊情境中，实用因素能够发生剧烈的变化，而且一个信念所要求的那种可靠度（值得*作为一个行动基础*来信任）取决于那种情境中的风险（stakes）。思考一下风险异常高且可靠性处于溢价状态的异常情境。这些必须区别于具有正常风险的日常情境。司空见惯的日常情境中的正常问题要求一个合理的可靠度。这就是日常人类知识所要求的可靠度。随着风险的上升，我们需要知识位于这种日常认知品质之上。现在，我们需要确定的（或更确定的）知识。一旦我们在一个语境中要求额外的信任理由，我们就不能仅仅从记忆存储中抽掉一个信念，然后仅仅在那个基础上相信它。这些特殊理由可能采取两种形式。它们可能是一阶理由，同时作为我们的高风险问题的一个特定回答，或者当我们思考问题而处于一个情境中时，它们可能是相信我们在这种主题上特别可靠的特殊理由。

我们说，这些语境要求异乎高的信任理由。但这种“信任”是什么？
184 我们如何在一个高风险的情境中展示我们的信任？我们愿意通过肯定地判断（甚至在我们自身的思想中对我们自身进行判断）的东西来展示它吗？如果是这样，那么这些风险就确实影响了我们所知道的东西，因为它们影响了我们贴切地相信的东西。它们影响我们如何愿意肯定地思考，影响我们愿意向我们自己断言的东西。并且，这会影响我们在判断或断言性信念的意义上所相信的东西。

然而，还有一个有吸引力的替代选项。我们可能否定实践的风险的单纯增强会影响我们向自己断言的意愿，或影响我们如何判断的意愿。这种否定的理由是什么？首先，风险可能不会影响我们向自己断言的意愿的东西，在这个断言中，我们只是致力于正确地回答那个问题。甚至我们不愿意私下猜测的东西被那种方式影响了。

甚至更合理的是，我们可能否定实践的风险的单纯增强会影响我们在致力于正确地、足够可靠地（位于我们的社会认知规范所设定的临界值之上），因此适切地断言时愿意断言的东西。这是因为，在正常风险的日常语境中，社会认知规范与我们为了后续调取和分享而能够恰当地存储的判断性信念相关。因此，在那个时刻所碰到的风险是与我们判断的意愿相关的，如果判断被定义为为了正常的风险致力于足够可靠地断言的断言。

我们可能反驳说，风险的提升所影响的东西就是我们在一个给定的基础上愿意如何选择。因此，我们可能感到足够自信而进行判断，甚至公开地断言冰是结实的，足以承载我们的重量，与此同时，如果水太冷且我们因为生命安全或甚至仅仅为了我们自己的舒适而恐惧，我们就依然犹豫是否要站上去。根据这种观点，我们依然愿意认为，甚至说，冰是足够结实的，同时考虑到这太不确定而不能确证相关的行动。而且，我们的判断甚至可能构成日常的、共识性的知识，即使这种知识相对来说不是那么“可行动的”（actionable）。

因此，这种思考与一个人的过去的自我到当下的自我的记忆渠道有关，类似地，它适用于从主体到另一个人的证言渠道。当我们采信某个人对他自己说的语词时，我们经常能够相信它具有相应的认知属性，并且能够在此基础上进行实践推理。因此，当我们与自己对话时，我们能够反过来进行断定。当这发生时，作证者通常表露他的存储信念，这个信念被足够可靠地存储和保留，并且该说话者胜任地与他的听者交流。

然而，一个人总能信任一个说话者的个人意见（say-so），使这样获 185
得的知识变得可付诸行动。它取决于具体的问题和情境，以及其中的风险。随着风险的提升，相应的要求也随之增加到说话者身上，决定他们在这个特殊情境中值得我们付出多大的信任，他们的证言能否产生相关的可付诸行动的知识。正常的人类反应是接受证言是真的，即使没有关于该说话者的凭证的特殊知识。

与记忆运行无碍相比，信念也是如此，即使主体原初基础的感觉已经消退和消失。这就是我们大量信念的运作方式。给定人类的局限，必定是这样。对人类来说，总是随着信念来源的感觉的消逝而放弃信念或拒绝没有良好凭证的所有证言在认知上是灾难性的。我们生来就保存信念，即使它们的原初基础的感觉以及曾经拥有的可靠性已经消逝。我们生来信任证言，只要我们没有不信的特殊理由。

一个进一步的有趣问题涉及一个信念最初获得时附带的自信度。那个信念被存储和保留，被存储和保留的东西到底是什么？是具有其原初自信度的信度吗？不是如此，也不应如此，至少绝大多数情况不是如此。一个高的自信度只能与对那个信念足够优良的基础的被保留的觉知一道才是可保留的。然而，由于恶性回溯，后者必定是一种伪保留（pseudo-retention）。毋宁说，“保留”的是一种相关但新的信念，具有某种自信度，即一个人的共时性的一阶信念恰当地基于某个可靠的基础。恰当地保留具有相应自信度的一阶信念要求来自我-现在（I-now）的视角的足够自信的认可。至少，当一个信念被挑战的时候，就要求这种认可，即使缺乏特殊理由或回想的机会，它依旧被默认地保留下来。

从你的共时的我-现在的视角，你认可那个一阶信念的能力的任何下降都与你保留你的高自信度的认知权利的削减关联。现在，被保留的信念只是被当作一个曾经获得的信念。只有通过一个人共时的我-现在的视角，他现在才能以一种相应的自信度认可它。信任的自信度会随主体支持
186 那个信度的能力的下降而消退，最终下降到维持该主体的一阶信念所要求的自信度之下。但那个自信度是什么？似乎可能的是，它是恰当的共时断言所要求的自信度。

那么，在这种断言的正常语境下，这个自信度在认知上要求什么？至少，向自己断言所要求的是什么？这种自信度与向一个对话者的恰当的共时断言所要求的自信度是一样的吗？如果说者和听者彼此知道其他人知道其中的风险是很大的，那么公开断言就可以变得非常令人误解，这个事实让上述观点变得不可信。在这样一种情况下，信度断言很可能不仅传递了真的基础，而且传递了足以让我们的知识成为可适当地存储行动的真的基础。

思考一下单个地指导自己的需要，同时顾及一个人的认知和记忆限度。也思考一下协作地指导我们自己的需要，同时恰当顾及那些相同的限度。因此，存储我们的指导信念要求某种可靠性的临界值，使我们持续断言的倾向将满足最低限度的可靠度。这要求主体没有过分扭曲的记忆能力。当信念在一个正常背景下被从存储信念中调取出来时，我们必须防止一种把可靠性下降到所要求的最低限度的记忆。

在正常背景下，我们需要一个信念和向自己或他人断言的存储倾向的存储器：在正常的人类推理或交往背景下。假定人类的存储能力是有限

的，那么我们就不能总是或甚至经常存储我们的信念最初是如何获得的觉知，也不能保留它们持续的基础的连续觉知。而且，与我们的认知合作最相关的是断定行为——正常情况下坦率的断定。这就是命题作为实践或理论推理的前提的机制。而且，恰当的合作要求真诚，向自己“真诚”和向对话者真诚。

总之，在我们的日常生活中，被信任的认知传递中存在一种最低水平的可靠性。这包括许多在一个技术文明社会中被使用的仪器。我们并不要求不可错性，否则，就几乎没有什么东西能够被信任。但我们确实要求一种高水平的可靠性。我们自身就是我们的主要信息源。这不仅包括我们的人类伙伴，而且包括我们自己的过去。如果没有不信的特殊理由，那么这样一个来源传递了一个命题这个事实就是相信那个命题的一个好理由。没有对邻居或自身的记忆的证言的默认信任，我们就会在认知上极度萎缩， 187
甚至下降到漂流的鲁滨孙的水平之下，后者在任何事情上都只能依靠他自己的记忆。确实，很难想象任何人都能在这种认知极度萎缩的状况下生活。

与此相应，我们需要在最低限度的自信水平上拥有某种共识，不管是自然的共识还是约定俗成（允许随后依赖记忆的可靠性的不可避免的衰减）。我承认，这是一种与日常人类知识并列的水平，这种水平是恰当断定所要求的，以及恰当地支持的共时判断所要求的（没有不信的特殊理由）。

这完全与当风险提升时被提高的信任要求相容。这完全与当风险提升时我们对任何相关仪器的信任的要求的提高一致。日常的仪器可能对核电站、外科手术或一级方程式赛车来说是不合格的。在这些特殊语境中，我们的信任要求更高的可靠性。在这些特殊语境中使用一个日常仪器的人可能依旧知道他的仪器所传递的东西，即使他不应该在那种场合由他所知道的东西来指导行动。他不仅需要这种日常的知识，而且需要确定的知识，或更确定的知识。他可能拥有马马虎虎还行的知识（knowledge all right），但缺乏可行动的知识。

交往与知识的价值

我们集体认知生活的一个关键组成部分就是真诚的断言行为，这种断言或是采取真诚的对自我的私人断言形式，或是采取真诚的对他人的公开断言形式，它们都致力于认知正确、真实地断言。

在此，有两个批判领域是重要的。首先是认知交往领域。交往行为在各个方面都服从认知评估。它们可从宽容、简洁和可闻度（audibility）或易辨性（legibility）（甚至可读性）等角度来评估。我们经常致力于沟通信息，在说者与听者之间传递信息。因此，被断言的东西越来越为他人所获得，也许可在他们自身的推理中使用，并且只要风险适当，就可作为他
188 们的合理行动的基础。交往行为的各种特征与交往目标相关。交往行为服从涉及信息的恰当传递的变化的评估。在这些方面，它们都能更好或更坏。这个事实为知识价值研究提供了借鉴，下面我们会论及。

我们注意到如下这个事实，即能以各种方式评估有意的交往行为，例如，从宽容的角度看或从可闻度的角度看，等等。这并不要求交往行为必须拥有某种客观的最终价值。甚至不成功的交往行为也需要拥有这种价值。我可能在日记中写下美丽的草书“今天早餐吃鸡蛋”，或者我可以向全世界推送这条信息。因此，我的行为能够从各个交往方面被评估，例如，易辨性、拼写、语法，等等。这个行为无疑能比另一个行为更好。但这个行为并不要求存在某种独特的、客观的**交往价值**，这些价值构成了一个独特类型的最终价值，甚至不要求表面的价值，或任一程度的价值。

当然，一般而言这对于批判领域都是真的。没有独特的最终的射箭价值或下棋价值，即使射箭表现和下棋表现能够被评估为作为各自种类的表现是更好的或更坏的。可做出的回应是，射箭和下棋与信念之间存在一个关键区别。射箭和下棋只是人类发明的娱乐领域。信念领域完全不是这样。信念领域及更宽泛的认知领域是人类不可避免的，而且对于个体成功和集体成功都是至关重要的。我们参与这个领域对于我们的个体生活和社会繁荣都是至关重要的。

然而，对比一下言谈领域。一场言谈中的表述当然是可评估的。某些表述在各个方面都比其他表述更好。这些评价方面的绝大多数并不要求任何后果主义的理解，根据这种理解，可能存在某种独特的交往的最终价值，成功的交往表述需要拥有某种最终价值。没有这样一种独特的言谈最终价值，也没有一种独特的射箭或下棋最终价值。任何这种交往最终价值

也没有因为交往不是人类可选择的（不像射箭或下棋）这个事实而变得
更合理。确实，没有交往就没有人类。事实上，对我们这样的社会物种来
说，交往似乎并不比知识的重要性低。然而，我们能够依旧评估人类交往
行为而不用承认任何独特的交往最终价值。所以，我们应该类似地思考信 189
念的认知评估是否要求任何独特的最终信念或认知价值。

为什么不像下面这样想呢？人类交往对于人类繁荣是重要的，对于个人和集体的繁荣也都是如此。这并不要求存在任何独特的最终交往价值。它只要求交往是充盈的人类繁荣方式的充分重要的组成部分，当然，人类繁荣方式可以有许多不同的形式。很难想象一个不包含交往的繁荣人生，交往至少在人生的某些阶段以某些重要方式被包含其中。而且，能够促进繁荣的交往不仅是工具意义上的，而且是构成意义上的，就像交往在人类关系中的位置所表明的那样。完全没有交往的人类社会是不可能繁荣的。但从这个角度看，这不意味着任何一个单一的交往行为需要自身拥有任何独特的最终价值，或任何最终价值。它更不意味着任何成功的交往行为必须拥有这种最终价值。

正是如此，人类知识与交往至少对人类繁荣是同等重要的，对于个体人生繁荣和集体繁荣都是如此。但这更不会要求任何独特的最终认知价值，就像交往的重要性不要求任何独特的最终交往价值。它最多只要求充盈的人类繁荣方式的一个重要组成部分，这种繁荣可以采取各种不同的方式。我们发现很难想象繁荣的人类生活或社会不以某种重要方式包含交往。类似地，很难想象一种繁荣的人类生活或社会完全剥夺知识。各种类型的知识当然是个体人生和集体人类繁荣的一个组成部分。

但人类繁荣确实以所建议的方式要求知识吗？我们遭遇了美诺问题及
其变种。知识比单纯主观地胜任的信念更好吗？为什么知识比单纯真信念
更好？好吧，请做如下比较：为什么拥有良好基础的幸福或愉悦比被一个
恶魔控制的经验机器（experience machine）中的主体的单纯主观的快乐更
好？这样一个享乐主义的受害者的人生不会比黑客帝国的居民的幻想人生
更繁荣，黑客帝国的居民本身包含了更多的幻想或虚假的快乐。当然，主
观的性格是足够真实的，但其内容是虚幻的。经验机器和黑客帝国框架的 190
受害者拥有主观的享乐，也是足够真实的，但他们的人生是令人可怕地匮

乏的，正如当不得不做出选择时，我们全心全意的偏好所揭示的那样。在人类生活中，真实比虚假好，胜任比不胜任好，然而更好的是完全的人类繁荣所要求的东西，而这与各种形式的虚幻人生是不相容的。

附录：可行动的知识

如果一个人知道 Øing 是他现在做得最好的事情（出于其相关的选项），那么不这样做他就是在错误地行动。假如一个人也知道存在非零的客观概率表明 Øing 并不是最好的，并且确实存在非零的客观概率表明 Øing 是极坏的，那会怎样？假如与一个人所知道的东西进行对比发现 Øing 只能保证极小的净价值，那会怎样？假设一个人知道 Øing 是最好的，Øing 当然就是最好的，而事实上那些可怕的后果将不会随 Øing 的发生而发生。然而，通过不从事 Øing 来进行对冲（hedge one's bets）也许对某人来说是适当的。当这种风险被认定是相对于其相关基础证据的时候，就要考虑一个人从事 Øing 所冒的巨大风险。

例如，假设一个人知道他的彩票不会中奖，甚至都不会去看彩票结果。那么，这时他把彩票用1 美分卖掉（这至少意味着超过相关选项获得了净收益）是恰当的吗？但假设一个人知道，如果彩票事实上中奖了却被他卖掉了，他那脾气暴躁的伴侣会暴怒，情况会怎样？或者假设一个人知道或确证地相信上帝会永恒诅咒那些干坏事的人？一个人不顾发生这些不幸后果的客观概率（相对于其基本证据）而行动是恰当的吗？假设一个人根据他所知道的最好情况行动，不管其积极的净价值可能是多么微不足道。这是恰当的吗？当然不恰当。

因此，这促使我更进一步来看如下论证：

(1) 我的彩票不会中奖。

(2) 如果它不会中奖，那么它就是无价值的。

191 (3) 如果它是无价值的，那么对我来说，就最好把它卖掉，哪怕只卖1 美分。

(4) 对我来说，最好把它卖掉，哪怕只卖1 美分。

这个论证可能被认为是糟糕的。它之所以是糟糕的，是因为行为主体并不知道第一个前提。毕竟，在这样的实践推理中，只有他知道的东西才能被恰当地用作前提。所以，这就是该论证糟糕的地方。它的第一个前提不能被恰当地用于足够好的推理。

由此，我们有了一个理由反对一个彩票命题。然而，实践三段论继续如下论证：

(5) 如果对我来说，最好把它卖掉，哪怕只卖1美分，那么我就应该这样卖掉我的彩票。

(6) 我应该1美分卖掉彩票。

假设这个实践三段论的进一步结论是我应该1美分卖掉我的彩票。

现在，这个论证可能遭受上述一系列质疑。对一个人来说，能否恰当地根据实践三段论来推理，甚至据此行动？这个问题似乎取决于他所处理的其他信息，包括卖掉彩票可能引发的灾难性后果的相关客观概率。所以，一个人能够驳斥完全的实践推理，而不用质疑前提（1）是否被知道。那个前提可能可知，也可能不可知。这个论证似乎并没有影响这个问题。

第九章　认知能动性

192 这一章将讨论认知能动性及其种类，还有它与规范性、自由、理由、胜任力和怀疑论的关系。

A. 两种能动性和认知规范性

1. 我们的生活包含三类状态或事件：(a) 痛苦（例如，痛或痒）或单纯的行为（诸如反射动作）；(b) 功能（在功能上可评价的状态）；(c) 努力（具有一个自由决定的目标）。(b) 和 (c) 是两类表现。这个三分法有实践的和伦理的一面，也有理论的和知识论的一面。在此，我们专注于后者。

努力居于自由之地。① 努力能够且经常源自自由决定的选择和判断。限定我们的努力领域的自由可能是尖锐的、自由的和基本的，或者它可能是一个程度问题，相容主义的和衍生性的。在此，我们抛开整个形而上学问题不谈。

这个领域包含痛苦和单纯的行为，其中的行动主体是相对消极的。如
193 果你掉下悬崖，不管你移动得有多快，你总是在被动地坠落，并且你在落地那一刻砸到了一只兔子，你也只是消极地杀死了它。如果一个护士刚好

① 我们或者可能选择一个更宽泛的“努力”概念。据此，即使只是单纯功能性的目标和目的论都包含达到那个目标的“努力”，正如心脏有规律地以促进血液循环为目标。相反，我们的“努力”是意向性的，并伴随着组成更宽泛类型的目标的功能。本章不局限于讨论（构成性的）意向性努力，也讨论自由的努力，同时开放地看到有些意向性努力是不自由的可能性。

路过一个正在反射踢腿的病人，那么一个医生的木槌就能够让这个病人踢中这个护士。所以，这个病人（通过踢护士）做了某件事，即使这（在某种相关意义上）不是他自身的一个行为，但我们还是把它归属于这个病人自身的行为。在踢护士时或在那种情况下的踢踹行为中，他没有发挥真正的能动性。与我们的计划相关的消极性是认知消极性。这种消极性的本质将会浮现。

2. “确证”与这三个区分是如何关联的？道义论框架是如何与之相关的？我指的是涉及一个人应该相信什么、可能相信什么，甚至什么是义务性的或可允许的信念方式的框架。

自由的领域是道义论的认知框架最适用的地方，而消极领域则是它最不适用的地方。然而，存在一个中间领域，它承认某种能动性，即使在那个领域表现不是自由地决定的努力，这些努力构成或来自选择或判断。甚至当表现不是被自由地决定时，它们还是能够被理性地决定。

下面是一个案例。假设一条线段长 1 英尺，再按照缪勒-莱尔样式画另一条长 1 英尺的线段。这会引起幻觉，第二条会看起来比第一条长。这里不要求沉思或决定；这个过程完全是非意志的。通过一种理性建基于、一种表观（一种赞同的吸引力）理性地来自其他表观。即使没有一个表观是由任何自由判断或选择构成或衍生而来，一个表观还是理性地基于其他表观。

即使道义论框架并没有严格地适用于那个中间领域，它也确实松散地适用于那个中间领域。因此，我们可以区分两种框架。第一种就是严格的道义论框架，它预设了自由的和意向性的决定，诸如那些包含了自由选择和判断的决定。但还存在第二种框架，一种不那么严格的道义论的、功能性的框架，不包含自由的和意向性的决定的努力。

在第二种功能性的规范认知框架内，我们评估伺服系统（servo-mechanic）和生物机制等的恰当功能。由此，我们分辨出那些不满足正常认知运作最低标准的表现。对功能性表现来说，我们没有感受到感激、怨恨或任何这种活跃的情感。当然，我们能够拥有赞同或不赞同的态度，但这 194
些态度并没有表现在与罪责相关的赞赏中。是的，存在一种更广义的“赞赏”（praise），只要求有利的评价，并且尽可能多地与钦佩（admira-

tion）和能动性的评价联系在一起。我们能够严格地把适用于自由行动主体的赞赏或谴责与更宽泛地适用于功能性行动主体的赞赏或谴责区分开。单纯功能性的行动主体容易具有瑕疵或毛病，而不是罪孽或错误，或者其他预设了自由和意向的违规。

然而，我们不需要致力于任何关于“赞赏”或“谴责”或其他恰当或严格的应用的语言学论题。区分严格的道义论态度与更宽泛的评价性态度就足够了，而且这些态度都能在严格的英语中发现。②

更松散的道义论框架依旧要求功能，可被评价为恰当或不恰当。特别是，身份功能包括某种身份动机。在此，一个人基于动机性理由以一种特定的方式发挥功能，这些理由就是一个人之所以行动或发挥功能的原因。③当我们案例中的线段在我看来比 1 英尺长时，我以一种特定的方式发挥功

② 我曾区分过自由领域中使用的反应性态度与功能领域中使用的赞同和不赞同。诚然，“赞赏”能够与钦佩并行不悖，后者并不预设自由能动性。我们对“谴责”的讨论不会离自由领域太远，正如我们因为桥的倒塌而“谴责”一个弱的支柱一样。也存在完全应该谴责的疏忽。举例来说，一个应该更“深思熟虑的”行动主体放任自己不经反思的态度。我们确实要谴责这个行动主体，但我们不必然仅仅因为根据不经反思的动物信念和欲望而行动就谴责他。我们更多的是因为他的疏忽而谴责他，这种疏忽才是罪责所在。而且，当他没有恰当地反思，而且本能地或不由自主地根据不经反思的动物信念或欲望行事时，我们不必然地仅仅因为他根据那些不经反思的态度而赞赏他。我们赞赏他，更多的是因为他拥有反思所要求的敏感性，而且拥有省略反思又不会导致疏忽的良好意识。可以证明（但不是在这），这种敏感性和疏忽停留在自由领域。

③ 此外，即使我们不是真的需要它们，下面的语言学观点也似乎足够合理。我们并不会完全“赞赏”关于自动驾驶的好的认知功能：指导我们日常行为的琐碎信念的获取。我们也不会完全“赞赏”某个有功能障碍的人，不管这种功能障碍是实践方面的，还是理论方面的。这种功能障碍可能归咎于喝酒、嗑药或缺乏睡眠，又或者可能只表明了相关技能的缺乏。我们谴责它，但不倾向于责备这个行动主体，如果他只是不由自主地这样做，而不是自由决定或判断的结果。当然，在此需要精细的区分，特别是在相容主义的自由形而上学中需要更精细的区分。（但是，形而上学不在我们既定的议程中。）严格来说，甚至在某种情况下，我们可能不会责备因醉酒导致功能障碍的人（例如，他们的视觉变得模糊不清，或他们的平衡感丧失了），我们可能还是会责备他喝酒，还喝醉了，尤其在他认知功能正常是重要的时候，例如他做司机开车的时候。

能，就像因为医生的木槌我踢了护士一样。的确，这是一种消极的功能。我无助地被引诱认定这条线段的长度超过 1 英尺。在一个特定的广义的 195
理性基础上，我这样做其实是我的某种功能再正常不过的发挥：在那条线段的外表看起来比另一条 1 英尺长的线段更长的合成基础上。我有理由相信，这种结合驱使我以一种广义上身份的方式认定这条线段比 1 英尺长。

3. 在一个既定语境中，三个口头表达具有规范等价的功能：(a) 我（在某种程度上）被吸引认为 p；(b)（在某种程度上）对我来说，它看起来是 p；(c) 我（积极地）倾向于主张 p。这三者中的第一个意味着消极性，最后一个意味着积极性，而中间这个意味着既不积极也不消极，它似乎在能动性上是中立的。从一个规范的视角来看，这三者最多只有微不足道的差异，使得这些消极性/积极性的差异在规范上是忽略不计的。这已经表明一个行动主体可能很少真正“拥有”某种他自己“所做”的事情，这看起来非常矛盾。试想一下，在我踢护士那个案例中我有多消极，即使我们在言语上“做了”某件事情。尽管事实上我做了，但它不是我“自身的”行为。

对比一下我们认定一条线段比 1 英尺长的主张中所包含的“行为”。当我们被吸引赞同时，在这种“吸引”中，我们其实没有那么多的能动性。但是，无论如何，存在一种能动性，只不过它是一种关于恰当功能的不自由的能动性，就像腿在木槌的敲击下做出条件反射时那样。我们在某种正常的范围内被消极地吸引而恰当地发挥功能，就像一个磁性设备被一块附近的磁铁恰当地吸附。消极与积极之间的区分在此可以通过比较可功能性地评价和不可功能性地评价的状态的区分而忽略不计。存在不可评价的消极行为（诸如自由落体砸中兔子），不像是其他消极的行为（诸如当我们被吸引宣称一个感知到的物体的颜色或外形时的知觉功能）。最后，我们中间领域的认知功能在一个特殊的认知方面是可评估的，即与真相关的方面。

B. 阿古利巴三难困境

反思性评价不能无穷回溯，也不能无止境循环。它也不能最终依靠某个随意的立场。我们如果要理解认知确证，那么就依然必须面对阿古利巴三难困境（Agrippan trilemma）。

196 致力于追求真的判断容易遭遇阿古利巴三难困境。无穷回溯和循环都是不可接受的。只有理性的、恰当的基础性判断能够为其他判断和信念提供根据，反过来使它们变得是理性地恰当的。随意的、自由地决定的判断是理性地让人厌恶的。但一个判断如何能通过一个恰当的理性基础避免随意？然而，一个真正的基础性判断的恰当理性地位不能完全来自某个理性地支持的基础。毕竟，如果它的身份是以这种方式获得的，那么它的身份就不是基础性的，而是（广义上的）推论性的。因此，我们被拽回到回溯或循环中。

现在，我们感兴趣的是认知评价，对判断和其他认知状态构成知识的规范身份的评价。这是一种特定类型的身份，为了构成知识，一个真信念所需要的东西，动物知识和反思知识都是如此。④ 我们如何能终止对理性判断的确证的回溯，同时避免武断性？

下面，我们认为回溯终止者（regress stopper）不是努力，而是明显认知相关的表现，诸如来自不自由选择或判断的理性功能（rational functioning）。现在，我们进入自由与消极之间的中间领域。自由地决定的认知判断（是努力）能够基于自信度（信度或功能性的信度状态），即功能上理性的表现。因此，我们可能有希望以那种基础的方式逃离阿古利巴三难困境。

然而，这种三难困境现在以一种新的形式出现。试想一下一般意义上的表现，甚至那些不自由的努力。这样一种表现如何可能达到知识所要求的认知规范身份；当我们的表现既包含功能又包含努力时，这如何能够被一般性地解释？我们再一次需要基础性的回溯终止者，但现在回溯终止的基础不能仅仅停留在自由领域之外来完成这项工作。现在，我们不仅要超越自由领域的状态，而且要超越中间领域，即功能领域。我们对回溯终止者的寻求必须转向非功能性的消极领域。

197 我们的计划是认知论意义上的，这种回溯终止者在认知方面一定是非

---

④ 某些人在我们的实践态度中寻找这样一种身份。在他们寻找回溯终止身份的过程中，他们转向了实践态度。我自己没有被说服这种终止者能够提供知识论中具有独特旨趣的确证，即恰当地与真关联的认知确证。所以，我会到别处寻找这种认知确证。

功能性地消极的。发痒可能通过要求抓挠而在功能上可被评价为恰当的，抓挠可能服务于某种生物学目的。但如果发痒没有服务于认知目的，那么它在认知上就是不可评价的。所以，它不是一种能够拥有认知身份的东西，甚至没有功能性的认知身份，更不用说自由能动的（free-agential）认知身份。然而，与此相容，如果主体理性地基于发痒本身直接地获得关于他的发痒的命题性知觉，那么它就可能依旧充当一个恰当的认知功能的终止回溯的基础。这个基础使他恰当地意识到发痒是自我呈现的发痒本身。

努力如此，功能同样如此。能够存在一整套功能集，每一种功能都是完全通过该功能集的其他成员的理性支持而在认知上是确证的。基础性的努力会被剥夺理性的动机性基础去解释它们的理性身份。这种努力因此看起来是随意的，是不理性的。基础性功能没有这种问题。它们根本不包含选择，所以也就不包含随意的选择。然而，试想一下关于各种自信度的信度集合，不是自由挑选的功能状态。最不理性的是，这样一个集合能够仅仅由于其成员之间的理性的相互关系就达到完全认知上的与知识相关的认知身份，完全独立于决定它们真假的外在世界。

自我呈现的状态在知识论中长期拥有一种突出身份。毫无疑问，当我们遭受痒或痛时，我们能够直接知道。我们不需要单纯从我们所知道的其他事物推论而获得这种知识。这是基础性知识。我们如何理解其特殊身份？它如何能够在没有理由的支持下拥有这种身份？

C. 理由和基础

1. 理由至少分为两种：事实性理由和陈述性理由。试想一下燃油表。一个读数如何成为一个关于汽油数量的信念的理由（或一种积极的信度，或一种积极的自信度）？主体需要觉知（aware）到这个读数，这种觉知
能够成为一种信念（或信度）的陈述性的理性基础。这种觉知会采取什 198
么形式？它经常采取一种信念（或信度）的形式，并且这种信念（信度）能够与其他信念或支持性态度（pro-attitude）结合，从而为进一步的信念或支持性态度提供根据。这是能够通过（实践的或理论的）推论性的推

理采取的那种指导形式。

一个人处于痛苦中的事实当然是相信他处于痛苦中的信念（信度或信任）的事实性理由。一般而言，如果一个事实为一种信念提供根据，那么我们就需要觉知到它。但等同于我处于痛苦中的信念的觉知在此是无用的，因为你可能在相关信念的形成中就已经需要被指导。这就是为什么这种事实或它们的成真条件必须是自我呈现的，如果它们要完成它们的基础性工作。它们不太可能提供事实性理由正常情况下所做的那种方式的指导，即通过对它们的在先认知觉知（通过这种觉知，它们被呈现），通过某种在先的信念或信度。所以，就像对它们的觉知一样，对所要求的指导来说，问题依旧存在。

构成性觉知（constitutive awareness）和觉察性觉知（noticing awareness）的区分可能有帮助。你的跳一跳脚、踢一踢腿或笑一笑，这不应该基于一个行为对象模型（act-object model）来看，在这个模型中，行为拥有一个可分离的对象。毋宁说，跳跃只是一种特定方式的跳，踢腿也只是一种特定方式的踢，微笑同样如此。类似地，当你经验一种经验——比如说，当你感受一种疼痛时疼痛的经验，这似乎不能进行行为对象分析。毋宁说，经验这样一种经验是一种特殊的经验方式。⑤ 并且，因为经验是一种觉知形式（不是一种觉知类型），所以你不可避免地觉知你的经验，因为你必须经验它们。

相应地，我们不能经验一种疼痛，却不“觉知”它。而且，这种觉知能够合乎情理地指导一个相应的信念或信度的形成。由此，你可能相信
199 或倾向于相信你处于疼痛中，而你的信念或你的相信倾向的理性基础就是你对你的疼痛的觉知。这种觉知可能通过引起一个相应的信度或信念而在你的认知动态学（cognitive dynamics）中扮演一个恰当的角色。

---

⑤ 这并不要赞成一种彻底的副词理论（adverbial theory），因为当你经验一种视觉经验时，你经验的方式可能要寄寓于一个命题性内容。然而，这个命题性内容可能是虚假的，所以不存在充当一个人经验的对象的真制造者（truth-maker）。这个命题性内容也不是“对象”。我们并没有感官地经验命题性内容。毋宁说，这个命题性内容提供了经验的内容，而不是对象。寄寓于这个经验内容对于包含在拥有那个感觉经验的经验方式是至关重要的，而这种经验方式不需要任何对象。

2. 这提供了一种超越与中间的认知领域相关的阿古利巴三难困境的方式，该中间认知领域主要由非意志的信度所占据，而这些信度因为其中某些通过理性地基于其他信度而拥有恰当身份而形成一个理性结构。在这个消极领域，纯粹经验（诸如被经验的疼痛）能够充当回溯终止者的状态，这些状态甚至都不是表现，因此不是由理由所驱动的，相反它们成了这些理由的寄主。[6]甚至你对这种状态的觉知也不是一种表现。至少它们是关于疼痛的构成性觉知，这是一种你一旦遭遇便能拥有的觉知。因此，这种疼痛是自我呈现的，因为你关于它的构成性觉知必然伴随着疼痛本身而出现。这种疼痛不是由任何理由驱动的。（在此，我们关注身体疼痛，它是由于某个理由——刀割或擦伤——而发生的，但它不是由这些理由所驱动的。情感性的疼痛似乎有着重大的不同，但我们在此不讨论。）

疼痛不仅容许构成性觉知，而且容许觉察性觉知。我们把概念运用于我们的疼痛。我们认为它们是疼痛，实际上是各种各样的疼痛。现在，想一下一个疑病症患者（hypochondriac），他把想象的疼痛当成真的疼痛，或把不舒服混同于疼痛。假设他处于疼痛逐渐消退到不舒服的临界区域，他经常弄错这个区域。这时，仅仅因为事实上一种疼痛使他看起来处于疼痛中，他就知道他是真的处于疼痛中吗？这不合情理。[7]

D. 什么类型的状态能够构成一个理性基础

1. 让我们暂停，然后退后一步。我们曾提出各种认知相关的心理状
态，并且注意到使之可能的心灵-世界的认知关系。一端是消极的行为， 200
另一端是自我呈现的心理状态。不管愿不愿意，这些状态都吸引主体赞同。他们能够以两种方式中的任何一种恰当地引起这种吸引。人们被吸引相信的东西也许是他们所处的状态，正如当头痛吸引我们相信我们正经历

---

⑥ 在此，我在思考一种正常情况，而不是自我强加的痛苦，后者带来了不相干的麻烦。

⑦ 我们的疑病症患者问题类似于所与论的内在主义的斑点鸡问题（the speckled hen problem）。这类问题都适用于关于你面前场景的基于经验的信念或信度，也适用于关于你内部意识之状态的内省信念或信度。

头痛。因此，我们看起来经历了头痛，并且确实经历了头痛恰当地引起了这个表观。

我们拥有那个表观的一个理由，我们被这个理由所吸引而接受我们正经历头痛吗？确实如此，不过，我们被那个理由所吸引并不要求一个单独的觉知，说我们感到痛——也许，一个我们感到疼痛的信念——据此，通过肯定前件式推理，我们能够相信我们确实痛，或至少被相应地吸引相信。这根本不可能，因为它要求我们已经形成痛的信念。毋宁说，这种理性建基必须包含头痛本身作为一个基础，头痛必须为这个表观和同意的吸引提供动机性基础。因此，这种吸引必须与任何其他可能在动机上影响我们是否认为我们处于疼痛中的东西进行较量（比如与不舒服相对）。这种向量（vector）之间的冲突将会形成一个合力（包括包含无效向量的有限案例）。那个合成向量与一个合成表观或吸引相符。就头痛而言，合成向量将是一种特定强度（magnitude）的信度，也许是高强度的积极信度。

这是一种我们可能恰当地推导出高强度信度的方式。但我们可能以一种完全不同的方式这样做，在这种方式中，吸引我们赞同的心理状态本身拥有一个命题性内容。例如，它可能是一个视觉经验，就像我们看到一个白色的正方形平面。现在，我们可能被吸引不仅接受我们拥有这样一种视觉经验，而且接受我们确实看到了这样一个平面。我们再一次需要允许视觉经验能够是自我呈现的，使其纯粹的呈现能够提供相应表观（即我们看到了这样一个平面）的一个理性基础。也就是说，其吸引我们赞同的能力不需要反过来通过关于它的命题性觉知来调和。因此，这种以知觉或经验为基础的表观可能与其他合理性的力量——合理性的表现或赞同的吸引进行较量。这种冲突将会产生一个合成表观，一种强度很高的信度。

2. 我们曾经调查，在缺乏有意识的自由选择的情况下，人们如何能够发挥作用，以便获得一个关于 p 的影响的高强度的信度。因此，假设你
201 提出是否 p 问题。你可能明确注意到你的高自信度——你的高强度的信度，并且使用一个要求基于这种信度断言 p 的策略吗？你能够通过一个实践三段论运用你的策略吗？

不行，这是一个死胡同。正如我们已经看到的那样，如果我们把自己

限制在努力领域，那么阿古利巴三难困境的三个选项就都被阻止了。因为没有理性基础，所以自由判断不能随意地获得认知身份。也不存在一个自由判断集合，其中的每个判断都完全通过基于集合中的其他成员而获得认知适当性（epistemic propriety）。不管这个集合是有限的（循环的情况），还是无限的（无穷回溯的情况），这个问题并不重要。这样一个集合不能以纯粹集合内部的方式理性地为其成员信念获得认知适当性。因此，那些成员信念不能获得所要求的认知确证，即一种信念要成为知识所要求的特殊类型的规范身份。也就是说，在任何一种情况下，我们都不能通过该集合的成员信念获得这样一种身份——通过这种单纯的相互之间的关系。尤其不理性的是，超出主体心灵的外在世界的信念能够以那种集合内部的方式获得这样一种身份，尽管整个集合孤立于周遭世界。相关的“孤立”是理性-基础的（rational-basis）孤立，这种孤立剥夺了我们的自由判断的任何认知可靠性。

但为什么会破坏解释判断如何能够被自由和基础性地形成的实践三段论？

理由在此。我们早先理解了为什么在自由地决定的判断之外还需要被理性地支持的状态。我们需要这种理由，使我们能逃离基础性的随意。但我们一旦知道为什么需要这种回溯终止者，就弄清楚了为什么我们必须限制一个自由的判断如何能“恰当地基于”这样一个理由。这个基于不能包含那个基础的判断性觉知，以及这样一个信念，即那个基础带来了信念且这个信念的真应该基于它。这会包含肯定前件式推理，连同被自由地判断的前提和被自由判断覆盖的信念。这就不能逃离那种方式所要求的自由领域。我们依旧需要思考被自由地判断的前提的认知身份（也许还要思考被自由判断覆盖的概括）。

所以，这不可能是正确的。相反，我们诉诸功能性的状态作为理性基础。我们跨越了自由领域和功能领域的区分。我们为自由领域的自由判断引入了一种在功能领域允许的基础性的理性建基关系。202

这就是我们诉诸跨领域理性建基的原因。这种基于跨越了心理状态的两大认知领域的界限：功能领域和自由领域，类似的推理揭示了它在消极领域和功能领域的界限上也是有用的。

E. 胜任力的重要性

1. 跨领域理性建基在人类认知经济中占据至关重要的位置。然而，我们的推理也强调胜任力对于认知确证的重要性，后者构成了知识。有时，一个信度的理性适当性确实不会完全从理性建基中获得。在此，相关的是超级盲视者（super-blindsighter）的信念，就像我们最简单的算术、几何、逻辑信念以及其他不要求理性基础的简单信念一样。可喜的是，对这些各种各样的信念的认知适当性真正重要的是，它们来自恰当的认知胜任力，在这些情况中，胜任力不需要基于理由。尽管人类信念经常通过理性建基关系而是胜任的，但也可以通过亚人类（subpersonal）方式而是胜任的。盲视者大概就是通过亚人类方式知道的。人们对于自己醒来以后已经逝去两秒钟的知识也是间接地通过亚人类方式知道的，因为人们躺在床上想着起床。⑧

我们的推理不仅与恰当功能领域的理性表观的功能性确证（functional
203 justification）有关，而且与负责任的自由判断领域的理性表观的道义论确证（deontic justification）有关。的确，胜任力与后者有关，与自由努力有观，关键是，它包含意志，正如笛卡尔清楚地认识到的自由判断的意志官能（volitional faculty）一样，同时还伴随着被神圣地决定的理解的功能性官能。

然而，一个信度或信念与一种给予的、自我呈现的状态之间的单纯符

---

⑧ 在此，亚人类的东西似乎就是一个人被吸引赞同相关的命题性内容的过程。这种吸引本身无须是亚人类的。这个案例还缺失的东西是类似于一个人的视觉经验的任何经验状态，例如关于火或手的视觉经验，等等。非常合乎情理的是，一个人可能坚持没有信念能够是无根据地确证的，而这一点对于判断性信念（相对于功能性信念）尤其合理。总是存在一种在先的理智表观或赞同的吸引，它可与完全成熟的信念分离，因为并行推理（collateral reasoning）可能会阻碍完全信念，也会阻碍诸如说谎者悖论（Liar Paradox）或连锁悖论（Sorites Paradox）的解决。尽管我把这当成正确的观点，但为了更简单地阐明我的观点，我在此并不展开论述。在适当的时机，这种观点能够被修正成更精致的变种，为理智表观提供恰当的理性角色。

合——单纯内容的一致——将不满足知识所要求的认知确证的需要。我以带有十个斑点的主观性视觉领域与我关于那个视觉领域存在十个斑点的直接信念之间的符合为例。那种符合的事实确实不足以保证我的信念在认知上是确证的。此外，还要求相关的胜任力。我的感受能力必须延伸到我们还远远达不到的十个点的情况。

而且，盲视者和时间知觉现象使如下这一点变得可疑：基础主义必须本质上依赖前信念的（pre-belief）心理状态，基于这种状态，我们能够理性地相信。尽管与知识相关的胜任力能够基于这种状态——例如，疼痛的状态或基础性的视觉经验状态——而运作，但它无须这样做。此外，它能够通过亚人类机制而运作，这些机制通过光线、睁开的双眼、大脑及其能够回应和分辨信念的神经系统的因果性输入直接产生信念或信度。

除了“内省”知识之外，这类现象似乎是真的。什么东西能够排除关于一个人自身的心理倾向的直接的、可靠的知识？心理的自我知识甚至可能是通过直接胜任力保证的，而没有在先的指导性觉知。

2. 回想一下，不管我们是否局限于自由判断或包括理性功能，为什么循环和回溯看起来是恶的。似乎根本谈不上说，整个判断、信念或信度集合在认知上都是确证的或仅仅由于它们理性的相互基于关系就是胜任的。此外，这一点被如下两个考量弄得不合情理：（1）认知确证不可能完全孤立于真；（2）这种集合及其理性的相互关系能够相对地孤立于真，真能够剥夺其成员的完全确证，不管它们多么紧密相关。甚至，这种集合内的复杂的理性的相互关系依旧没有触及其成员成真的可能性。一个伟大小说家脑海里的一个复杂精密的故事能够拥有理性的相互关系，但完全没
有真的痕迹。一个小说家足够疯狂地开始相信他的故事，但不会因此而达 204
到知识所要求的身份，即胜任地确证的信念的身份。而且，这不能仅仅通过增加成员、进一步的信念来进行修补，甚至达到无穷无尽的地步也不行。

为许多人所偏爱的修补要求认知消极领域的与所与的、自我呈现的状态之间的关系。我们似乎通过这种基础停止了确证的回溯，因为这些所与的、自我呈现的状态不是确证的状态，它们也不需要为了提供基于

它们的进一步的信度或信念而是确证的。而且，我们可能由此获得所要求的与世界的关系，因为这种自我呈现的状态本身就是世界的一部分，而且因为它们可能额外提供了一条完全外在于主体心灵的通向世界的渠道。

3. 即使这些看起来都是正确的，仍然有看起来不对劲的地方，即仅仅通过这种基础性的基于、自我呈现的心理状态的假定，我们就能保证与超越心灵的世界的真可靠性（truth reliability）的相关关系。不可能存在同等可靠地把我们的信念与外在世界联系起来的亚人类机制吗？盲视者案例和时间感知案例表明，这不仅仅是一种概念可能性。⑨

而且，我们现在有理由重新思考内容性的感觉经验的身份。我们曾把这些经验放置在非功能性的认知消极领域，在该领域，主体绝不是认知行动主体。那个领域可能在认知功能领域之外，其中一些可能被其他人所理性地驱使，即使没有单纯的功能是自由地被决定的。但我们现在已经发现了支持这种功能的理由——例如，盲视和时间感知的功能——这些功能在消极领域没有基础，因为它们被基于不恰当的心理状态之上。因此，盲视者的信度根本不要求心理基础。毋宁说，它们来自亚人类状态，这些状态包含了从环境到主体的感受器、大脑及其神经系统的能量传递，这种传递都是以某种方式亚人类地发生的，但在认知上却是胜任的和真可靠的。

205 因此，这种亚人类地胜任的信度能够获得恰当的认知身份，并且能够提供进一步的信度以认知作为基础，最终为自由判断提供基础。因此，内容性的感觉经验没有被恰当地寄托给纯粹认知消极领域，它们应该在功能领域占有一席之地。因为它们也来自通过主体的大脑和神经系统的亚人类输入，而且它们也或多或少是真胜任的（truth competent）。因此，即使信念和表观不包含概念，在功能领域把它们与内容性的感觉经验放在一起定

---

⑨ 而且，我们最简单的逻辑、算术和几何信念提供了进一步的案例。在这些案例中，基础性信念达到了认知确证，而无须在先信念、自我呈现和所与的心理状态的帮助。只要我们在基于理解的信念上是足够可靠的，单纯的理解就能如我们所愿通达（access）相关的简单真理集。

位也没有什么理性障碍。的确，信度（和表观）独一无二地包含了某些更严格的概念应用。因此，它们可能应该同感觉经验进行区分，因为它们的内容可以直接充当有意识的推理的前提。相反，经验可能对这种胜任推理来说不是直接地可获得的，甚至使用例示也不行。[10] 这是斑点鸡问题给我们的一个教训。然而，经验依旧能够是胜任地真实的，因此展示了知觉者的一种知觉胜任力。例如，这区分了那些具有好的敏锐视力的人和那些没有被赋予这么好的视力的人。

F. 自我呈现

早先，我们为消极状态、身体疼痛的确证回溯寻找到一个终止位置。回答就是，“疼痛确实拥有命题性内容，因此至少在某种程度上作为知觉经验而在认知上能够被评估”。我们如果做出进一步区分，那么就能避免这种争议。

1. 我们已经认识到知觉经验内在地是认知的。某些知觉经验是表征性的（representational），因此能够被评价为真实的或幻想的。但疼痛，尤
其是发痒被足够合乎情理地解释为拥有这种内容，这就不那么合乎情理。206
所以，我们可能偏向于悬搁对疼痛表征主义的判断。例如，一个人可以质疑头痛或脚痛拥有诸如任何种类的“损坏”的独特内容。的确，脚痛确实伴随着一个貌似身体部分的内在表征，这个身体部分确实看起来是一只表征性的脚。

2. 退后一步，更完全的回答能够适用于以下这三者：适用于清楚地

---

⑩　采用一种图案对我来说具有宗教意义，所以我能够认识它，并存储具有符合那个视觉图案的概念的信念。对你来说，那个样式可能只是一个鬼画符。在这种情况下，我的信念能够绘出那个图案，但对它的内容却一无所知。当你的目光从这个鬼画符挪开，你在先的信念是可以通过“我刚刚看到一个鬼画符”或诸如此类的语句来理解的。相反，我能够忘记我的信念是如何获得的，但这并不会有损它的全部内容，这些内容可以被原封不动地保留下来。例如，我可能把一个重要的宗教信念保留在那个值得崇拜的图案的实例中。前面这种鬼画符信念及其纯粹例示/索引内容不能充分地滋养我们的信念整体。

表征的感觉经验、痒或痛，也适用于其他身体感受，甚至适用于一般意义上的心理现象，不管它是不是表征性的。我们需要一个心理状态概念，不管它是积极的还是消极的，不管它是表征性的还是非表征性的，能够充当信念的一个认知基础，又不用依赖性地基于自身在先的认知身份来充当这个基础。因此，这种状态在如下意义上是消极的，即并不是它们的成功和/或胜任的认知活动——如果存在这种活动的话——使它们适合充当进一步的认知表现的恰当基础。因此，任何能够充当一个基础的心理状态或活动都是相对消极的。也就是说，它即使是积极的，也不是其作为成功或胜任的身份影响它充当认知表现的恰当基础。一个虚假的、不确证的信念依旧能够充当一个完美的基础，在这个基础上，相信者确证地相信他持有那个信念。

3. 当然，一旦我们认识到这一点，足够合乎情理的就是，甚至自由的判断或选择行为可能都发挥了相对“消极的”作用。它们也能充当认知表现的基础，而它们的适合性（suitability）不用依赖它们自身的认知成功甚至胜任力。

4. 正如这一点所表明的，与皮罗式问题相关的认知分类并不像在本体论上那样在认知上是功能性的。特别是，这三个本体论上区分的领域都存在回溯终止者：（a）消极领域；（b）功能领域；（c）自由努力领域。（a）的占有者的独特之处在于，没有一种可能的冲突对于其他两个领域也是可能的。因为（a）的占有者不是相对低能动性的，所以不存在诱因认为这个回溯没有因为我们需要认知地评价它们自身的表现的理由而停止。或者（i）它们甚至是不可评价的，就像现象地可通达的心理状态甚至不是表征性的，如痒，或者（ii）即使它们是表征性的，它们恰当地作
207 为进一步信念的认知基础发挥作用的能力也不依赖它们的认知身份，这种身份可以很低，但不会损害它们充当进一步信念的基础。

5. 疼痛和痒在本体论上可能是积极的，但在认知方面不可能是积极的。无论如何，通过缺乏表征性内容，存在更全面的消极现象。有意识的现象又如何，它在哪里跨越了清醒和做梦的状态？有意识的状态拥有表征性内容吗？

6. 然而，我们解决了那些问题。辩证地看，是否存在许多或甚至任

何消极领域的占有者的问题现在似乎没那么重要了。在此，现在看起来我们计划的关键点是：从知识论目的来说，我们能够悬搁对消极领域是否为空的判断。实际上，这已经是一个看起来相对不重要的问题，因为甚至盲视者都能在认知上为自己的信念奠基。从根本上说，真正重要的东西是胜任力，当胜任力是基础性的和不包含理性建基时，终止了回溯。

G．选择、判断与自由

1．我们关于两类认知能动性（自由的 vs. 非自由的）之间的区分对皮罗式怀疑论者的阿古利巴三难困境产生了影响。关于皮罗式怀疑论下一章再详细讨论。首先，我们区分了自由的选择和判断与那些不自由的选择和判断。根据某些表面的选项，行动主体不理性地自由选择。我并不认为自己自由地选择了现在拿起笔，然后深深地扎入我的右眼。如果我这么选择，那么也许我是自由地这样做。我的手臂是自由的，我的控制很好，我的笔触手可及，我的目标是好的，等等。但我并不相信我现在能够做出这个选择。假定我当前的现实状况，我发现我可能在下一秒就选择与妻子离婚也是不合情理的。当然，如果我在不同的情境中，或在足够糟糕的心理状况下，那么我可能会这样做。但假定我当前的状况和情境，在我的判断中，现在我不会这么选择。更进一步审查，自由选择的范围似乎比表面上看起来要窄得多。但这远没有证明我们没有任何选择的自由。当我们被理性地要求在两个没有偏好的选项之间进行选择时，
我们确实似乎自由地选择。从我们起床选择先穿哪只鞋时开始，到我们 208
休息时选择先脱哪只鞋的那一刻，我们在许多转折点上面临这种选择。甚至当存在好的理由偏向以一种特定的方式选择时（不像鞋子的情况），日常我们也面对许多选择，通常存在对抗性的理由，决定我们如何达到一个平衡。

判断的情况不同于选择。在选择中，没有恰当的随意的判断这种东西。当证据的权衡既不偏向肯定也不偏向否定时，我们就不能随意地判断，也不能恰当地判断。毋宁说，我们必须悬搁。然而，当理由的平衡既不偏向选择先穿右脚的鞋也不偏向选择不这样做，那么我们就能恰当和随

意地选择任一方式。

这就是自由选择的范围最初看起来远远超过自由判断的范围的一个理由。似乎根本没有恰当的随意的判断的范围，然而却有很大的恰当的随意的选择的范围。因为我们必定是理性的，除非特殊力量驱使我们导向不理性，因此，每当我们做判断时，我们显然被迫做出判断。或者我们容易遭受理性的强力，或者我们容易遭受某些不理性的强力、某些偏见，也许还有某些文化迷信。选择和判断在那个方面不同。选择能够是广义上武断的但又不是不理性的，所以它能够自由地做出，而无须理性或不理性的强力。

这确实揭示了选择和判断在自由方面的巨大差异。然而，我们享有广义的选择和判断自由。我们只需回想一下我们通常多么自由地决定权衡或沉思。我们然后决定是否接受充分地偏好一方的理由的平衡。通常，在重要或不重要的问题上，往往都取决于行动主体转向哪一边。

2. 动物/反思的区分可能在这一点上是有帮助的。大量普遍的动物信念都是随着我们大脑的发育和文化身份的形成在幼年时期获得的。其他信念是后来获得的，甚至在我们已经忘记如何获得它们之后依旧被保留下来。无论是早期信念还是晚期信念，动物信念都能潜意识地指导我们的行为，不管这个行为是身体行为还是理智行为。例如，在潜意识中，偏见能够指导某些拒绝它们的人。通常，这种指导性的隐含信念超出了我们有意识的自由行动的控制。它们至少不在一个单独的自由选择的控制下。我们
209 不能以那种方式改变它们。这对于通过正常孩童发育获得的深层的普遍信念和我们恒常的知觉信念之流来说都是如此。

我们之区分的一头是动物性的、行动导向的信念，另一头是反思性的判断。这个区分类似于深层的偏见与有意识的、真诚的判断之悬搁的区分。公开宣称要悬搁判断的皮罗主义者不需要否认他的动物信念，而只需竭力避免通过有意识的判断认可它。

这不是说，自由判断总是与动物信念分离的。假设当我们在一张纸上看到一个长柱子后在头脑中增加了一个长柱子的印象。我们可能完美地完成这个过程，但却不相信我们的计算，并拒绝认可计算的结果。我们思考是否相信它并决定拒绝这样做。假设我们接下来用铅笔和纸算。现

在，我们可能重新思考是否相信我们的计算结果。这都取决于我们。我们以这种方式控制我们的信念。我们如果自由地采信和存储我们的计算结果，那么就能在未来指导我们的行为，甚至在忘记了信念的来源之后同样如此。

这似乎就是我们自由地为相关信念负责的地方。但存在大量情况表明，我们当前有意识的推理不能影响我们童年或当前知觉所获得的根深蒂固的信念。回想一下表面上公开拒绝的深层偏见。这表明，有意识的认可不需要由相应的动物信念所驱使。进一步说，否则我们就会不理性地追随皮罗式怀疑论者：当他公开表示悬搁常识信念时，他必定要么是个骗子，要么是个自欺者。

我们的推理启发了动物信念和反思性的判断性信念之间的区分。动物信念能够由一个潜意识地指导行为的存储状态所构成。相反，反思性的判断性信念是一种肯定地回答一个问题的判断倾向，努力正确地回答，足够可靠甚至适切地达到真。这种我们倾向于提出的“判断”是一种独特的有意识的行为或有意识地维持的状态。正是这种行为或状态在我们的自由控制下，这种控制往往是我们日常做出的选择和所维持的意向。

最后，关注一下我们自由地控制这种信念的特殊方式。假设，如果一 210
个人努力正确和适切地回答，那么相关信念是自由地基于考量赞同的构成性倾向。现在，让我们区分基于意志的倾向与那些消极的倾向。一个倾向是消极的，因为它的寄主根本不是行动主体，正如一块方糖的溶解。一个倾向也能够是消极的，即使当它的寄主是一个行动主体，但就那个倾向而言，它依旧是消极的，正如当你倾向于在医生的木槌敲击下踢腿。相反，一个位于意志中的倾向能够等同于一个被自由地选择或维持的策略。以打转向灯为例。这能够导致一个有意识的或潜意识的选择，指示你在一个特殊场合所要转的方向，并且你的特殊选择的信号是受交通信号策略指导的，展示了自由维持的倾向。

相同的观念同样适用于我们所关注的信念。这些信念被假定是自由断言的倾向，并且这种倾向能够停留在我们的意志中；它本身就相当于被自由地采纳的证据性策略。因此，这些信念与动物信念相对，后者是通过我们的认知机制的不自由的“自动的”恰当功能获得的。我们现在所关注的事情是不同地获得的意向。它们是自由地选择的，所以它们的“机制”本身是自主的。当我们有意识地同时让我们的所有理由都进入我们对一个问题的权衡中时，我们自由地选择的事情统摄我们的自由判断。某些探究者比其他探究者更谨慎、更保守。他们相信的意愿有更强的束缚，甚至在无私地追求真的驱使下也是如此。

然而，除了这种包含意志的事情之外，非意志的推理胜任力也能对判断产生影响。这些非意志的胜任力包含植根于我们理智成熟的大脑的恰当功能。当然，这些胜任力本身不是自由地选择的。相反，我们自愿的倾向信念是自由地获得和维持的，正如当我们获得和维持乔布斯是个有道德瑕疵的天才的信念时那样。这包含一个肯定地判断你所面对的问题的自由选择，悬搁进一步的相关证据，只要我们致力于使之适切地正确。如果新的证据出现，那么这个策略就能被自由地和理性地改变。我们将需要连同任何其他相关的理由来权衡新证据，并且决定是否改变我们的信念，也就是说，当真诚地面对我们自己和他人时，是否改变我们肯定地回答的“策略”。

H. 难道没有从坚定的怀疑论者那里全身而退之策

211 现在我们是否再次陷入了一个相似的困境中？毕竟，怀疑论者在二阶层次上复制他们的怀疑。他们能够质疑我们对自身的二阶胜任力的信任，同时兜售他们的相应自我信任的品质。没有认可的理由而进行选边站就会再次显得不理性。如果我们要维持自我信任以应对对手的质疑，那么合理性就似乎要求理由同时为我们所获取。

忽视这样一个对手是不理性的吗？这取决于语境。在那时还有什么东西要求我们关注？假设我们把实用考量放一边。即使如此，还有什么其他理智或认知关切在那时要求我们关注？总有那么一刻，我们仅仅基于自我信任而竭尽全力在一个争论中理智地坚持自己的立场。一个更低阶的判断也可能是足够好的，因为那个判断是构成知识所要求的东西。一个知识构成的判断只需避免相关的认知瑕疵，即使它依旧能够通过进一步的审查和推理而被提升。

举一个拥有同等理性的确证的对立双方的例子。假设他们同等地关切任何他们所使用或可能很容易使用的有意识的推理。每个人都认为自己在造成他们分歧的问题上是可靠的。而且，即使只考虑理智或认知关切，每个人都有比解决他们的分歧更好的事情要做。在这种情况下，在他们的理智生活中，二者相应地是同等理性地赞同或不赞同的。然而，如果我们通过“确证”挑选的东西是知识所要求的规范身份，那么这就并不意味着他们在认知上同等地这样做了，也不意味着他们的一阶信念及其相应的一阶判断在认知上同等地确证。[11] 其中一个分歧信念可能在认知上比另一个更确证。

对立双方以下面这种更详尽的方式更相似。尽管如此，他们中的任何一个都可能比另一个基于一个更好的历时基础信任自己。我们不能无限延 212
伸共时性认可的阶梯。在某一点上，我们的辩护必须停止，而这关系到我们的相关倾向具有多么充足的基础。在某一点上，我们将达到共时路线的终点。只有历时性因素才能在认知上对那个水平的自我信任产生影响，并且这些因素必须各司其职。如果你的理由在一个特定的反思层面不多不少刚好比你的对手好那么一点点，那么你们两个就依旧在你的相关历时倾向的品质上认知地不同，这必须允许其在评价你的相关判断和信念时的恰当影响。你现在可能被建议挺起胸膛，继续前进。

正如我们所见，在我们的共时范围内，我们通过理由的认可超越动物层次。这并不意味着，我们如果不能达到无限的反思层次（达到最高就是全知），那么作为反思动物就不幸地有所不足。首先，正如道德能动性一样，对认知能动性来说，应该蕴含能够。[12] 此外，在一个假定的层次上，在分歧的激发下，假设我们能够上升到一个更高的层次。并且，假设我们的相关信念通过进一步的成功努力在认知上获得提升。即便如此，更好的

---

[11] 这是“认知确证”挑选出的身份。这并不意味着这个表达应该被定义为“命题性知识所要求的身份”。通盘考虑，我自己偏向于用“胜任力”这个术语来定义那个身份。

[12] 我说“不少于”是为如下重要且微妙的问题留下空间，即这个格言以何种方式和在何种程度上在道德领域中被使用。

也不必然是应该的。即使我们拒绝上升，并且即使我们不那么关心上升，我们的信念也可能通过这种上升而没有那么多瑕疵，故而在认知上是可改进的。与其在更高的层次为我们的信念辩护，不如做认知上更好的事情。⑬

⑬ 当我们区分（a）信念的积极悬搁与（b）不那么严肃地思考一个问题（即使把那个问题放在心里）之后，这个结论才获得合理性。这个区分的后者是拒绝对那个问题采取进一步的态度，包括悬搁态度。而且，恰当的人类认知领域可能也不要求这种辩护。假定被包含在人类繁荣（包括这种繁荣的认知组成部分）中的所有权衡，我们的认知实践也许并不要求这种进一步的上升，尽管认知提升会被强加于它之上。这就提出了问题，某些提升显然不是微不足道的。什么是认知实践？什么是一种认知实践？是否有这样一种人类实践构成“人类生活形式”的一部分？或者说，是否有一种文化上的特殊实践对一种相关文化的成员可获得的认知确证产生影响？所有这些实践都拥有恰当的规范影响吗？或者，至少在特殊的文化传统中，是否为错误的信仰甚至迷信留下了空间？这个一般路径可能揭示了相对于物种或文化的各种认知确证，即使它们都共享重要的结构相似性和以可靠地达到真为目标的共同目标。因此，扶手椅直觉（armchair intuitions）可能反映了我们对这种实践的承诺，无论这种实践是正常孩童发展所不可避免的，还是植根于文化的。然而，假设错误的信仰和迷信也是以那种方式获得的，那么这些实践就需要评价。当然，对认知实践的认知评价必须包括真可靠性。

第四部分
主要的历史先驱

第十章　皮罗式怀疑论与人类能动性

1. 皮罗主义不仅是一种知识论，而且是一种生活方式。因此，对于 215
这种观点，还有什么比驳斥我们不可能如此生活更具毁灭性？这正是休谟提出的责难：

> 一个斯多亚主义者或伊壁鸠鲁主义者展示了原则，但这些原则不仅不能持久，而且对行为有影响。但一个皮罗主义者不能期望其哲学会对心灵产生恒常的影响，即使有这种影响，其影响也不会对社会有益。相反，他必须承认，如果他承认任何东西的话，如果他的原则产生普遍且稳定的影响，那么人类就将灭亡。一切言论、一切行动最终都会停止，人们将变得死气沉沉，只剩永不满足的自然需求，最终了结悲惨的一生。的确，这样致命的事情并不令人惧怕。自然总是胜过原则。尽管一个皮罗主义者用他玄奥的推理把自己或他人抛入暂时的惊讶和困惑中，生活中最琐碎但第一位的事情也会驱散他的一切怀疑和踌躇，使之在行动和思辨的每一个方面都与其他流派的哲学家或那些对哲学不关心的人们保持一致。当他从睡梦中醒来，他首先会嘲笑自己，承认他的一切异议不过是一种单纯的娱乐，除了表明人类的异想天开之外没有任何其他影响，虽然人们不得不行动、推理和相信。在涉及这些运作的基础问题时，即使通过他们最勤奋的探究也不能满足他们自己，或不能消除一切异议。①

到目前为止，责难的地方在于皮罗式生活方式是人类本性所不允许的
一个选项。人性的约束阻止我们以那种方式生活。最近，伯恩耶特 216

① David Hume. An Enquiry Concerning Human Understanding. 1748：section xii.

(M. Burnyeat) 论证到，远非我们在心理上不可能以那种方式生活，它或多或少是内在地不融贯的。所以，为什么不能过这种生活的理由深入到比单纯心理学更深的地方。

2. 为了恰当地考量这些责难，我们必须首先理解这种生活方式。什么是皮罗式怀疑论？它的组成部分是什么？它是如何构成的？

(a) 首先谈论式 (modes)。这些论式都是论证形式，特别是埃奈西德谟十论式 (the ten of Anesidemus) 和阿古利巴的“怀疑的五个根据”以及其他论证。在讨论任何给定的命题性主张或问题时，它们都是怀疑论者用于平衡正反两方面的理由的资源。它们的目标是，假定任何主体 S 和时间 t，实现对任何这样的命题 p 的均衡 (isosthenia or equipollence)。结果，主体将不合理地确证地相信 p，也不合理地确证地不相信 p。

(b) 均衡导致悬搁 (epoché)：均衡导致判断和信念的悬搁，导致在是否 p 问题上有意识的悬搁。

(c) 悬搁反过来导致平静 (ataraxia or tranquility)。这是一种从纷乱中摆脱出来的自由，走向一种喜乐平静。

(d) 最终，平静等于幸福 (eudaemonia)，或是幸福的一个关键组成部分或来源。

(e) 幸福，繁荣真正的快乐或福祉 (faring well) 的幸福。

因此，皮罗式怀疑论有五个组成部分：论式、均衡、悬搁、平静和幸福。

3. 休谟发现这种生活方式在心理学上是不可能的。一种反驳这种责难的辩护就是做出如下两种皮罗主义的区分，这个区分来自巴恩斯 (J. Barnes)：

跟随盖伦的观点，我们把第一种类型称为粗野的皮罗主义 (rustic Pyrrhonism)。这种皮罗主义者没有任何信念，直接悬搁可能提出的任何问题。我们把第二种类型的怀疑论称为文雅的皮罗主义 (urbane Pyrrhonism)。文雅的皮罗主义者乐于相信绝大多数日常人们都赞同 (assent) 的事物，悬搁的对象是一个特殊的目标——大致说来，就是哲学和科学问题。②

自伯恩耶特做出“信念”与“赞同”的区分之后，“赞同”这个术 217
语就变得复杂了，伯恩耶特认为在皮罗主义者那里可以找到“赞同”这个概念的出处。赞同是种，而信念只是涉及客观问题时赞同的属，这些问题超出了赞同主体的主观性，超出了主体那时的意识状态，或者更一般地说，也许还超出了他的心理状态。

这产生了三个层次的赞同：

> 第一层次，主观赞同，关于我们自身同时发生的主观状态。
>
> 第二层次，常识赞同，关于每天关切的日常事务，这些问题可以通过常识信念或程序决定。
>
> 第三层次，理论赞同，关于科学和哲学的更一般的、抽象的问题。

伊壁鸠鲁明确地做出了明示的（evident）和不明示的（non-evident）区分，后者包括高要求的探究问题——因此包含推理和推论——并做出规定。因此，正如伊壁鸠鲁所说：“我们必须……记住我们并不在一切事情上普遍地使用它们（论式），而只是在那些不明示的和独断探究的对象上使用。”（*PH* I：208）然而，最近有人做出了要求推论的问题和不能走捷径穿过所有三个层次赞同的问题。例如，甚至我们同时发生的心理状态、意识状态，似乎显然存在一些问题，我们不能不经过特殊的推理过程就回答，这些推理过程被包含在对一个人容易遭受的错误的计算中，而在这种计算中我们获得了一个答案，这个答案不仅通过了简单的审查，而且是耗费时间和推理的合理程序的结果。

4. 对温和解释的强支持显然处于如下事实中，怀疑论生活方式包含如下四重承诺：

> 因此，我们根据生活的正常规则非独断地生活在表象中，看到我

---

② Jonathan Barnes. The Beliefs of a Pyrrhonist//E. J. Kenny, M. M. MacKenzie, eds. Proceedings of the Cambridge Philosophical Society. Cambridge: Cambridge University Press, 1982: 2-3.

> 们不能再完全消极懈怠。那么，我们就会看到这种生活的规则就是四重的，其中的一重落在自然的指导中，另一重落在激情的限制中，再一重落在法律和习俗的传统中，最后一重落在技艺的教导中。(*PH* I: 23)

初步看来，这似乎要求一个人形成意见，例如，形成法律和习俗所要
218 求的意见，并且形成一个人为了掌握任何给定的交易、手艺或应该被教导的任何实践技艺所必须知道的事实的意见。文雅的皮罗主义者并不反对这些信念，因为他把他的论式、均衡和悬搁限定于抽象的哲学或科学问题。

5. 然而，在我们得出结论哪一种皮罗主义表面上更可信之前，我们需要更好地理解皮罗主义的另外三个关键要素：首先，对他们一直诉诸的“表象”（appearance）的解释；其次，对包含在皮罗式生活方式的核心状态中的平静的理解；最后，对悬搁如何导致平静的解释（因此对幸福的理解）。

a. 对皮罗主义者来说，表象似乎与信念有着重大的不同。当我们关注感觉表象时，正如（a）尽管我们知道船桨是直的，但它依旧看起来是弯的，或（b）即使用测量的方法证明缪勒-莱尔线条是长短一致的，但它们依旧从视觉上看是长短不一的，这是一个非常合理的区分。但是，文本清晰地显示，皮罗主义者的表象并不局限于感觉表象。它们也包括理智表观（intellectual seeming），甚至当一个人相信它们是矛盾的或对立的时候，它们依旧在我们理智中留存了下来。举一个非常有说服力的例子——悖论，诸如说谎者悖论或连锁悖论。* 甚至当一个人的解决方案要求反驳构成那个悖论的一个命题时，那个命题依旧可能具有相当大的理智吸引力，认为它是真的表象一直会被留存在理智中。

---

* 这两个都是非常著名的逻辑悖论。说谎者悖论源自公元前6世纪，克里特岛的哲学家埃庇米尼得斯（Epimenides）说：“所有克里特人都说谎，他们中的一个诗人这么说。”连锁悖论是古希腊麦加拉学派欧布里德和阿莱克西努提出的一系列疑难中的一种，指一个微小量的连续相加或相减，最后达到一个不同质的事物。这是由逻辑演绎与事实演变的差别而产生的形式思维矛盾，著名的例子还有“谷堆论证”和“秃头论证”。——译者注

b. 心平气和是一个平静或镇静的问题，是挫败、焦虑、紧张和纷乱的缺乏。（与斯多亚主义进行对比）一种类型的挫败是由一个信念 p 与对非 p 的偏好构成或产生的。然而，这种挫败的缺乏是与一种不同的结合所产生或构成的焦虑相容的：对 p 的偏好与信念 p 的缺乏的结合。所以，皮罗主义似乎蕴含了信念的清除（removal），这种清除似乎产生了一种非常重要的不安（unease），即一个人想要一个特定的结果但却不确定这个结果是否会出现的状态所产生或构成的焦虑。这种不安的程度与一个人的欲望程度成正比，它能够上升到非常令人烦恼的程度。

6. 那么，悬搁如何导致平静？它是否真的能实现？在此，我们引用一些对这个问题的回答。

a. 首先，伯恩耶特认为皮罗主义者不能融贯地实现其计划，因为在 219
一个关键点上，它要求一个其承诺不会产生的信念。

> （如果）……平静应该被实现，那么在某个阶段，怀疑论者的探索精神就必须达到一种轻松或平衡的状态。当然，这种实现无须被视为一个终结；怀疑论者可以认为自己已经被说服，比较了已经获得的所有答案。他不是消极的独断论者，这种独断论者配备了一个先天反驳，排除了回答的可能性，并把它视为一个一劳永逸的一般原则。（参看 *PH* I：1-3）但是，如果他不是在某种意义上满足于——到目前为止——答案还没有来临，对立的主张实际上是平等的，那么就很难达到心平气和。因此，我的问题是：伊壁鸠鲁如何能否认这是某种他所相信的东西？③

b. 然而，琼森（B. Johnsen）试图把皮罗主义者从这种不融贯中拯救出来，他的方案就是下面这种对悬搁如何产生平静的替代解释：

> （稳定的怀疑论者）……不是出于焦虑或挫折而悬搁信念，而是试图对他的传统中的某个或多个论证的问题施加影响而导致的结果，对他来说，结果就是这些问题没有即将到来的答案。伯恩耶特的问题

③ Myles Burnyeat. Can the Skeptic Live His Skepticism//M. F. Burnyeat, ed. The Skeptical Tradition. Berkeley: University of California Press, 1983: 139-140.

> 就是，除了这些论证导致思考者相信没有即将到来的答案的假设之外，那个过程如何能实现平静。
>
> 我认为，答案在此……我们应该认为伊壁鸠鲁面对的是如下选择：或者真能够被判定（determined），或者不能够；如果能够，那么因为他是保持思想开放的，所以他就可能成功地判定它；如果不能够，那么通过悬搁判断，他就至少避免了错误地认为他能够判定它的危险，与此同时避免意识到的他已经屈服于那个危险的可能性相关的焦虑。
>
> 也许，值得强调的是伯恩耶特与我的建议之间的截然对立：鉴于他把平静的来源定位在信念中，我和伊壁鸠鲁则把它定位在信念的缺乏中。在我看来，他归属于伊壁鸠鲁的信念——对立的主张是被同等地平衡的信念——不是平静的来源，而是焦虑的来源；在这个方面，这种命题——各自版本的怀疑论口号——与任何其他不明示的命题一样具有威胁性的事实，有助于解释伊壁鸠鲁对它们的自适用性（self-applicability）的强调及其他对涉及它们的信念的随之而来的悬搁。(*PH* I：187－200)④

220 因此，伯恩耶特和琼森的分歧在于，对皮罗主义来说，平静的来源到底是什么。对前者来说，对立的主张永远是被同等地平衡的信念是平静的来源。对后者来说，伴随着一个特定的复杂表象和一个不间断的思想开放的信念的悬搁才是平静的来源。

c. 然而，假定我们所寻找的东西是平静的本质，这两个答案哪一个才是对的？这个问题并没有直接明显的答案。我们的两个作者所识别的因素哪一个才能保证平静，即从纷扰中摆脱出来？这些因素的哪一些以及如何用于消除或避免挫折或焦虑？

如果恼人的挫折是一个相信某种东西应该如此但你的对手却认为应该那样的问题（或者，当你偏好某种东西时，你却不相信它），那么为了通过悬搁信念而阻止这种挫折，你显然需要做的事情就是直接悬搁你所反

---

④ Bredo Johnsen. On the Coherence of Pyrrhonian Skepticism. The Philosophical Review，110（2001）：544－545.

对的事物。所以，现在我们直面伯恩耶特和琼森的某些问题：伯恩耶特所识别的信念如何能本质上被包含在对这种恼人的挫折的阻止中？毕竟，要通过你的信念态度来消除挫折，你就需要拒绝信念，而不是拥抱它；至少，你需要拒绝某些信念，即那些你所反对的信念（或那些与你所偏好的命题对立的信念）。

可以作为回应的是，保持平静的信念间接地完成了工作；也就是说，一旦一个人被说服对任何“是否”问题的冲突回答注定保持均衡，他就会被导向悬搁任何他可能面对的这种问题的信念，包括对所关切的问题的质疑。在这种关切中，一个人偏向某一方面，其他人则与之相反。

虽然拥有某种合理性，但它还是留下了一个令人迷惑的问题：为什么皮罗主义者对一般性怀疑论、平静和悬搁感兴趣？毕竟，对平静最重要的东西非常限制于主体所关切的问题的信念。因为这些问题只关切哪一个信念能够与情感结合，以便产生恼人的挫折。

d. 琼森对悬搁如何导致平静的解释也对一个类似的问题开放。为什么所有特别语境都超越了相关信念的悬搁？为什么也要求思想开放，甚至要求“真或者能够被判定或不能够……”的表象，等等？

无论如何，正如我们依旧看到的那样，这两种解释都存在一个更严重的问题，这个问题击中了皮罗主义的核心。这个问题是因为挫折仅仅是纷 221
扰的一个变种而被提出的。焦虑难道不以其自身的方式是纷扰的吗？变得焦虑是强烈地偏好某种东西（或者反对或冷对某种东西，但这仅仅是一个特例），同时有意识地对这个结果不确定。现在，这使皮罗主义的认知实践如何被假设符合其整个生活方式变得不清楚。回想一下，通过使用论式，皮罗主义者在任何一个问题上都平衡正反两方面的理由，这导致信念的悬搁。但信念的悬搁是纷扰的焦虑的一个关键组成部分。所以，现在看起来是，远非保护我们自己避免纷扰和帮助我们达到平静，皮罗式实践拥有潜在的焦虑，而不是实现纷扰的焦虑。

7. 如果存在一种方式绕过这种焦虑，那么就很可能是通过纷扰的其他组成部分，即情感的组成部分——偏好或反对。悬搁能够帮助我们消除或减轻情感，并相应地感受我们的平静程度。注意，我们已经开始认识到平静不仅仅是黑/白、开/关问题。毋宁说，显而易见的是，平静有程度之分，当然纷扰也是如此，它伴随着挫折或焦虑。一个人能够或多或少是沮丧的，或多或少是焦虑的。即使皮罗主义不能产生**绝对的平静**，但只要它帮助我们获得更多的平静，它就是有所助益的。

a. 也许，一旦我们认识到一个理性存在者的情感将是与评价性信念合拍的，皮罗主义就可能被认为能够让这个结果成为可能。如果你被说服某种东西不值得关心，那么你就不会去关心它了。确实如此，如果你关心某种东西但却不能说出是否值得关心的话，那么你就缺乏恰当的理性融贯性。与此相应，当你的情感与你的评价性信念达到一致的时候，你在某种程度上更合理。在这种态度 p 的一个特定结合中，你的合理性程度大概取决于 p 的重要性，即你有多确定这种重要性，你有多关心 p，并且以哪种方式偏好或不偏好它。

因此，通过提升一般性悬搁，你提升了评价性悬搁，也就是说，对重要的东西以及信念的悬搁。那么，对一个理性存在者来说，悬搁这种信念将与移除相应情感是一致的，或至少在某种程度上这个存在者受理性指导这样做。

222 这似乎提供了一种更令人满意的解释，解释了皮罗式悬搁如何被认定促进了平静。不像早先的建议，这提供了一种令人满意的解释，解释了这两个现象的构成如何保证了它们之间的必然关联。通过这种关联，可以认为其中的一个导致了其中的另一个。

然而，正如早先的建议那样，一个令人迷惑的问题依旧存在：为什么是一般性怀疑论？现在，一个人的平静所需要的一切只不过是评价性怀疑论。为什么要超越这种怀疑论？

我们的问题表明皮罗主义不仅仅是一种达到平静的方式。当然，这是一个副产品，就像海绵被丢进了挫折中却出乎意料地产生了所意欲的画作效果。但皮罗主义正好是一个持续的、思想开放的探究问题；事实上，这种探究通过一个论证性论式导致了对大量远远超越单纯评价性的问题的悬搁。⑤

---

⑤ 当评价性问题是外在评价问题，如工具性评价时，许多事实性问题将对评价性问题产生影响。

b. 根据伯恩耶特的观点，存在第二种方式，皮罗主义者陷在不融贯的困境中。因为皮罗主义者据说为了实现悬搁而使用了论式。但论式是论证形式，使用它们就是根据相关的论证样式进行推理。但没有任何种类的信念，一个人如何可能推理？

可能的回应是，推理就像用完就被丢弃的梯子，或用完就被排出的泻药。但皮罗主义者在给定问题上达到悬搁时并没有停止生活，并没有搁置自己的生活。他继续探究，这在某种程度上意味着保持思想开放。如果理性探究和论证性论式的实用必须依赖大量信念，那么一个人如何可能继续过一种怀疑论者的生活？

对皮罗主义者来说，值得做的事情就是寻找某种方式理解论式如何能在必然包含信念的情况下在推理中使用。让我们思考这个问题。

皮罗主义者宣称他们的生活不是受信念的指导，而是通过表象。所以，如果表象能恰当地发挥作用，那么在他们的论式推理中，这就是信念的一个非常自然的替代物。让我们看一看琼森是如何落实这个观念的。

c. 首先，试想一下，这种推理可能在一门逻辑课中被发现。这种推 223
理似乎不要求信念或赞同。假设你根据下面这种样式在黑板上进行推理：

　　i. p

　　ii. p⊃q

因此，iii. q

在这样做时，你假定 i 和 ii，并推断 iii，并且在此，我们看不到对信念或赞同的明显依赖。但等一等，抗议马上出现，无疑，你至少必须相信或赞同相应的推理条件句，即 i&ii⊃iii；也许，你甚至必须赞同某种更强的东西，赞同如下这个模态主张：必然地，i&ii⊃iii。

琼森提出了异议。在他看来，只要我们仅仅赞同表象，推理就能被归入肯定前件式样式。让我们更详细地思考他的完整提议。下面是两个相关段落：

> 要点在此。至少，我们最初应该把皮罗主义者视为仅仅提供或提出如下直接论证。然而，除了它们看起来是可靠的，即每一个前提看

起来都是真的，每一个推论都是有效的，这个论证没有**宣称任何东西**（claiming nothing）：

（i’）对 S 来说，看起来 p。

（ii’）对 T 来说，看起来非 p。

（iii’）所有表象都是同等权威的。

（iv’）不存在其他相关考量。

因此，

（v’）偏向 p 和非 p 的考量各自被同等地平衡。

（vi’）如果偏向 p 和非 p 的考量各自被同等地平衡，那么我们就应该悬搁关于 p 的判断。

因此，

（vii’）我们应该悬搁关于 p 的判断。⑥

这符合伯恩耶特在其限制的意义上把皮罗主义者的悬搁限制于“信
224 念”的理解，即客观的赞同，超越思想者彼时彼刻的主观性赞同如其所是的东西。因为，这让思想者自由地赞同关于事物如何向他显现的命题，关于他当前的意识状态，而不是关于客观事实的命题。

d. 在思考这条理解路线之时，我们最好进一步关注表象的本质。首先是琼森的理解：

> 许多哲学或理论案例似乎都共享一个共同的特征，伯恩耶特把它当作知觉表象的独特特征。例如，思考呈现理论灾难的矛盾论证的使用，等待那些不经意地使用不当的自我指涉或试图除零（division by zero）。这种论证能够看起来是可靠的，即使它们显然是不可靠的。也许，更直接相关的是哲学家和其他理论者努力试图在看起来可靠的论证中检查瑕疵的情况，但那违背了他们自身的信念。在这种情况下，可靠性的表象或印象显然不等同于赞同。概言之，在知觉中，不

---

⑥ Bredo Johnsen. On the Coherence of Pyrrhonian Skepticism. The Philosophical Review, 110 (2001): 537.

> 管幻想扮演什么角色，哲学或理论中似乎都存在某种与它相符合的东西。⑦

伯恩耶特则更坚定自信并更宽泛和明确地概括如下：

> 因此，我建议表象与真实存在的怀疑论的对立是单纯形式的对立，完全独立于主体。怀疑论者……把问题区分成关于某种东西如何显现的问题和它真实是怎样的问题，两类问题可能被用于追问任何东西。⑧

相对于一个给定主体 S 和时间 t，试想一下对一个命题 p 的如下三种态度：(a) S 判断 p，或赞同 p；(b) S 相信 p；(c) 向 S 显现 p (appearing to S that p)。这三种态度中的任何一种都对应一个算子 (operator)，这个算子在一个陈述句前增加一个前缀，进而产生另一个陈述句，例如"S 相信……"被添加到"雪是白的"之前。牢记伯恩耶特相当普遍的区分，我们现在可以注意到 JAp 和 Bap 与 AAp 之间的区分。以最后那种态度为例：它能够理智地向我呈现说，它向我呈现 p。实际上，这种表象能够是非常强的，比更低水平的简单表象 p 更强。

现在，我们真的需要看看皮罗式论式的范围有多广，特别是阿古利巴 225
五论式。如果它们非常普遍，那么这将关键地影响我们之前关于皮罗主义者如何能够继续推理的建议。事实上没有一种建议是可行的，不管是伯恩耶特的，还是琼森的。因为这两种建议都蕴含怀疑论者仅仅通过赞同主观命题的方式进行推理，就像通过赞同各种事物如何向他显现的方式进行推理。但是，如果阿古利巴论式导致了赞同的一般性悬搁，那么怀疑论者就不会赞同任何命题，甚至任何关于事物如何向他显现的命题，即使赞同某些这类命题被认为是他能够推理所必需的。

假设我们推翻阿古利巴论式，温和地把皮罗式怀疑论的范围限制在理论命题的范围内，而把单调乏味的常识性真理排除在外。或者假设我们把

---

⑦ Myles Burnyeat. Can the Skeptic Live His Skepticism//M. F. Burnyeat, ed. The Skeptical Tradition. Berkeley: University of California Press, 1983: 547.

⑧ 同⑦128.

怀疑论者的范围限制在超越主体的意识状态的客观事物上，或者限制在必须通过推论性推理解决的非显而易见的问题上。然而，一旦我们允许恰当地赞同基本确证的东西，这就能合乎情理地扩展到多大的范围？如果存在一种能够从阿古利巴异议中全身而退的基础确证，那么把皮罗式怀疑论者仅仅限于主体当前的意识状态就不是很合乎情理。当然，逻辑、算术和几何学的最简单的真理也是合理的候选者。所以，最显而易见的评价性真理也是合理的候选者，例如快乐总比不快乐好。而且，对健全的理性主体来说，这些都会在他们的训练中带来相应的情感。因此，一个人当然会偏好快乐而不是不快乐。现在存在扰乱心神的焦虑的空间，由于达不到喜乐平静，所以在那种程度上就达不到幸福。

因此，平静似乎更合理地要求的东西是一种更普遍的赞同或信念的悬搁，实际上是一种非常普遍的悬搁。没有这种彻底的悬搁，我们很难看到皮罗主义的要素如何恰当地关联在一起。特别的是，均衡和悬搁如何能导致平静与幸福？

这就阻止了琼森所提倡的关于我们的推理的解释，因为它让皮罗主义者相容地赋予他们的悬搁所要必需的范围。因为，那种解释要求我们赞同以各种方式向我们显现的事物，正如通过怀疑论者的探究所揭示的推理那样。并且，我们现在已经看到皮罗主义者是如何通过赞同任何这种事物而被阻止的。皮罗主义者不仅通过赞同前提和这个推理的有效性而被阻止，
226 而且通过赞同向自己呈现哪一个前提是真的或哪一个推理是有效的而被阻止。皮罗主义能否获得任何救援，或伯恩耶特被证明正确地认为这个立场仅仅是不融贯的而且不能这样生活？

e. 现在，我们需要分辨两件事，这是我们对自身的命题性态度所能做的事：

i. 我们或者能够**表达**它们，或者能够**发声**（voice）它们。

ii. 我们能够自我归属它们。

试想一下如何把它用于全部的态度：信念、欲望、希望、恐惧，等等。注意，这种发声不需要一种陈述性断言。例如，它能够采取祈愿形式：希望如此这般！它能够采取意向表达的形式：我想做这做那，我应该这样做。

或者也许：让我（let me）或让我们做这做那。

当一个人表达和发声他的想象时，他真的不是在断言它们。也许只是**使之相信**（make believe）。因此，在叙述一个想象的故事中，一个人没有做出断言性主张，他只是在讲故事而已。

在每一种情况中，发声这个态度当然完全不同于自我归属它。这是全体适用的：适用于想象、相信、打算、愿望或任何其他态度。当讲故事者说“杰克和吉尔爬到了山顶”时，他在表达他的想象。为了自我归属他的想象，他还必须说“我想象（两个小孩）杰克和吉尔爬到了山顶”，或诸如此类。

而且，我能够**内在地**（in foro interno）自我归属一个公开的或私人的态度。相反，“发声”一个表象，表达向一个人呈现的诸如此类的东西，例如表达它，在正常情况下这些似乎都要求一个公开表现。然而，存在一个私人发声的类似物，使在一个人自身的心灵的私人领域，我们依旧能够区分自我归属一个态度与一种沉默的发声或表达？为什么不只是区分隐含的、存储的或下意识的态度和完全有意识的相关态度呢？因此，有意识的希望或欲望可能偶尔通过发声一个祈愿句采取一种关于希望或欲望的公开表达的私人类似物的形式。在其他情况中，一种私人的希望可能采取持续有意识的态度的形式。相反，希望或欲望的私人归属会包含内在地赞同一个人拥有这个希望或欲望的命题。

接下来，我们必须认识到，希望、欲望、偏好、打算、决定和一般而言的支持性态度都能在推理中出现。特别是，有意识的希望和偏好能够这 227
样做。而且，它们不只通过自我归属出现在推理中。它们的归属不只能够通过推理具化成形。它们本身能够因推理而产生，并且能够充当一个推理的输入，甚至在没有自我归属的情况下也能如此，就像当一个人想要的某种东西所要求的非自我意识的觉知导致一个新的欲望时，这个欲望通过一种推理建立在一个输入欲望的基础上。

所以，对怀疑论者来说，可能存在一种通过一种推理但却又不要求赞同的方式追求他的探究，只要表象能够无须通过推理者的自我归属而在推理中出现。一个问题依旧存在：推理能否在没有非常类似于信念的东西的情况下恰当地发生？也就是说，不需要一个人相信推理步骤的相应条件句。但表面上看来，甚至这些相应条件句都能刚好作为表象的内容出现，由此可能在认知动力学（cognitive dynamics）中发挥作用。这种认知动力学看起来非常像推理，在其中，一个人通过一种推理解释了某种表象的形成。这种推理只要求进一步的表象，而这些表象的内容是被包含在这个推理中的直接推理步骤的相应条件句。

8. 最后，我们被告知，怀疑论是受表象指导的。我们如何理解这一点？表象如何能够指导身体行动或理智行动？

回想其中所包含的表象的种类是重要的：一般而言的理智表象不仅仅是那些感觉及其衍生的表象。所以，我们要说，在 øing 中，我们受到对一个人从事 ø 来说是正确的表象的指导，或者说，最好从事 ø，或我们应该从事 ø，或诸如此类的事情吗？

皮罗主义者认为自己受到了一个四重图式的指导。其一，这个图式包括更一般意义上的自然的指导；其二，包括我们身体的内驱力和渴望；其三，包括一个人的文化与社会的法律和习俗；其四，包括一门手艺的实践。这意味着皮罗主义者由符合这四个要素的表象指导吗？这大概包括理智表象，不管是不是感觉地驱动的；对我们来说，正确的或最好继续保持给定的要素是：正确地饮水（当口渴时）或红灯时停下脚步，或用滚轴而不是刷子来油漆，等等。这是表象取代信念在我们的生活中发挥指导作用的方式吗？

228 如果皮罗式的辩证法和反思总是让表象保持平衡，那么就很难想象，表象如何可能充当生活的指导？这似乎包括被四重图式所统摄的问题，它不过是四重图式的一个特例而已。毕竟，根据这些问题，假定论式、平衡和悬搁是有效的，我们跟随表象，恰恰是因为我们被弄得不能相信。所以，一旦怀疑论者恰当地完成了自己的工作，这些问题就不是例外：在此，我们的命运是均衡，而且这种均衡来自同等地被平衡的理智表象的冲突。现在，我们有一个疑惑：当表象必须同等雄辩地为每一个问题的两边辩护时，它如何能指导？

皮罗主义者有两种方式回答这个问题。当我们考虑下面两个原则时，它们就会浮现。

> 第一个皮罗主义原则（P）：如果在一个是否 p 问题上，肯定的自信（0.5 之上）或否定的自信（0.5 之下）都不足够大，那么就既不是相信也不是不相信，准确地说，是悬搁。

这个原则非常模糊。它能被解读成只是一个描述性的心理原则，但也能被解读成一个关于我们认知态度之规定的规范性原则。

描述性地解读这个原则，它可以被更明确地表达为：

> （PD）：如果在一个是否 p 问题上，肯定的自信（0.5 之上）或否定的自信（0.5 之下）都不足够大，那么一个人事实上就既不是相信也不是不相信，准确地说，是悬搁。

实际上，这能被理解为定义了三个态度：自信、不信和悬搁。三者都位于单位区间所覆盖的自信维度的临界值之上。根据这种解释，存在一个肯定的自信的临界值，比如 0.75，存在一个否定的自信的临界值，比如 0.25，使那个信念是位于肯定临界值之上的自信，即在 0.75 之上，而不信就是低于否定的临界值之下的自信，即在 0.25 之下，悬搁则是 0.25 ~ 0.75 的自信。

然而，**规范性地**解读这个原则，它可以被这样表述：

> （PN）：如果在一个是否 p 问题上，肯定的自信（0.5 之上）或否定的自信（0.5 之下）都不足够大，那么一个人就必须既不是相信也不是不相信，准确地说，必须是悬搁。

如果我们把相关的信念设想成判断、一种断言的心灵活动或这样断言的倾向，那么我们就能理解 PD 与 PN 之间的关系。在这种情况下，相关 229
的临界值最好被视为我们（因为肯定的临界值）开始倾向于肯定或（因为否定的临界值）停止倾向于否定的起点。单位区间内的恰当悬搁的范围是恰当肯定临界值与恰当否定临界值之间的子区间。这可能从一个极其小的单点（single point）0.5 变化到某个肯定的区间［d，a］，在这个区间，a 是肯定的临界值，d 是否定的临界值（凭此，我们现在推测 a 不等于 d）。

皮罗主义者说一个人必须悬搁一个给定的问题，即是否 p 问题，这开启了两种补充皮罗式立场的可能方式。根据一种解释，他们说支持和反对的理由总是被完全平衡过的，以至于合理地被要求的东西就是一个人不再拥有偏好 p 超过反对 p 的合成自信。他们一个接一个地探究问题，他们发现自己处于这样一种状态，在其中，理由要求一种 0.5 的信度，因此理所当然地要求一种既不肯定也不否定 p 的倾向。而且，他们能够一个问题接一个问题地推断，悬搁是必需的，必将如此，不管为 PN 所采用的“充分性”标准是什么。⑨

根据这种方式理解皮罗式立场，皮罗主义还能是一种生活的指导吗？或者说，休谟和其他怀疑论者正确地摒弃了皮罗式生活哲学，斥之为不可生活的吗？在我们对皮罗式立场的强理解的视角下，一个合成表现如何可能指导我们？它能够这样做，恰恰是通过它成为一个零向量（vector of magnitude zero），即通过支持和反对的理由的完全平衡，这种平衡（恰当地）导致了一个 0.5 的自信。多少令人感到奇怪的是，以这样一种方式确实提供了指导！这个指导就是，我们随心所欲地自由选择。我们完全是自由的。⑩相应地，皮罗主义者能够在生存的意义上选择根据他们的思维图式生活。这与一个完全理性的决定程序是非常一致的。现在看来，休谟似乎错误地假定皮罗式哲学会让生活和社会陷入停顿。的确，包含论式的皮罗式推理使它很难或不可能预测一个理性的皮罗主义者会做什么。
230 但我们能够不再预测死气沉沉和普遍的懒散，而能够预测过度活跃或其他任何东西。当然，如果我们包含四重图式的倡议，那么皮罗式哲学就会包含一种生存论立场。假设这种立场被保留下来，由此，他们的行为有了一定之规，变得可预测，至少在我们这些非皮罗主义者看来是如此。

然而，我们依旧质疑皮罗主义者还存在一个融贯性问题。因为信念不仅是认知地可评价的，而且是以其他方式可评价的，比如实用的方式。就

---

⑨ 大概，他们能够得出的这些“结论”不需要等同于自信的断定性断言。与琼森一致，我们可以把它们视为单纯的（理智）表象，而这些表象是通过论式引入的。

⑩ 因此，一个权威不仅能够通过说明所要求的东西为其崇拜者提供指导，而且能够通过说明被允许的东西提供这种指导。

相信是某种我们所做的有关事情而言，一个信念的采信不管是不是自由的或自愿的，它都是某种不仅仅认知地可评价的东西，尽管它当然可以那样评价。它还是更一般地可评价的，或至少以理性地可控制的方式实现。我们可评估我们的信念状态，这似乎丝毫不低于我们是否负担过重的评价。但就我们确实形成它们而言，在四重图式的影响下，现在我们的信念状态似乎是我们的生活中发生的状态。所以，我们为什么必定会理性地悬搁信念？也许我们不再被迫悬搁信念的全面合理性，而只是克制行动或引起在正常生活中发生的任何其他状态。当然，我们是自由地悬搁信念的，但我们同等自由地相信和不相信。假设我们的生存选择是按照四重图式进行的，那么这个图式包含的第一个组成部分就是让我们自愿地听从自然的命令。这似乎会达到这样一个结果，我们终将形成信念，而且正好以日常形成它们的方式，也就是说，以自然的方式形成它们。然而，皮罗主义者与休谟有一个重大的分歧。皮罗主义者大概会认同我们完全是根据理性行动的。这是因为，经过通盘考虑，我们生存论地采纳四重图式是被允许的，因为不存在一个理性所偏好的替代选择。⑪

9. 所以，对怀疑论者来说，只要表象能够无须经过推理者的自我归属出现在推理中，似乎就存在一种通过无须赞同的推理追求他的探究的方式。一个是否推理的问题依旧能够在没有非常类似于信念的东西的情况下发生。但从表面上看，甚至这些相应条件句有可能仅仅作为表象内容出
现，由此可能在非常像推理的认知动力学中起作用。在这种动力学中，我 231
们通过一种只要求进一步表象的推理解释了某种表象的形成。这些进一步表象的内容就是推理步骤的相应条件句。

然而，这要求指导性表象是合成表象。这些表象是什么？试想一下权衡支持和反对理由的审议过程，一个人是从原初的赞同或不赞同的吸引开始的。通过某种向量加法，我们最终接近一种合成表观、一种信度或倾

---

⑪ 可以想象，休谟式的观点就是，即使运动在缺乏信念的情况下依然是可能的，行动要求的也比运动多。而且，事实上他感兴趣的行动，即意向行动，构成性地要求信念。这是一条有趣的解释路径，但这种意向行动的解释在本书第七章已经被排除了。

向，也许是一种绝对悬搁。

因此，根据这种观点，我们能够通过表观的推理而被指导。这要经过两个阶段。第一阶段是沉思，最终导致一种合成表观的理论审议。因此，这种合成表观或理智表观和信度在指导我们时发挥了作用，而且众多它能够指导的行动就是在肯定、否定和悬搁之间的选择行动。这种合成表观基于其他表观，而且在此恰当的基于将要求前提表观必须本身是恰当的。我们现在面对熟悉的阿古利巴三难困境。

这种三难困境的解决通常要求存在某种表观的基础，这种表观本身以相同的方式可被评价为表观。这种基础性的判断或表观可能基于个人层面的主体的心理状态，这些状态本身根本是不可评价的，甚至不能被评价为不自由的认知功能。毋宁说，它们以另一种方式为胜任表观或判断提供一个基础，这个基础是自我呈现的、“所与的”心理状态，诸如痛或痒；这种状态能够通过一个足够高可靠性的表观或判断而被主体胜任力地“接受”。在人类心灵之中，任一时刻给予的这种表象都存在一个理性结构，这些表象成为最初或合成的表观或赞同的吸引。正如我们所看到的那样，某些表观合理地基于其他表象，或者是基础性地基于，或是推论性地基于。

然而，某些表观不需要基于任何其他个人层面的心理状态。它们能够恰当地通过展示一个主体的基础性胜任力而被取代，这种胜任力不需要通
232 过某种心理状态所提供的一个基础而起作用。毋宁说，这种基础性胜任力可能通过*亚人类*机制起作用，这种机制使判断或表观充分地真可靠（truth reliable）。

缺乏已经（或同时）形成的信念，我们如何能令人信服地被指导去形成信念？信念是不是表观可能指导我们采纳的众多态度之一？在此，信念是至少*内在地*赞同肯定地判断的倾向。因此，这种信念是偶发的*判断*，或倾向性的、判断性的信念和判断倾向。假设皮罗主义者允许表象*可能*令人信服地指导我们形成这种判断或判断性信念。根据皮罗主义解释，一个人有*可能*逃脱阿古利巴三难困境。他所采取的所有东西就是存在认知上恰当的合成表象或表观，这些表象或表观恰当地指导一个人肯定地判断、赞同某个命题。由此，一个人会逃脱赞同那个命题的随意性。一个人会讨论

随意性，因为他会拥有决定赞同的一个理由，即使这个理由不是一个判断或信念本身自愿采纳的。相反，这个理由可能仅仅是一个消极的合成表象或这种表象的结合。而且，这个推理原则本身可能通过一个合成表象而被采纳，这个表象指导思想者现实地相信，而不仅仅是知道一个进一步的表象。

是的，一切都能令人信服地发生。皮罗主义者没有达到一个能够让他们恰当地赞同的合成表象和信度。然而，一个人能够在自己的知识论概念中加入皮罗主义的概念，而不用在自己的普遍悬搁中加入它们。我认为这恰好就是笛卡尔的观点，笛卡尔的知识论与皮罗式知识论密切相关。这个框架和方法论能够在笛卡尔的知识论中找到。然而，不像皮罗主义者，笛卡尔能够清楚地理解自由地、自愿地赞同大量的信念的方式。而且，他发现了一种甚至在非常严肃地采取怀疑论论证时这样做的方式，并且关切古代人的不安和现实的无能为力。

第十一章　笛卡尔的皮罗式德性知识论

233 笛卡尔是一个德性知识论者。这不仅是因为他区分了动物知识和反思知识［根据他的术语，动物知识和反思知识分别对应于认识（cognito）和知识（scientia）］，而且是因为他把对真的适切把握视为认识，即这种把握的真展示了充分的认知胜任力。① 一阶知识就是这种认识或适切的信念，然而它们能够通过胜任的反思认可升级到知识的水平。所以，笛卡尔既（a）倡导适切作为简单知识的一种解释，也（b）强调一种要求来自二阶视角之认可的更高知识。这包含了当代哲学所创立的一类“德性知识论”的两个主要组成部分。

下面，我将论证我们能够把笛卡尔的知识论计划理解为一个符合刚刚所概述的知识论观点的二阶计划。沿着这个思路，认可性的细节将更全面地揭示他对这项计划的承诺。

A. 怀疑的方法及其目标

234 在他的《沉思集》和其他相关作品中，笛卡尔到底在追求什么？至

---

① “一个无神论者能够‘清楚地觉知一个三角形的三个内角之和等于两个直角之和’，这是一个我无法辩驳的事实。但我坚持认为他（对知识）的觉知不是真正的知识，因为没有一个能够被怀疑的觉知行为会符合知识的标准。现在，因为我们假设这个个体是一个无神论者，他不能确定他没有在这个问题上被欺骗，这些问题对他来说是显而易见的（就像我完全解释的那样）。尽管这种怀疑可能不会出现在他面前，但是，如果某人提起这一点或他自己仔细审查这个问题，那么他就是能够意外发现的。所以，他不会自由地怀疑，直到他承认上帝存在。”（来自第二组反驳的回应，引自：J. Cottingham，R. Stoothoff，D. Murdoch，eds. Philosophical Writings of Descartes. Cambridge：Cambridge University Press，1991. 下面笛卡尔的引文都出自这本著作集，简称“CSM”。）

少在某种程度上，他没有参与一项决定他应该相信什么、对他来说合理地相信什么的计划。例如，思考如下两段话：

> （当）涉及筹划我们生活的问题时，不信任感官当然是愚蠢的。怀疑论者活该被取笑，因为他们忽视人类的事务到了朋友不得不阻止他们跌落悬崖的程度。因此，我曾在一个段落中指出，没有人会疯狂地严肃地质疑这种事情。但在我们的探究涉及人类理智所能知道的完全确定的东西时，拒绝这种事情是非常不合理的，也是可疑的，甚至是错误的；在此，目的是认识到不能以这种方式被拒斥的某些其他事物是更确定的，实际上也是更为我们所知的。（第五反驳的回应，*CSM* II：243；强调为笔者所加）
>
> 我的习惯性意见经常会到我的思维中来，它们跟我相处的长时期的亲熟习惯给了它们权利，让它们不由我的意愿而占据我的心，差不多成为支配我的信念的主人。只要假设它们的实际情况是那样的，即十分可能的意见——像我刚才指出的那样，它们在某种方式上就是可疑的——因而人们有更多的理由相信它们而不是否认它们，那么我就永远不能把承认和信任它们的习惯破除。因为这个缘故，我想，我反过来千方百计地骗自己是一个不错的计划，假装所有这些见解都是错误的、幻想出来的。（沉思一，*CSM* II：15；强调为笔者所加）

如果我们相信他的话，即没有一个心智健全的人会永远严肃地质疑他的习惯性意见，那么相信这些意见就比否认这些意见更合理。

除了假装我们的习俗意见是可疑的甚至是虚假的，笛卡尔式彻底的怀疑方法还能包括什么？让我们更进一步审视这个方法。首先来看如下这个关键段落：

> （那些）没有被哲学训练的人在他们心中正确地拥有各种意见，而且这些意见自童年时期就开始存储下来。因此，他们有理由相信这些意见是虚假的。为了防止它们污染其余的意见和导致整个意见不确定，他们试图把虚假信念与其他信念区分开。现在，它们能够完成这一点的最佳方式就是一下子拒斥所有的信念，仿佛它们都是不确定的和虚假的。它们能够反过来重温每一个信念，只有认识到它们是真

> 的、不可怀疑的，我们才重新采纳它们。因此，我从拒斥我的所有信念开始是正确的。（第七组反驳的回应，*CSM* II：324）

235 在这个段落附近，笛卡尔援引了著名的苹果篮隐喻。他如果发现篮子里的苹果有些烂掉了，会做什么？他的回答是：倒掉所有的苹果，只有通过检查之后才能重新认可（readmit）那些苹果。因此，我们才能确定腐烂不会继续未被观察地扩散。

这些苹果就是信念或意见，其中有陈旧的熟悉信念，即自童年时期就存储的信念。我们一旦发现篮子里的信念包含错误之烂（the rot of error），就会倒掉所有的信念。但我们到底如何理解这个隐喻？从篮子里“移除”一个信念指什么？拒斥一个信念指什么？

根据一个类似的观点，拒斥一个信念就是基于其内容放弃它，抵制或悬搁判断。倒空篮子的根据就在自由地相信，因为根据当前的观点，倾倒一个相信就是毁掉它。可相信的东西和早先相信的内容散见于那里。就所有那些内容而言，主体现在会抵制或悬搁。这便是这种观点。

有几个理由让这种观点变得高度可疑。首先，拒斥我们的所有信念就意味着不相信任何东西，用非信念（unbelief）普遍取代信念。这要求什么？一个人能独立地提出每一个内容，用悬搁取代对这个内容的接受吗？当然不能。内容需要用容易控制的集群方式处理，一下子被集体悬搁了。

与之相应，假设我们把这些信念间接地确认为如下信念，例如“我认可的信念”或“童年时期习得的、陈旧的、习俗的意见”。然而，如果我们只是把它们一般地挑选出来，那么就似乎没有一个可行的心理运作会导致我们所想要的普遍悬搁。可疑的是，我们能够从物地（de re）悬搁对每一个内容的判断，这些内容是这样被挑选出来的（就像“长期持有的意见”），即仅仅通过从言地（de dicto）认为它们都是可疑的或假设它们都是虚假的。

还有一个理由支持笛卡尔的“拒斥”不能合理地等同于悬搁或抵制。回想一下这个过程是如何进行的。这些被倒出篮子的信念必须经过检验（inspection）。只有通过检验的信念才能被重新认可。但相关的检验不得不包括某种推理过程。通过这种推理，我们决定是否满足一个特定条件，决定哪个信念将重新赢得认可。我们如何可能在进行任何这种推理时剥夺信念？请注意：这种推理不仅仅是有条件的。想要的结论是这个接受审查（examination）的信念通过必须检验。因此，我们为一个保证重新认可的实践三段论获得了断定的（assertoric）基础。然而，一个断定的结论要求 236
或明或暗的断定前提。这就是说，我们能够通过一种推理为一个结论获得认知身份，当且仅当我们的推理前提具有断定身份。

我们发现有三个重要理由解释为什么笛卡尔无意通过抛弃来“反驳”他的信念，用悬搁态度来取代信念态度。第一，我们已经看到他的完整陈述是“没有一个心智健全的人会做这种事情”。第二，对每一个信念来说，从物地这样做超出了我们的心理能力。第三，他如果要完成这种普遍悬搁，那么就必然会阻止他自己的计划！他的计划要求检查“被驳斥的”信念，以便决定它们是否值得被重新接纳。这种检查和决定必须通过推理完成，这种推理反过来似乎要求信念。假定把反驳理解为放弃是非常成问题的，让我们先把这种反驳的观点放在一边，发掘一个替代选项。

我认为，笛卡尔的计划至少在二阶层次是重要的。把一个信念从这个篮子里挑选出来，就是以一种特定方式在认知上谢绝认可它。[这是他“反驳”一个信念的方式，同时“假装”它是虚假的。这种假装本身是二阶的；它在一种特定描述下挑选一簇信念，并在那种描述（一般而言是关于这些信念的）下假装它们是虚假的。] 一个人不管是否早先认可它们，他现在都谢绝这样做。但笛卡尔是**如何**谢绝认可他的“被反驳的”信念的？回想这种**确定性**身份的特殊重要性，由此，一个人会毫不怀疑他的任何信念是真的。也许，关键在于我们应该如何理解认可。对一个信念的恰当的笛卡尔式认可，要求一个人没有哪怕一丁点的理由怀疑它的真。这就是对一个**无可置疑的**（doubtless）真信念的恰当认可。②

笛卡尔式反驳包括克制这种认可，即克制对一个无可置疑的真信念的认可，而不仅仅是对真信念的认可。因此，从一篮子信念中倾倒一个信念，就是忍住不认可它。一个人可能或不可能事先认可它。一个人可能不至于**思考**是否认可它。无论如何，当一个人积极地忍住不认可一个信念时，这

② 文本性证据在本章附录中列出。

个信念就被抛弃了。现在，对一个信念的抛弃及相关的“反驳”似乎与对其内容的未被削弱的自信相容。所以，我们会克服之前遭遇的这三个关键问题中的两个。如果我们的解释是正确的，那么笛卡尔就不需要为了参与
237 他的笛卡尔式怀疑计划而减损他的自信。他不会根据哪一个信念进行这种检验而剥夺信念。根据我们的解释，笛卡尔保留了未被削弱的一阶自信，甚至当它们在二阶上没有获得认可时，他的一阶信念依然能够全部被保留。通过保留一阶行动指导的动物自信，他能够理智地继续日常工作，灵巧地避免跌落很高的悬崖，他的一阶推理还能通过那些被保留的信念而滋养你。

然而，我们还要面对第三个问题。笛卡尔如何能够从个人角度从物地获取他的信念，以便反对它们，或最终认可它们？答案就是，他的计划不要求这种分散式获取信念，一个一个独立地获取。他明确地注意到这是毫无希望的。③**相关反驳及认可必须在从言模态下进行描述**。我们必须能够从分散的信念中挑选信念，以便反对或认可它们，让它们满足一个特定条件。因此，如果我们发现任何（直接或间接）基于知觉的信念都不可避免地笼罩着怀疑的乌云，那么我们就能通过在那种描述下忍住不认可它们而抛弃所有“本质上基于知觉的信念”。也许，这个计划原定以这种方式进行。但我们下面必须思考一个进一步的变数。

B. 信度 vs. 判断

回顾一下，笛卡尔坚持认为没有人曾严肃地质疑感觉的传递，而他的习惯性意见是高度意见，即相信它比否认它更合理。这就提出了如下问题：即使他参与了决定可能的人类确定性范围的计划，他又是如何“反驳”这种意见是可疑的或虚假的？

好吧，他**能够**清晰、明白地做某些事情。他能够“假装”他喜欢的任何东西，同时依旧可以在不削弱保证的情况下坚守陈旧的、传统的意见。在上述考虑的第二段（来自《沉思一》）中，**假装**就是他明确建议做的事情。而且，他还能在他的推理中使用他的信念，即非 p，但假装 p。

③ 参看《沉思一》的第二个段落。

因此，在那个电影院中，当我假装看到某人被一把短柄小斧从背后砍掉脑 238
袋时，我能够适当地忍住大声喊出一个警告。在此，我似乎通过隐含的推理依赖一个假设，即在听力所及的范围内，没有人真的需要这种警告。这种行动指导的推理完全能够是适当的，尽管我同时假装相反的东西。假装的信念是一回事，真实的信念是另一回事。

然而，这确实带来了一个问题。为什么笛卡尔应该认为假装非 p 会帮助他抵制继续相信 p 的诱惑而不包含任何相关的怀疑？在此，它有助于在两种都可能被称为“信念”的态度之间做出区分。一个是足以指导我们行动的隐含自信，包括实践选项的行动，诸如是否大声喊出一个警告；另一个是自由和自愿地做出的判断行为或基于对相关问题的考量而如此判断的倾向。在他的哲学沉思中，笛卡尔清晰明白地涉及第二种态度。他着重区分了两种能力：**第一种**是理解能力，其传递和消极地接受的东西是“知觉”，具有某种程度的清晰性和独特性；**第二种**是判断能力，基于主体的自由意志。

因此，一种可能的解释揭示了笛卡尔为什么会认为一个人通过假装 p 可能有助于避免相信非 p。在那个电影院，我们可能假装（通过视觉想象）某人在用一把短柄小斧袭击。当然，一个人**不会**由此自由地判断没有人在袭击。特别的是，一个人不可能有意识地判断他面前的场景是不真实的。包含在这种想象中的“不相信的悬搁”倾向于阻止某人通过断言和想象相反的东西而有意识地不相信。（这两种东西甚至不能结合在一起。）

然而，这能够在不削弱其自信的情况下保留一个人潜在的潜意识信度。一个人确实不会失去自信，认为他坐在一个漆黑的电影院中看一场电影（而不是在看一场血腥屠杀）。而且，尽管这会让**判断**非 p 变得更困难，但假装 p 并不构成一个**不可克服的**障碍。因此，这恰恰是笛卡尔认为假装会对他的计划有所帮助的方式。它会抵消我们与存储确信一致的正常的自主判断倾向，但它不可能让我们如此判断。然而，我们现在更自由地与真实的理由一致地进行判断，而不是与习俗一致。

与之相应，我们也能看到，即使我们忍住不认可它们，同时悬搁有意
识的赞同，我们日常的指导态度（例如皮罗主义者的表象）也能在意识 239
的表面下保持不变，并做出指导。尽管悬搁对一种态度的所有有意识的认

可，抵制任何相关的有意识的判断 p，一个人也能维持高度自信的信度 p。

试想一下能够拥有各种清晰明白程度的笛卡尔式“知觉”。这些都不仅仅是感性知觉。确实，这些知觉中最清晰明白的是先天直觉，包括理性觉知而非感性觉知。毋宁说，这些觉知都是表观：不仅是感性表观，而且是先天表观。我们不仅应该关注原初的表观，这些表观可能参与通过沉思或权衡解决的冲突，而且应该关注合成的表观，包含某种自信度的信度，这种信度是可通过单位区间进行表征的。

那些表观有资格拥有某种程度的清晰明白，但它们似乎拥有的程度不一定是它们真正拥有的那种程度。为了有资格称为真正足够的清晰明白，这些表观必须满足认知要求，我们可能不正确地把一个表观当成清晰明白的，即使它有所不足。

正如很久之前的皮罗式怀疑论者所做的那样，笛卡尔相信我们能够用这种足够自信的表观或表象来实践地指导我们的生活，而严肃地质疑能够用日常意见来指导日常生活，认为这是可笑的。这种信念绝不会被严肃地质疑。某些信念获得了足够清晰明白的身份，而且不是通过直接的、独立的（unaided）直觉，而只是间接地通过演绎推理。那么，我们似乎通过这种“知觉”、这种合成的表观和这种皮罗式的“表象”进行推理。正如皮罗主义者所做的那样，通过使用这种信度（知觉），即使它们被质疑，笛卡尔也能继续探寻和指导他的日常生活。质疑它们，不是让它们失去指导行动的能力，也不是让它们失去在所要求的探究中进行推理的能力。一个信念保留动物/认知的身份和提供这些信念所期望的指导能力，与此相容，当这个信念为了理性的检查而被带到意识中，相信者就可能拒绝认可他的信念。④

C.《沉思集》的计划

240 思考一下早期的沉思是如何进行的，从而逐渐转向我思（cogito）段

---

④ 根据这种观点，这些被笛卡尔和皮罗主义者所保留的指导“信念”正是信度，或足以提供指导的合成表观。笛卡尔认为他能够继续正当地获得和维持判断性信念是好的，但在此皮罗主义者反对继续他们的怀疑，而不认可这些信念。

落。笛卡尔认为我思命题（cogito proposition）最后给予了我们想要的东西：我们能够相信且有恰当认可的内容。这些内容提供了绝对的安全，远离了欺骗。在论证这一点时，他当然必须利用某些前提。这些推理的前提证明了认知信念通过了笛卡尔式的检查。其中一个前提就是假设“**我思，故我在**”。有的怀疑论者连算术和几何学的简单真理都怀疑，有的甚至怀疑真的存在任何形状。这种怀疑论者不可能毫无异议地允许如下知识：我思，故我在。因此，笛卡尔打算承保（underwrite）其我思的确定性的推理只能被视为拥有一个特定的限度：依赖一个似乎也要服从怀疑论质疑的前提。

笛卡尔致力于确立我们拥有某种内容或某类内容的信念**必定**是正确的［没有公然的自举法（bootstrapping）或其他恶性循环］。然而，他的推理结果会对**怀疑论挑战开放**。我只要知道“我思，故我在”，那么就能承诺我不可能错误地断言我存在，这使我的断言免遭彻底怀疑论的质疑。但《沉思一》中的彻底怀疑论者甚至质疑算术和几何学的最简单的先天真理。没有一个彻底怀疑论者会允许笛卡尔认可如下前提，即如果“我思，故我在”，那么他就确实存在。

与之相应，笛卡尔需要思考**这种假设**能否以他试图升级**我思**思想（与我们所观察到的有限成功）的方式被升级，这种假设就是他承诺**我思**思想所需的假设。从《沉思二》中获得的线索来看，他需要以某种方式将这种假设合法化，恰当地认可它们。我认为，这是《沉思集》的剩余部分设定的计划。笛卡尔继续寻找能够满足某些规范的推理：

(a) 它把关键信念提升到所要求的最高层次，那些现在受到轻微的形而上学式质疑的信念也不例外；

(b) 它这样做，但避免公然的自举法；

(c) 被这样提升的信念包括能够让他认可**我思**命题的信念。

通过后期《沉思集》中非常突出的理性神学，他继续这个计划。通过这 241
种推理，他认为他能够升级他的相关信念。他能够证明它们拥有所要求的身份，因为他能够通过恰当的推理达到如下结论，即他清晰明白的知觉足够可靠地提供他能够由此恰当地信任的传递。这种推理将避免公然的自举法，譬如假设结论所要求的前提。

让我们倒回一点。什么东西让笛卡尔的信念置身这种轻微的质疑中？回想《沉思一》中的怀疑论场景，例如，做梦场景和邪恶的恶魔场景。在这些场景中，我们基于知觉证据保留一套关于周遭世界的信念，就像这种信念的正常方式一样。尽管在这些场景中我们被彻底地欺骗了，但很难看到我们如何可能把它们排除掉。我们如果不能这样做，那么就不能**确定**自己的信念。在这些场景中，我们的信念是虚假的，因此被公认不是真的。除非我们能够排除我们现在被这样欺骗，否则，我们就不能确定真的知道当前信念是真的。

这是一种构造做梦场景的方式，但笛卡尔有第二种方式归属类似的怀疑论意义。根据第一种方式，我们在梦场景中梦到 p，**同时 p 是假的**。根据第二种方式，我们梦到 p，**不管 p 是真是假**。对笛卡尔来说，第二种情况拥有他的第四个怀疑论场景中所包含的类似的怀疑论意义。在那个场景中，没有一个上帝创造或认可我们；我们的出现是出于“命运或偶然，或一连串偶然事件，或通过除了（神）以外的其他方式”（《沉思一》，*CSM* II：14）。在那种推测下，我们确定的胜任力缺乏形而上学根据。就我们所探讨的问题而言，我们可能或不可能被足够好地构造，足够好地处于我们不会犯错且恰当地使用官能（认知胜任力或能力）的情境中。

注意笛卡尔所要求的东西的强度，就像他给予那个场景的地位所建议的那样：为了达到对是否 p 问题的**真确定性**（true certainty），我们必须被如此构造，使我们不可能犯错（给予充分的关怀和关注）。然而，缺乏一个足够强大和仁慈的造物主与认可者，我们不是必然被如此构造的。相应地，笛卡尔不仅要求一个人的信念的适切性，而且要求**最高层次**的适切
242 性，也包括“安全性”（security）。因此，一个信念是安全的，当且仅当被展示在其真之中的胜任力是如此安全地运作的，使它不太可能失手。⑤

---

⑤ 当然，笛卡尔确实允许我们有一种自由，即使具有如此的禀赋（endowment），也让我们有可能犯错。我们不能犯错的地方在我们的理解中，在我们拥有的足够清晰明白的感知能够被感知的东西的能力（只要我们避免了不专注、过于激情和其他无能者）。这种能力就是上帝给予我们的**安全**禀赋。

D. 一个更深层的问题

我们的建议能够应对关于笛卡尔处理知识论问题之方式的天真观点的三种异议：(a) 他着重断言没有一个心智健全的人会严肃地质疑日常信念，并拒斥它们；(b) 很难看到他如何做到严肃地质疑其大量的日常信念，并拒斥它们；(c) 如果这种拒斥是信念（和不信）的抵制，那么他就剥夺了自己检验所需要的东西，而在被恰当地重新认可之前，这些被拒斥的信念必须服从这种检验。

我们的建议区分了潜意识的动物信念与有意识的反思信念，前者能够继续日常地指导我们，而后者则不需要这种动物指导。放弃指导所需的信念是一件非常愚蠢的事。然而，意识反思中的判断能够被悬搁，而无须放弃相应的动物信念。这种判断确实要求理性认可，而这是怀疑论者所质疑的。异议 (a) 就谈这么多。

就异议 (b) 来说，它有助于区分大量隐含的动物信念与构成性地包含判断的有意识的反思信念。这些都是*判断*，因为当我们说某人睡着了时，我们应该在他的判断中从事一个特定的行动过程。我们不是说他在那个时刻睡着了，同时施行了一个特定的判断行为。毋宁说，如果他思考问题并致力于正确地回答问题，那么他就倾向于同时这么判断，即他至少*内在地*倾向于相应地向他自己断言。假设这些判断绝大多数都是我们自愿进行、自由控制的，*就像笛卡尔坚决相信的那样*。在那种情况下，这个倾向 243
性判断实际上自由地认可肯定地回答相应问题的策略。根本不合理的是，这些信念、判断和回应策略是自愿认可的，能够随一般的意志行为进行修改。这种意志行为非常类似于我们在驾驶时决定放弃打转向灯的行为。我们一下子就影响了策略，因为它涉及每晚开车回家路上的每一个转弯。通过一种一般特许，我们通过改变掌控全局的策略改变了每一个策略。类似地，我们能够试图改变我们的一般倾向，肯定地回应我们所遭遇的大量问题。怀疑论推理当然能以那种方式影响我们的信念。作为这种有意识的推理的一个结果，我们可能试图放弃我们的策略，肯定地回应如下问题："存在雪这样的东西吗？""它是白的吗？""存在天空这样的东西吗?”“它是蓝色的吗?”，如此等等。所以，我们一旦关注笛卡尔主要关切的那类信念，像皮罗主义者那样，就能更合理地思考对我们的信念、判断和肯定地回应倾向的普遍放弃，而且是自由和自愿地放弃。

异议（c）又怎样？尽管拒斥判断，我们也还是能保留确信，即各种程度的信度，甚至保留一般地指导我们的行为和表现的动物信念。当然，被如此指导的表现可能是推理；所以，尽管放弃了判断，我们也还是能保留让我们的信念一般地服从重新认可我们的判断所要求的那种检验的能力。

我们可能进行这种被要求的推理，可能进行构成这种推理的推论。然而，这种推理和推论有多可信？我们有理由关切这一点。毕竟，笛卡尔所需的推理是**沉思**，即有意识地反思思想，这种思想被包含在有意识的推理中。一般而言，一旦他放弃判断，他就会拥有这种推理所要求的东西。不过，这一点还不清楚。一个人如何能够进行有意识的推理？如何在缺乏肯定前提所要求的判断的情况下进行训练和有意识的论证？

如果笛卡尔在仔细考虑他的全部判断性信念之后拒斥所有判断，并且如果为了一个信念通过如下检验，即为了重新接纳主体的那组判断，一个
244 潜在判断必须通过检验，那么，我们需要了然于胸的是，这个判断满足所要求的条件。实际上，这是一个严肃的问题。如果这样做的唯一方式是通过有意识的溯因推理，那么一旦我们拒斥了所有判断，我们就还有一个问题。有意识的溯因推理要求前提，而且这些前提需要被有意识地断言，而对这些前提的断言似乎要求恰当的在先的认知立场（epistemic standing），使从它们出发的推理能够反过来有效地赋予这个结论恰当立场。但是，一个人放弃了所有判断和所有有意识的断言，那么他就被剥夺了恰当立场。现在，一个人企图回到那组恰当判断来承认一个判断，但他这样做没有基于任何判断。现在，这似乎超出了我们的能力范围，因为缺乏拥有在先恰当立场的判断。

解决方案就是拒斥如下假设，即只有通过在先判断的有意识的推理，一个人才能为一个被拒斥的判断获得身份。首先回想一下，对判断的全局拒斥（global rejection）是通过在一个特定描述下对判断的一组从言拒斥完成的，也许仅仅是“童年时期人类正常存储的信念，通过与环境的知

觉交互作用获得”。对笛卡尔来说，这种全局拒斥是一种意志行为，类似于我们拒绝毫不质疑地遵守交通规则的策略（特别是打转向灯的策略）的意志行为。这种全局的意志行为在很大程度上会达到目标，即从那时起，我们按照我们的全局决定来行动。然而，它可能达不到普遍的成功。不仅如此，一个人无疑可能不能按照它来行动，这种例外在认知上是完全适当的。现在，我将证明这是笛卡尔可获得的一个选项，而且是他实际采取的一个选择。

对笛卡尔来说，存在某些除了赞同之外不能回答的问题。因此，这种被赞同的回答是不可怀疑的。一旦一个人在心中开始关注，他就或者不能否认，或者甚至不能悬搁这种问题。没有有意识地赞同的替代方式。现在，这种情况可能以两种方式进行。一种是完全洗脑的方式，所以一个人的心灵与那个问题不恰当地但紧密地相关。另一种是，它可能是那种问题，我们理智的恰当运作没有为替代可能性留下空间。我们必须赞同，因为那是一个恰当地构造的心灵必须要做的，除非它遭受了不幸的扭曲的外力。但是，如果对某些简单的逻辑和数学以及其他基本的先天真理来说是如此，那么我们终归就不是自由地谈及它们，所以我们的判断终归不是自 245
由地来自意志？对笛卡尔这样的相容主义者来说，不是如此。根据他的观点，我们在没有任何扭曲的外力作用下完全被理性所迫时，我们实际上不是这么自由的。

下面是我们解决问题（c）的方案。那个问题到底是什么？笛卡尔决定像他沉思那样一般地驳斥他的判断。现在，他只会重新认可那些通过怀疑方法所强加的检验的信念。但是，这种检验当然是理性的检验，而这似乎要求推理。这种推理似乎反过来要求在先立场的判断前提！然而，如果我们被完全剥夺这种在先判断，那么我们就没有一种方式恰当地重新认可一个判断。所以，笛卡尔的知识论计划必定会夭折。

结果看起来就是如此，但只是基于一个有问题的假设。尽管笛卡尔全面地“拒斥了”所有他过去所获得的判断，但这只是在那种描述下的一种一般的、从言的拒斥。他签署了一份策略协定，约定他不会基于思考而赞同任何这种命题。然而，如果他试图系统地执行这个策略，那么，一旦命题呈现在心灵面前，他就会碰到他不能这样做的情况。毕竟，他不能阻挡对某些命题的认同，因此，他的全局承诺实际上在许多特例上都会失败。对他来说，这些就是从物地不可怀疑的命题。这组命题包括他通过理性直觉接受的命题，这种直觉或者用于回答一个呈现于他面前的孤立问题，或者是当他进行直接推理时，出现于某个演绎推理链条中。所以，他毕竟还能保留大量有意识的、直觉的判断。根据这些判断，他能重新认可被拒斥的判断所要求的检验。

E. 笛卡尔知识论的四个关键概念

我们已经接触**确定性**、**怀疑**、**认可**，但还没有思考笛卡尔式**错误**。我们在这个关键概念中所揭示的东西也对其他三个概念有影响。

246 **错误**。我们平常认为，错误由虚假构成。一个错误信念或意见只不过是一个虚假的信念。我们可以从如下两个段落看出二者其实相差很远：

> 但是，有某种东西……我习惯断定它，并且通过习惯性信念，我认为我清楚地感知到，尽管我事实上并不是这样做的。事实是，存在外在于我的事物，它们是我的观念的来源，它们在所有方面都相似。这是我的错误；**或者不管怎么说，如果我的判断是真的，那么这并不是因为我的知觉的力量**。⑥(《沉思三》，*CSM* II：25；强调为笔者所加)
>
> 如果……我只在没有足够清晰明白地感受到真的地方防止做出一个判断，那么我的行为就是正确的，避免了错误。但是，如果在这些情况下我肯定或否定，那么我就没有正确地使用自由意志。如果我追求一个错误的可选项，那么我显然会陷入错误之中；如果我选择另一边，那么我只是**纯粹碰巧达到了真**，我依旧有过错，因为通过自然之光理智者的知觉总是应该阻止意志的决断。在对自由意志的这种不正确使用中，我们可以发现构成错误本质的奥秘。(《沉思四》，*CSM*

---

⑥ 拉丁语的表达是："Atque hoc erat, in quo vel fallebar, vel certe, si verum judicabam, id non ex vi meae perceptionis contingebat." 法语的表达是："Et c'était en cela que je me trompais; ou, si peut-être je jugeais selon la vérité, ce n'était aucune connaissance que j'eusse, qui fût cause de la vérité de mon jugement."

Ⅱ：41；强调为笔者所加）

虚假足以导致错误，但并不必然导致错误。一个人能够身处错误中，但却拥有一个真信念，只要这个信念的真不归属于他的知觉——不归属于其足够清晰明白的知觉。那么，一个人的信念只是碰巧为真：

> 同样确定的是，我们赞同某种推理片段且对它的感知有所缺乏，这表明：或者我们弄错了，或者如果我们无意中发现它是真的，碰巧为真，那么我们就不能确定我们是否处于错误之中。（*CSM* Ⅰ：207；强调为笔者所加）

在《沉思三》的第二个关键段落，我们发现了一条进一步的线索。由此，我们最终达到一个真正的确定性，即思想之物（sum res cogitans）。在说出这个疑惑即什么东西可能产生这种确定性之时，笛卡尔回答了这个问题。“就我所能看到的，确定性来自足够清晰明白的知觉”⑦。然而，这种清晰明白的知觉被认为产生了确定性，当且仅当没有什么虚假的东西可能被清晰明白地觉知。这种清晰明白将恰当地解释一个人的知觉的正确 247
性，没有错误的机会，所以它将完全解释为什么相应的判断必须是真的。它必须是真的，因为它符合一个如此清晰明白而不可能假的知觉。

错误的本质被认为处于一个判断中，这个判断没有展示所要求的那种胜任力：那种其展示没有为偶然性留下空间的胜任力。所以，即使我们真的判断，正如笛卡尔所强调的那样，我们还是可能犯错，只要我们的判断不是“由于我们的知觉”及其所要求的清晰明白而为真。当我们不是通过没有为偶然性留下空间的胜任力来解释为什么会击中真这个靶标时，我们的判断就依旧可能犯错，尽管是真的。

一个判断可能不仅是真的，而且实际上是必然真的，同时依旧可能犯错。假设一个人相信 2 的平方的平方是 2 的 4 次方。因此，他把 4 个 2 相乘，由此得出 2 的平方的平方是 16。然而，假设一个人通过加指数的方式让多少个 2 相乘。只因为这两个指数相加（2 + 2）的结果与它们相乘（2 × 2）的结果相同，所以恰好获得了正确的结果。如果这些指数以其他

⑦ 《沉思三》第三段；CSM Ⅱ：24.

任何方式发生变化，那么他就会获得错误的结果。这就是不是由于胜任力而击中真之靶标的情况。然而，一个人的判断不可能是虚假的，因为2的平方的平方除了是16不可能有其他结果。

确定性。那么，要达到绝对的确定性就要在主体的判断中击中真之靶标，而且完全是由于主体的知觉（的品质），这种知觉不可能使人误入歧途。因此，达到这种确定性就在最高层次上避免了错误。一个人击中了真之靶标，足够真，而且是由于他的知觉（的品质）。但是，一个人甚至做得比这更多，因为他的知觉具有如此高的认知品质，从而没有为错误（或适切性的失败）留下空间。

怀疑。怀疑一个特定内容就是克制自己不认可关于它的信念，而在笛卡尔的确定性的追求中，一个人除非能够认可自己的信念是确定无疑地适切的，否则就要克制自己。不管一个人的信度强度是多少，就那个信念而言，他依旧心存某种怀疑，只要他克制自己认可它是确定无疑地适切的。与之相应，一个怀疑的理由是一个克制自己认可的理由。

采纳你所拥有的信度的元态度的方式不止一种。你可能在一种描述下采纳它，在这种描述中，你挑选了满足一个特定条件的信度：也许，“它
248 的信度来源是知觉”。要不然，你的元态度可能以一个信念为目标，其内容成为你亲身（in propria persona）关注的核心。如果这就是你克制自己认可你的信念p是确定的方式，那么你的克制就会让你悬搁是否p问题：你既不会肯定也不会否定地判断那个问题，你既不肯定也不否定。

认可。所以，我们转到这个重要概念。在保持克制思想的同时，认可一个信念就是把它视为正确的，而笛卡尔的计划要求他认可它是确定无疑地适切的，完全是由于主体的清晰明白的知觉而击中了真之靶标，而这种知觉反过来是一种不可错的胜任力。如果一个人认可这个信念，同时又亲身感知到其内容，那么他就会在是否p问题上做出肯定判断。而且，因为笛卡尔要求这种确定性，所以那个信念必定展示了不可错的胜任力。

再来看一个人如何间接地把握那个信念，但还是认可它。例如，一个人如果通过赞同“一切确定信念都是确定的”命题而从言地这样做，那么就很容易把所有确定信念都认可为确定的。这对笛卡尔式计划的目的来说是不充分的。首先，我们恰当怀疑一个特殊信念，然而，这个信念是相

当确定的，这是相容的。例如，“我获得的第一个信念来自旅行指南 G，尽管我现在相信 G 是不可靠的”。（那个信念可能事实上碰巧是一个特定真理，而且是经过经验证实甚至经过证明的真理，至少在我从那本旅行指南获得第一个信念的时刻是如此，尽管他现在没有意识到这个事实。）

另外，如果这个计划要求从物地认可一个人所拥有的每一个信念，那么它显然是无法实现的。

这就是沉思者的困境。这个计划假定赋予通过检验的信念一种高等的认知身份。要通过检验，一个信念必须经受住质疑它的理由。一个人必须能够合理地排除所有怀疑，不管是形而上学的，还是其他不重要的方面的。一个人必须反对任何理由认为那个信念是低于最高层次的适切，把它视为完全碰巧是真的。然而，为了通过检验，一个信念不需要亲自呈现于沉思者之前，完全展示其内容。毋宁说，我们可以通过描述把它挑选出来，作为一个“本质上归因于知觉的信念”或与此类似的信念。如果这样间接地挑选出来的信念能够通过检验，那么我们能在下面这种描述下挑 249
选出所有相关的信念吗？

> 信念是最高层次适切的，即充分地由于相信者的知觉及其清晰明白的程度而是真的。

所以，这些信念通过检验就是通过我们的如下信念，即**所有最高层次适切的信念都是真的**。但这是愚蠢的，没什么用。在这种描述下认可这些信念，不会让它们升级到它们前认可的（pre-endorsement）层次。

所需的是一个我们如何获得和维持信念的更有帮助的概念。一旦我们能够挑选出一组信念，依赖一种特定的获得和维持它们的方式，它们来源的可靠性就可能与它们的认知身份相关。合乎情理的是，一个信念的认知身份取决于其最完全的相关来源，依赖主体在接受那种传递时所展示的最完全的倾向。那么，假设主体运用了他的认知能动性和判断能力，而且仅当知性的传递是如此清晰明白而不会虚假时才达成一致。只有这样，判断才是确定的。但是，关键在于我们能够挑选出特殊来源以及获得信念的相关方式，即通过信任那个特殊来源的传递。

假设我们的筛选批判（sifting critique）揭示了一种倾向——一种认知

来源——不能满足那个标准。那个来源的传递被阴云所笼罩，相应的判断同样如此。

只要我们能够很轻易地归属一个信度，一种足够清晰、可靠的来源，我们就能做出具有认知确证的相应判断。当笛卡尔式的怀疑方法导致我们得出结论说对它们的刻画并非如此时，这种方法降低了我们的信度。在某种程度上，我们陷入了严重的怀疑论困境，我们不能把我们的信度追溯到在我们看来充分可靠的来源。当然，对笛卡尔式计划来说，足够可靠意味着不可错。

F. 笛卡尔式计划

在最低限度内，笛卡尔式知识论计划是一项检验人类认知胜任力的计
250 划，即一项关于人类获得和维持信念的模式的计划。对我们来说，笛卡尔思考我们的现实模式到底在多大程度上是可辩护的，同时思考可行的最佳方式。

一阶信度——不管是不是连续或最新获得的——可能从这项计划获益的一种方式就是，通过主体把它们特别地挑拣出来，完全展示其内容，并且通过这样被挑拣出来之时主体对它的认可。如果这种认可是完全恰当的，那么它就要求主体知道其中所包含的胜任力，这种胜任力是足够可靠的，而且应该展示在他对一阶信度的持有（holding）上。

一个正常的人可能不会把自己的许多信度升级到那个层次，至少不会无时无刻有意识地反思。我们并行的（concurrent）注意力的范围有一个限度。

然而，我们如果克制自己的野心，那么就能通过暗中允许二阶认可并暗暗地保存在记忆中来拓宽确定性的范围。我们要求做出或维持判断，通过促进这种判断之官能的充分胜任力而是足够胜任的。我们甚至可能进一步要求主体拥有一种恰当的二阶解释，解释那种官能为什么这么可靠。然而，为了这个更现实的升级以及相应的认可，我们不必要求亲自单独和有意识地挑选出特殊信念。它足以让（a）主体对它拥有某种隐含的觉知，把它觉知为一种与认知相关的信念、一种展示相关胜任力的信念；（b）主

体维持的那种信念受到那种觉知的积极影响。

G. 结论

在我所辩护的观点中，笛卡尔为了让自己的一阶判断升级到知识层次，使用了清晰明白原则。他必须确信自己的判断合理地基于清晰明白的知觉，避免错误。**错误**是我们必须避免的，而不仅仅是避免虚假。所以，他不仅寻求真，而且寻求**适切**。适切要求一种足够好的胜任力，即一种足够可靠的胜任力。你确信自己避免了错误，达到了确定性。但是，当且仅 251
当你确信你的判断的有效来源实际上是足够可靠的胜任力时，这种确信才出现。因为这种确信包含了你的所有判断——过去的、现在的和未来的，它提出了一个循环性问题，因为很难看到，你如何能够真正确信你的胜任力在缺乏任何一阶前提的情况下有多可靠。我们似乎注定要陷入恶性循环，要面对笛卡尔循环（Cartesian Circle）。而且，当它假定了一种位于动物知识之上的反思知识时，这个循环也影响了当代的德性知识论。给定如下两种知识论区分之间的相似性，这并不奇怪：当代场景中的动物知识与反思知识的区分，笛卡尔知识论中的认知与知识的区分。不管是当代的还是笛卡尔式的，德性知识论都必须处理这个所谓的恶性循环，而在我看来，它能够被成功处理。⑧

即使笛卡尔的同代人也很难理解笛卡尔的知识论计划，以及笛卡尔对确定性的独特追求。这一点在《异议与反驳》（*Objections and Replies*）中表现得最淋漓尽致。我自己看不到其他方式来理解它，除了：（a）以我们已经做过的方式上升到二阶；（b）区分信度与判断；（c）强调某些命题是不可置疑的，因为甚至当有意识地和反思地思考它们时，它们都要求我们赞同；（d）通过区分认知与知识来处理循环问题。但是，以这四重方式推进提升了我们着手处理的解释和哲学问题的难度。

---

⑧ 认知上的恶性循环是我的《反思知识》（Reflective Knowledge. Oxford：Oxford University Press，2009）一书的主题。

在所有重要的结构方面，笛卡尔式德性知识论与德性视角主义是相同的。[9] 这种观点的结构并不要求目的论内容，而笛卡尔式德性知识论则有这种内容。目的论的作用可以由科学、常识或二者的结合来取代。尽管我在本章已经论证过，这两个版本的德性知识论是非常类似的，但这种亲缘性的完整范围仍有待详述，并应该随着当代观点的发展越来越清楚，这种发展越来越明确地包含在笛卡尔式知识论中扮演核心角色的认知能动性。这是对正在进行中的当代德性知识论的一种发展。[10]

附录一

252 在回应中，有一个段落值得评论：

> 首先，我们一旦认为自己正确地感知某种东西，就自然地确信它是真的。现在，如果这种确信牢固到我们永远不能有任何理由怀疑我们所确信的东西，那么就没有任何东西要求我们拥有自己能够合理地想要获得的一切。因为，如果有人硬说我们如此牢固地确信其真实性的知觉在上帝或者天使的眼里是虚假的，所以从绝对的意义来说它是虚假的，那么这跟我们有什么关系？既然我们不相信这个绝对的虚假（absolute falsity），甚至连丝毫疑心都没有，那么它为什么会让我们烦恼？在此，我们所假设的东西是被如此牢固地确信的东西，以至于完全不能被摧毁。这种确信显然是那种最完全的确定性（perfect certainty）。（第二组反驳的回应，*CSM* II：103）

在此，笛卡尔称为“最完全的确定性”的东西可能被视为相当不同于最高级的适切性，他甚至承认这种确定性与确定无疑的确信的失败是一致的。

似乎从一开始，一切都显得麻烦重重。但存在一种解读这个段落的方式，如下：

⑨ 我在自己的其他作品中为这种观点做了辩护。

⑩ 本书以此作为结束。

(a) 首先注意第一个段落中的条件句的前提条件。说服力不得不这么“牢靠”，使我们永远不能有任何理由怀疑我们被如此说服的东西。所以，这个假设不仅仅是说我们在心理上完全（甚至固执地）确定。毋宁说，存在一个明显的规范组成部分：我们永远不能有任何理由怀疑。

(b) 注意，这个假设的情况不是我们确定的东西对上帝来说是虚假的，因此是绝对虚假的。并非如此，被想象的毋宁是这样一种情况：某人想象了这一切。所以，我们不关心的东西不是完全的虚假(outright falsity)。是的，我们不相信或至少怀疑“这个所谓的‘绝对的虚假’”，它只是一个想象的绝对的虚假。在这种情况下，某人想象我们确定的东西事实上是虚假的。

(c) 但是，当我们假设自己享有“一种如此牢固的确信，以至于完全不能被摧毁……等同于完全的确定性”，我们当然会恰当地、合理地抵制来自任何对立的想象的证明力（probative force）。

这个进一步的问题依旧存在：为什么这个完全的确定性等同于最高层次的 253
适切性？这并不要求某个进一步的解释。可以将这个解释概述如下：

首先，假设这个信念不是最高层次地适切的。那么，它就可以被归入第四个怀疑论场景。如果是这样，笛卡尔就承认这提供了一个怀疑的理由。所以，它不是“完全确定的”。

这个信念不是“完全确定的”又怎样？在那种情况下，它能够被合理地移除。这意味着有一个反驳它的好理由。一个虚假理由不是一个好理由。合乎情理的是，这样一个好理由不得不等于说我们不是完全地保证是正确的（即使我们曾经处于一种正常使用自己的官能的处境中）。这意味着这个信念不是最高层次地适切的。它不是其正确性仅仅通过诉诸这个相信者的完全胜任力就能被完全地解释的信念。

附录二

在此，我引证一个文本证据，证明笛卡尔的彻底怀疑不是一个被削弱的自信问题，无论如何不是主要的问题（我认为根本不是），而只是一个抵制或克制认可一个人不是那么确定的信念的问题。

a. 来自《沉思一》：

> （就我的旧的习惯性信念来说，）只要我假设它们（即高度可能的意见）事实上就是这样，（正如我们刚刚证明的那样，尽管它们在某种意义上是非常可疑的，人们还是有更多的理由相信它们而不是否认它们，）那么我就永远不能破除自信地认同这些意见的习惯。根据这种观点，我认为这是一个好计划，我完全把我的意志转向相反的方向和骗我自己，假装所有这些之前的意见都是错误的、幻想出来的。直到把我的这些成见反复加以衡量之后，使我的判断今后不再通过正确地感知事物而被习惯的扭曲影响。（《沉思一》，*CSM* II：15）

注意区分意见和判断，也要注意坚持认为他的日常意见高度可能是“真的”，相信它比否认它更合理。另外，他有时也假设一个特定的东西，这个东西当然并不要求他削弱自信。

254 b. 从这个角度，对比一下来自《沉思一》接近结尾的部分：

> 所以，如果我想发现任何确定性，那么我未来就必须克制自己赞同这些之前的意见，就像我小心翼翼地克制赞同它们是明显错误的一样。（《沉思一》，*CSM* II：15）

因为没有一个可靠的心灵会永远严肃地质疑这些意见真实地反映了世界，所以他不会严肃地质疑它们的内容。

假定他不能把它们看成确定的，那么他所做的一切也许就会克制自己认可它们。确实，在早先引用的一个段落中，他主张其计划最不合理的部分就是把他的日常信念认为是虚假的。但我们认为这是可理解的，因为那些信念是在间接的普遍或特殊描述下被如此拒斥的，其内容不是直接可见的。因此，他的日常知觉信念能够被拒斥，与“我的日常知觉信念”或“我通过感官获得的信念”一样是虚假的。当然，如果所有这些经验的日常知觉信念应该被拒斥，那么这些虚假的日常知觉信念本身就应该被拒斥。但是，一方面“拒斥”这些在某种描述下的信念，另一方面从个人角度继续认可它们，这种做法并没有什么问题。

c. 来自《沉思六》的提要：

> 由感官产生的一些错误以及避免错误的办法都在那里阐明了。最后，我在那里指出了各种理由来说明物质的东西的存在，这并不是因为我断定这些理由对于它们所证明的东西是有好处的，例如有一个世界，人有肉体，以及诸如此类的事情，**这些都是任何一个正常人从来没有怀疑过的**；而是因为仔细观察起来，人们看出它们不如导致我们对上帝和我们的灵魂的认识的那些理由明显、有力，**因而导致我们在精神上对上帝和我们的灵魂的认识的理由是最可靠、最明显的理由**。这就是我计划要在这六个沉思里证明的全部东西，我在这里省略了其他很多问题，关于那些问题，我在这本书里也在适当的机会讲到了。（六个沉思的内容提要，*CSM* II：11；强调为笔者所加）

要注意没有一个心智健全的人会永远严肃地质疑的东西。也要注意他的目标：**确立如此这般的确定性**（不是关于它的真，而是关于它的确定性）。

索　引

AAA structure of normative assessment AAA 结构的规范评价 19，25 n. 28，59，67 n. 5，94－95，124

ability 能力 37，69，90，95，98，141 n. 10，143－147，171－174

see also competence，knowledge-how 亦见胜任力，能力之知

acceptance 接受 200，235，245

achievement 成就 46n. 18，72，103，142

action 行动

basic 基础的 98 n. 6，136－138，143，148，159，163－166

complex 复杂的 136

first-order/second-order 一阶/二阶 126，177

means-end 手段-目的 136－137，140，142，146－147，154，167

reflex 反射 47，192－193

virtuous 德性的 134，138

see also aimings，deeds，doings，endeavorings，intentional action，performance 亦见目标，行为，行动，努力，意向行动，表现

actional sufficiency 行动的充分性 159，164

affirmation 断言

apt 适切的 55，66，77，79－84，86－87，90－95，111－117，124－126，129，149－153，165－166，176，180－181，184

competent 胜任的 55，80，82，90－91，149－150

conscious/subconscious 意识的/潜意识的 51－52，66n. 3，244

and credence 和信度 90－92，151，186，201，229

declarative/optative 陈述性的/祈愿的 226

and endeavorings 和努力 52－56，66，77，80－83，87，90－93，149－151，165－166，177－

178，184
first-order/second-order 一阶/二阶 75—76，80—83，86，112，114—115，150—152
free affirmation 自由断言 167，210
fully apt affirmation 完全适切的断言 69 n.6，80—81，93，112，116—117，125—126，129，165—166
functional/intentional 功能性的/意向性的 51—52，93，116，124
and imaginings 和想象 226，238
and judgment 和判断 52—53，58，77，80，82，124—125，151，166，171，180，232
in philosophical contexts 在哲学语境下的 56—58，60，215
perceptual 知觉的 149—150，152—153
public/private 公开的/私人的 52 n.26，54—57，66—68，74，89，93，124，177，180—182，184，187
qualified/flat-out 受限的/直截了当的 54 n.29，56，58—60，66 n.4
and safety 和安全性 79—80，112，152
and social factors 和社会因素 51，55—56，60，66，181
subcredal 亚信度的 91
synchronic 共时的 186
withholding 抵制 55—56，82
see also assent; disposition, to assent; guessing, and affirmation; suspension, and affirmation; volition, and affirmation 亦见赞同，赞同倾向，猜测和断言，悬搁和断言，自愿和断言
aim 目标 140，164
action with more than one aim 多目标行为 77，93—94，124，136，161，181
animal/reflective aim 动物的/反思的目标 71
basic 基础的 71，73，85—86，115，124
of belief 信念的 12，24，51，53，171，178 n.11，181—182
constitutive 构成性的 14 n.11，24，80 n.21，126，165，178n.11
first-order aim 一阶目标 71，141
freely determined aim 自由决定的目标 192
hierarchically ordered 等级排序的 160—161
intentional 意向性的 10，25，136，163

relative to domain 相对于领域的 104－105，169
teleological/functional 目的论的/功能性的 20，24－25，51，67n. 5，192 n. 1
see also endeavorings，intention 亦见努力，意向
aimings 目标 19，24，124
and AAA structure 和 AAA 结构 19，124
functional/intentional 功能性的/意向性的 19，124，178 n. 11
see also action，deeds，doings，endeavorings，intentional action 亦见行动，行为，行动，努力，意向行动
alethic/praxical distinction 求真的/实用的区分 67－68
about affirmation 关于断言的 52－53，60，66，68，77，151，166，180－181
and beliefs 和信念 53，230
and judgment 和判断 55－56，93
analysis (linguistic，conceptual，metaphysical)（语言学的、概念的和形而上学的）分析 7－9，16－17，19，32－33，128－129，154，194
Anti-Luck Virtue Epistemology 反运气德性知识论 117－119
appearances 表象，see Pyrrhonism 见皮罗主义
aptness 适切性
of action 行动的适切性 141，146，154－155，159
of attempts 企图的适切性 124，126
of awareness 觉知的适切性 81，86－87
of belief 信念的适切性 9－10，12－13，15，18，43，45，59，95，111－112，116，121，125，146－152，171，174－176，178－179，233，241，247
of choice 选择的适切性 88
and competence 和胜任力 18，24，43，68，80，101，107，110，117，146
in degrees 程度 155，157－159，175
of epistemic performance 认知表现的 82，128，178
first-order (animal)/reflective aptness 一阶（动物）适切性/反思的适切性 69－70，72，76，85，87，107，117，148
of guessing 猜测的 155，177－178
of intention 意向的 19，156
of intentional action 意向行动的

159，165－166
of judgment 判断的 77，79－80，93，114，116－117，125，151－152，165－166，178，210
by luck 运气的 86
meta-aptness 元适切性 72，77，168－169，174
and norms 和规范 171
of performance 表现的 12－13，18－19，65，77，85－87，110，115，117，123－124，141－142，174－175，178
of representation 表征的 22，94，148
and safety 和安全性 79－80，115，146
and selection 和选择 168－169
of shots 射击的 13，49，68－72，86，147－153，168－169，180
of success 成功的 14，25，72，80，85，101，151－153，158－159，165，210
superlative aptness 最高层次的适切性 241，248－249，252－253
and supposition 和推测 114，148，155
see also affirmation，apt；Descartes，René，and aptness；full aptness 亦见适切的断言，笛卡尔和适切性，完全适切性
archery/hunting example 弓箭手/狩猎案例 13－14，24，73
and domain-internal standards 和领域内部的标准 168－169，173－174，188
with guardian angel 有守护天使的 102－103
hopeful/superstitious hunter 怀有希望的/迷信的猎人 142－145，160 n. 4
and objectives 和目标 168－169
and reliability 和可靠性 170
and Sextus Empiricus 和伊壁鸠鲁 65 n. 1
and shot selection 和射击选择 68－69，96－97，108
Aristotle 亚里士多德
and action 和行动 139－142，167
Aristotelian view of persons 亚里士多德式的人的观点 8－9
and flourishing 和繁荣 133－135，140－144，156，167
and goods 和善 134，137
and the soul 和灵魂 134，137－139，156
and virtue 和德性 34，133－134，136－137
see also flourishing，亦见繁荣
assent 赞同

attractions to assent 赞同的吸引 108，193，195，200，202 n. 8，231
conscious 意识的 239，244，251
and Descartes 和笛卡尔 58－60，234，243－246，248－249，251
in foro interno 内在的 181，226，232，242
proper 恰当的 52，232
and Pyrrhonism 和皮罗主义 216－217，223－227
withholding of 的抵制 239，254
see also disposition，to assent；volition，and assent 亦见赞同的倾向，自愿和赞同
attainment 实现
of aim 目标的 19，124，150，155－156，164－165
of aptness 适切性的 152，165
of competences 胜任力的 60
epistemic attainment 认知成就 46 n. 18
individual/collective attainment 个体/集体成就 164
of knowledge 知识的 42，49－50
of success 成功的 157－158
attempts 企图 13，23n. 24，69，72，96－97，157
evaluating 评价性的 108－110
full attempt 完全的企图 124－125
nested 嵌入的 126
structure of attempts 企图的结构 110，124，129
attractions 吸引
to accept 接受的 200
to affirm 断定的 167
to assent 赞同的 108，193，195，200，202 n. 8，231
to believe 相信的 200
to choose 选择的 139，167
intellectual attraction 理智吸引力 218
to represent 表征的 93
to think 思考的 195
see also confidence，seemings 亦见自信，表观
awareness 觉知
apt 适切的 81，85－87
conscious 有意识的 79n. 20，81，244
constitutive/noticing 构成性的/觉察性的 198－199
first-order/second-order 一阶/二阶 68，72，79－81，84－87
of headache/itch 头痛/痒的 197－200
implicit 隐含的 250
judgmental awareness 判断性觉知 201

of limits 限度的 69－70，72
sensory 感性的 239
unselfconscious 非自我意识的 227

Baehr，Jason 詹森・贝尔 3，34－41，45－47，49
account of intellectual virtues 理智德性的说明 39－40
Barnes，Jonathan 约拿瑟・巴恩斯 216
bases 基底，基础
for action 行动的 183－184，187
for belief 信念的 117，123，183－186，196－198，204，206－207
for credences 信度 204－205
for deliverances 传递的 116
forgotten bases 被忘记的基底 89－90，172，179，182－183，185－186
for judgment 判断的 108，196－197，201，231
motivating 动机性的 197
rational basing 理性建基 199－202
for seemings 表观的 149，193，200，231
see also reasons 亦见理由
belief 信念
animal/reflective 动物/反思的 194 n. 2，208－210，239，242
belief-forming mechanisms 信念形成机制 37，203－204，210，232
and competence/virtue 和胜任力/德性 10，12－13，40－43，45，118－119，145，172
and confidence 和自信 90－92，171，180，185－186，201，228，238
conscious/unconscious 有意识的/无意识的 51，67，109，167，208，226
de re/de dicto 从物/从言 235，237，244－245，248，254
as disposition to affirm/assert/judge 作为断言/断定/判断的倾向 182，187，228－229，232
dispositional 倾向性的 66 n. 4，210，232
and dreams 和梦 112
first-order/second-order（compare animal/reflective）一阶/二阶（对比动物/反思的）109，125，149－151，185－186，194，212，237
foundational 基础性的 204 n. 9
full 完全的 202 n. 8
functional/intentional 功能性的/意向性的 51－54，56，67－68，91－92，146，178 n. 11

guiding conduct 指导行动 69, 84, 186, 194 n. 3, 208-209, 222, 227, 239, 242
implicit 隐含的 50, 53, 208, 226, 232, 242
judgmental belief 判断性信念 25, 52-57, 66-67, 79, 90 n. 1, 92, 140, 151, 180, 184, 209, 232, 238, 242-243
make-belief, mock belief 伪装的信念，模仿信念 52-53, 66, 226-227, 236-238
storage 存储 89-90, 179-180, 182-187, 208-209, 250
see also aim, of belief; aptness, of belief; justification, and belief; luck and belief; means-end, belief; perception, perceptual belief; suspension; volition, and belief 亦见信念的目标，信念的适切性，运气和信念，手段-目的信念，知觉、知觉信念，悬搁，自愿和信念

bias 偏见 208-209

BonJour, Laurence 劳伦斯·邦久 129

Burnyeat, Myles 迈尔斯·伯恩耶特 216-217, 219-220, 223-226

by-relation 通过关系 162-164, 166

causation 因果关系
and aptness 和适切性 25
and competence 和胜任力 23-25, 41
deviant 异常的 10-14, 23-24, 28 n. 29, 31
"in the right way" "以正确的方式" 11-13, 18, 22-25, 30-31

chance 碰巧, see luck 见运气

choice 选择 137-140, 207-208, 210, 229
arbitrary 随意的 97, 155, 197, 208
competently made 胜任地做出 140
conscious choice 有意识的选择 167, 200
free to choose 自由选择 137, 167, 200, 207, 210, 229
fully apt choice 完全适切的选择 88
and judgment 和判断 67, 192-193
rational 理性的 134
reckless choice 不顾后果的选择 123
see also competence, and selection; volition 亦见胜任力和选择，自愿

circularity 循环（性） 195-196, 201, 203, 240, 251

see also skepticism, Agrippan 亦见阿古利巴式怀疑论
closure principle 闭合原则 121
cogito 我思, see Descartes, René 见笛卡尔
coincidence 巧合 13-14, 24, 40
see also luck 亦见运气
common factor view (traditional view) 公因数观点(传统观点) 13-18
communication 交往 102, 181, 186-189
see also testimony 亦见证言
competence 胜任力
agential 能动(性)的 23, 38, 48, 54-55
basic 基础的 29, 143, 145
"blind" competence "盲目的"胜任力 107
broader; two-ply competence 更宽泛的胜任力, 双层胜任力 90
competent seemings 胜任的表观 88, 231
complete 完全的 26-27, 43 n. 17, 61, 71-72, 80, 95-98, 110, 114, 117, 148, 154
complex 复杂的 42, 115, 135
conceptual 概念性的 149
core epistemic competence 核心的认知胜任力 171
in degrees 程度的 72, 90, 96, 157-158
as disposition to succeed 作为成功的倾向 24, 43, 95-97, 98-100, 143-146, 163
distal/proximal 远端的/近端的 30 n. 30, 101
domain-specific 领域特有的 28-29, 86, 157-158, 163, 169, 173-174
epistemic propriety of 认知适当性 201-202
executive 执行的 44, 136
first-order/second-order 一阶/二阶 68, 72, 81 n. 22, 83-85, 107, 117, 148-150, 152, 165, 211
foundational 基础性的 231-232
full 完全的 27, 43, 71, 145, 147, 155
inner 内在的 26-27, 95-97
innermost 最内在的 26-28, 83, 61, 95-97, 100, 103
involuntary competence 非意志的胜任力 210
and intention 和意向 163
and knowledge 和知识 145, 147, 174
outstanding 杰出的 157
perceptual 知觉的 21-23, 31

n. 32，42，136，149，152，205
and phobias 和恐惧症 97
quasi-competence 准胜任力 97 n. 5
range of shapes and situations 状况和情境的范围 97－101，104－106，144
rational competence 理性胜任力 88
of reasoning 推理的 210
reflective 反思（性）的 68－69，76，84，233
relative to shapes and situations 相对于状况和情境的 100－101，104，146，157－158，160
and selection 和选择 68，98－99，108，123，127
and social conventions 和社会习俗 28－29，101，104－106，115－116，125－128，170－173
socially seated competences 社会地定位的胜任力 115－117
sorting competence 分类胜任力 31 n. 32
and subpersonal mechanisms 和亚人类机制 35，202－203，205，232
threshold of 临界值 85－86
unreliable 不可靠的 173－176
and vagueness 和模糊性 71 n. 8
without motivation 不带动机的 49－50
see also aptness，and competence；disposition；manifestation，of competence；SSS structure，SeShSi；virtue 亦见适切性和胜任力，倾向，胜任力的展示，SSS（SeShSi）结构，德性
Competence Virtue Epistemology 胜任力德性知识论
see aslo virtue reliabilism 亦见德性可靠论
confidence 自信 54 n. 29，66 n. 4，68，76，109，171，200－201
and awareness 和觉知 198
functional 功能性的 92，196－197
and judgment 和判断 108，180，184，251
proper 恰当的 77，200，205
quasi-judgmental credences 准判断的信度 66 n. 4
and rational structure 和理性结构 199
and reliability connection 可靠性关联 89－91，182，185－186
resultant seemings 合成表观 54，68，91－93，109，200，229，231－232，239
and self-presenting states 和自我呈现的状态 203

and subpersonal mechanisms 和亚人类机制 203
and thresholds 和临界值 171，180－182
and the unit interval 和单位间隔 91－92，109，239
see also belief and confidence，suspension 亦见信念和自信，悬搁
conjunctive analysis 析取分析，see common factor view 见公因数观点
context 语境 56，58－60，183，186－187
and competence 和胜任力 98－101，105，127－128
and knowledge 和知识 114，121－122，178－179，187
and norms 和规范 60
and risk 和风险 73，183－184
shifts in 转换 60
see also aim，relative to domain；affirmation，in philosophical contexts；competence domain-specific；pragmatic encroachment 亦见相对于领域的目标，哲学语境下的断言，领域特有的胜任力，实用论入侵
conventions 习俗，see social conventions 见社会习俗
credence 信度，see confidence；seemings，resultant 见自信，合成表观
credit 信誉
and affirmation 和断言 149
and Anti-Luck Virtue Epistemology 和反运气德性知识论 118
causal/consequential 因果的/后果性的 160 n. 4
and competence 和胜任力 28－29，69－72，86，97，103，142－144，153
full credit 完全信誉 71，86，147，156
and groups 和团体 115－116
and intentional action 和意向行动 153
and luck 和运气 24，69，72，83，127，136，142－143，152，155，160n. 4
and manifestation 和展示 29
for performance 表现的 94，98，103，127，175
and representation 和表征 94
without intervention 没有干预的 47

Davidson，Donald 唐纳德·戴维森 10－11，14－15，18，21－23，25，158

deeds 行为 124，162－164，166
see also action，aiming，doings，endeavorings，intentional action，performance 亦见行动，目标，行为，努力，意向行动，表现
defeaters 击败者，see reasons 见理由
deliberation 审议 39，110，138－139，180，182，208，231
collective 集体的 51－52，55－58，66，167
deontic framework 道义论框架 193－194，202
epistemic obligation 认知义务 212
Descartes，René 笛卡尔
and aptness 和适切性 59，233，241，247－250
and basket metaphor 和投篮隐喻 234－236，243
beliefs de re/de dicto 从物/从言信念 235，237，244－245，248，254
Cartesian Circle 笛卡尔循环 251
and certainty 和确定性 235，246－248，253－254
and clarity and distinctness 和清晰明白 238－239，241，246－250
cogito 我思 59，83－84，240
cognitio 我思 233，239
and confidence 和自信 236－237，249，253
and doubt 和怀疑 112 n.3，247，254
and endorsement 和认可 55－56，59，248－250
and error 和错误 246－247，250
and freedom 和自由 203，232，238，242 n.5，245－246
and inspecting beliefs 和检查信念 235－236，240，248－249
and language 和语言 58
and meditation 和沉思 243
and method of doubt 和怀疑的方法 234－236，245，249，253
and movie theater analogy 和电影院类比 237－238
and pretense 和假装 236－238
and reflection 和反思 36，51，53－54，74，243
scientia 知识 233，250－251
and suspension 和悬搁 232，235－236，248，254
and suspension of disbelief 和不相信的悬搁 238
and virtue epistemology 和德性知识论 59，99 n.7，113，233，251
see also assent，and Descartes 亦

见赞同和笛卡尔
DeRose, Keith 凯斯·德娄斯 121 n. 11
disagreement 分歧 211-212
Disjunctivism 析取主义 1, 15-17
disposition 倾向
to act 行动 68
to affirm 断定 51-52, 69 n. 6, 92, 180-181, 186-187, 209, 228-229
to assent 赞同 209, 232
to believe correctly 正确地相信 43, 105
conditional analysis of 条件分析 104
diachronic/synchronic 历时的/共时的 212
dispositional concepts 倾向概念 28
distal/proximal 远端的/近端的 101
finks 破坏者 96 n. 3
fragility 易碎性 27-31, 100-101, 145
to judge 判断 51-53, 55-56, 66, 68, 92, 113, 209, 232, 238, 243
masks 伪装者 96 n. 3
mimicking 模仿 29
passive 消极的 210
seated in the will 在意志中定位 210
social categorization of 社会分类 28-29, 30 n. 30, 101-105
SSS structure of SSS 结构 26-30, 95-96, 99n. 7, 100, 104-105
triggers 触发器 28-30, 101, 104
trumping 胜过 29
well founded 充足的基础 212
see also competence, manifestation, SSS structure, SeShSi 亦见胜任力，展示，SSS（SeShSi）结构
doings 行动
attributable doing 可归赋的行动 124, 193
and belief 和信念 67 n. 5
and choice 和选择 137
and intention 和意向 15, 18, 22-23, 25, 125, 135-136, 138 n. 5, 161-164
and knowledge 和知识 142, 145-146
mere doings 单纯行动 162, 192-193
and passivity 和消极性 162, 195, 200
see also action, aiming, deeds, endeavorings, intentional action, performance 亦见行动，

目标，行为，努力，意向行动，表现
doxastic voluntarism 信志意志论，see volition 见自愿

endeavorings 努力
and Agrippan trilemma 和阿古利巴三难困境 196–197，201
foundational 基础性的 197
and freedom 和自由 192–193，203，206
full 完全的 135
rational 理性的 197
simple 简单的 140，184
and supposition 和假设 177
teleological/functional 目的论的/功能性的 192 n. 1
see also affirmation，and endeavorings；volition，and endeavorings 亦见断言和努力，自愿和努力
etiquette 礼仪 26，101–102
evidence 证据 14n. 11，43–44，51–52，81n. 23，109，147，190，208，210，241
evolution 演化 20，29，93，126–128
examples，analogies，and illustrations in text 文本中的类比案例和说明案例
assassin 刺客 49
bad Apple 坏苹果公司 119，123
baseball 棒球 155–157，174，175 n. 8
basketball 篮球 69–73，79，85–87，114–115，126，174–176，180
blindsighter 盲视者 75，78，81，89，115，202–204，207
chess 象棋 126，161，188
chicken sexer 小鸡性别识别者 37，75，78，81，89，115
cliff rabbit 悬崖兔子 192，195
cup/subitizing example 杯子案例/感知案例 112
doctor's mallet 医生的木槌 162–163，193–195，210
driving 驾驶 26–27，61，95–96，100
escaping prisoner 越狱的囚犯 158
eye-exam 眼科检查 74–76，80–81，91，114，151，154，155n. 2，177–178
fuel gauge 燃油表 197
game show contestant 游戏竞赛节目参赛者 55，82，151
Gauguin 高更 60–61
golfer 高尔夫球手 158–160，163
headache 头痛 200
hypochondriac 疑病症患者 199

Macbeth 麦克白 21－22
Norman the Clairvoyant 千里眼诺曼 75n. 15, 78 － 81, 107 － 108, 115, 129
saxophonist 萨克斯管演奏者 123, 128
Sears Tower 希尔斯大厦 118
shattering （zapping） dumbbell/pewter mug 破碎的（摧毁的）铁哑铃/白蜡杯 23, 29－30, 100, 145
shattering （zapping） wine glass 破碎的（摧毁的）酒杯 23, 29－31
sheep/wolf 羊/狼 135 － 138, 140－141
Simone 西蒙 78－79, 146－153
skateboarder 滑板运动员 125, 128
soccer goalie 足球守门员 97
speckled hen 斑点鸡 199n. 7, 203, 205
swimming at sea 海泳 155－158
tennis 网球 94, 98, 127, 157－158, 169－170, 173－174
Truetemp 真探普 75n. 15, 78－81, 115, 129
waiter 侍者 10, 18, 23, 158
woozy partygoer 虚弱的聚会参加者 113－115
see also archery/hunting example, Gettier cases, lottery case 亦见弓箭手/狩猎案例，葛梯尔案例，彩票案例
experience 经验
apt 适切的 18, 20－22, 149－150
of pain/itch 痛/痒的 198－199, 203, 205－207, 231
and propositional content 和命题性内容 20, 198 n. 5, 205
sensory 感性的 11－12, 31, 198, 204－206
visual experience 视觉经验 12, 22, 31, 42, 149－150, 198n. 5, 200－203
see also perception, seemings, self-presenting states 亦见知觉，表观，自我呈现的状态
experience machine 经验机器 189－190
expertise 专家 29, 37, 41－42, 49－50, 59, 101, 105－106, 128

faculties 官能, see virtue 见德性
first-order/second-order 一阶/二阶
action 行动 126, 177
affirmation 断言 75－76, 80－83, 86, 112, 114－115, 150－152
aim 目标 71, 141

aptness 适切性 69－70，72，76，81n. 22，85，87，107，117，148
assumption 假设 116
awareness 觉知 68，72，79－81，84－87
belief 信念 109，125，149－151，185－186，194，212，237
competence 胜任力 68，72，81n. 22，83－85，107，117，148－150，152，165，211
defeaters 击败者 83
doubts 怀疑 211
endorsement 认可 55，250
grasp 把握 148，151
intention 意向 82，110，126
judgment 判断 54，81 n. 22，83－85，211，250
knowledge 知识 84－85，149，233
performance 表现 71－72，85－86，108－109
perspective 视角 185，233
reasons/reasoning 理由/推理 183，237，251
representation 表征 148，152
safety 安全性 72，79，115
SSS conditions SSS 条件 81 n. 23
success 成功 72，108，128
threshold 临界值 115
flourishing 繁荣 29，105，127，212n. 13，216
and action 和行动 167
and Aristotle 和亚里士多德 133－135，140－144，156，167
of groups and societies 群体和社会的 29，116，167，176，188－189
and knowledge 和知识 44，48，188－189，
and luck 和运气 142，156
freedom 自由，see volition 见自愿
full aptness 完全适切性 69－70，72－74，76－77，93－94，107－108，110－113，123－126，128－129
fully apt affirmation 完全适切的断言 69n. 6，80－81，93，112，116－117，125－126，129，165－166
belief 信念 69，107，116
performance 表现 65，69，73，85－87，99n. 7，136
virtue epistemology 德性知识论 129
see also aptness; first-order/second-order, aptness; knowledge, full well 亦见适切性，一阶/二阶适切性，完好之知
functioning, proper 恰当功能 91－92，128，193－195，197，202，210

functionings 功能 192, 194
  credal states 信度状态 196, 205
  epistemic 认知的 195–197, 204–205
  foundational 基础性的 197
  and freedom 和自由 201–202, 204, 206, 231
  malfunction 功能障碍 194 n. 3
  and passivity 和消极性 194, 204, 206
  rational 理性的 194, 196, 202–203
  and seemings 和表观 205

Gettier cases 葛梯尔案例
  and aptness 和适切性 12–13, 24
  fake barn cases 假谷仓案例 31 n. 32, 78–80, 87, 111, 115, 118
  Gettier tradition 葛梯尔传统 75, 77, 129
  Havit/Nogot case 哈维特/诺戈特案例 77
  and intuitions 和直觉 28 n. 29, 31 n. 32, 78 n. 18
  and knowledge, full well 和完好之知 85, 87
  and means-end belief 和手段–目的信念 140–141
given, the 所与, see self-presenting states 见自我呈现的状态
goal 目标, see aim 见目标
Goldman, Alvin 阿尔闵·戈德曼 16 n. 13
Greco, John 约翰·葛雷克 39
Grice, Paul 鲍尔·格瑞斯 1, 10–13, 15, 18–22, 25, 31
guessing 猜测 80, 85–86, 91, 107, 114, 155
  and affirmation 和断言 55, 82, 90–91, 151
  apt 适切的 155, 177–178
  and apt action 和适切行动 154
  and norms 和规范 179
  see also examples, game show contestant; examples, eye-exam 亦见游戏竞赛节目参赛者案例, 眼科检查案例

hallucination 幻觉 17 n. 14, 21
  veridical 真实的 22
Hume, David 休谟 57–58, 215–216, 229–230

illusion 幻觉 21–22, 149, 189–190, 205
  Müller-lyer 缪勒–莱尔线条 55, 193–195, 218
  see also hallucination 亦见幻觉
induction 归纳 121
infallibility 不可错性

and the cogito 和我思 83
and competence 和胜任力 156，158，171－172，186，248－249
inference 推论
conscious reasoning 有意的推理 205
inferential reasoning 推论性推理 198，223，225－227，245
practical syllogism 实践三段论 201
practical/theoretical 实践/理论的 198
see also reasoning 亦见推理
intellectual virtue 理智德性，see virtue 见德性
intention 意向
change of 意向改变 68
and choice 和选择 139
and competence 和胜任力 163
conscious/unconscious 有意识的/无意识的 51，163，209
higher-order intention 高阶意向 82，110，126
implementation of 实现 135－136，139－140
intentional agency 意向能动性 39，46－49，55
intentional（double-）omission 意向性的（双重）不作为 82，109－110，180
intentional representations 意向表征 66 n. 3
intentional success 意向成功 155－156，159－160
intentionally correct affirmation 意向性地正确的断言 66，166
master intention 主意向 161－162
motivating 动机性的 49
see also aim，intentional action，plan 亦见目标，意向行动，计划
intentional action 意向行动
and AAA structure 和 AAA 结构 124
as apt intention 和适切意向 19，156，158－159，165－166
and belief 和信念 44，51，230 n. 11
and competence 和胜任力 30
Davidson's account of 戴维森的意向行动理论 10－11，15，18－19，22－25
and judgment 和判断 165－166
and knowledge 和知识 155
metaphysics of 形而上学 162－166
and performance 和表现 20，72，125，159
and SSS structure 和 SSS 结构 30
see also action，intention 亦见行动，意向
intuition，faculty of rational 理性直

觉的官能 245
intuitions 直觉
a priori 先天 107－108，239
disagreement about 分歧 87，129
explaining away 通过解释消除 81，120，129，148
see also Gettier cases，X-Phi 亦见葛梯尔案例，X-哲学
Invariantism/Variantism 不变主义/变化主义 179

Johnsen，Bredo 布雷多·琼森 219－225，229 n. 9
judgment 判断 67－68，124，151
and action 和行动 25，171
and arbitrariness 和随意（性）196，201，232
and competence 和胜任力 45，57，59，69，82，84，114，152
and confidence；credence 自信，信度 108，251
conscious/unconscious 有意识的/无意识的 44，51，53，66－67，84，209，238－239，245
dispositional 倾向性的 243
first-order/second-order 一阶/二阶 54，81n. 22，83－85，211，250
foundational 基础性的 196，201，231
and knowledge 和知识 15，19，76，79，178
occurrent/dispositional 当下的/倾向的 232
private 私人的 56
quasi-judgmental credences 准判断性信度 66 n. 4
rational 理性的 51，196
second-order endorsement 二阶认可 54，75，115，250
and selection 和选择 168－169
suspension of 悬搁 82，91－92，208－209
see also affirmation and judgment；aptness，of judgment；bases，for judgment；confidence，and judgment；judgmental belief；knowledge，judgmental 亦见断言和判断，判断的适切性，判断的基础，自信和判断，判断性信念，判断性知识
justification 确证
and belief 和信念 50，77－78，143－146，202－206，211，216
epistemic 认知的 171，176，193，195，197，201－203，211，249
foundational 基础性的 225
and knowledge 和知识 202－204
of performance 表现的 202
and regress 和回溯 196，205

Kant，Immanuel 康德 21n. 21
knowledge 知识
actionable 可行动的 184－185，187，190－191
and affirmation 和断言 56，91，149，171，180
animal/reflective 动物的/反思的 36－39，42，53，55，59，74，76，81，84，89，112，128－129，148－156，233，251
as apt belief 作为适切信念的 10，12，15，18，24，146
basic 基本的 54，76
concept of 概念 9
credal/subcredal 信度的/亚信度的 43，152－153，155
easy 容易的 46
extended 扩展的 115
flat-out 直截了当的 180
for sure 确定的 183
foundational 基础性的 197
functional/judgmental 功能性的/判断性的 19，25，54，66，69 n. 6，76，90，128，178
introspective 内省的 203
perceptual 知觉的 46，54
propositional 命题性的 12，24，145－147
subcredal animal knowledge 亚信度（的）动物知识 40，76，79－80，151－156
see also knowledges full well; luck, and knowledge; value of knowledge 亦见完好之知，运气和知识，知识的价值
knowledge-first 知识优先的 15，17
knowledge，full well 完好之知 69 n. 6，74，79－82，84－87，111－113，125，129，148
knowledge-how 能力之知 125，141 n. 10，145－148，157
credal/subcredal 信度的/亚信度的 153
see also ability，competence 亦见能力，胜任力

Lehrer，Keith 凯斯·雷哈尔 77，129
lottery case 彩票案例 117－123，190－191
Vogel-style 沃格尔类型的 121－122
luck 运气
and belief 和信念 10，13，24，40
and choice 和选择 137，156
and competence 和胜任力 19，22，24，72，81，136，142，144，158，171
and flourishing 和繁荣 142，156
and knowledge 和知识 12－13，24，

112, 118, 142, 150
and performance 和表现 9, 12－14, 71－72, 86, 98, 136－138, 141－142, 158－160
see also credit, and luck 亦见信誉和运气
and supposition 和推测 155－156

manifestation 展示
of adroitness 熟练的 68
of character/virtues 品格/德性的 34, 37, 40, 43, 45, 135
of competence 胜任力的 18－19, 21, 24－26, 28－32, 40, 42, 71－74, 95－98, 117, 123, 135, 147, 156
of disposition 倾向的 23, 28－31
fake/true 虚假的/真实的 29－31
primitive relation of 初级关系 31－32
of skill 技能的 103－104
see also competence, dispositions 亦见胜任力，倾向
means-end 手段－目的
action 行动 136－137, 140, 142, 146－147, 154, 167
belief 信念 137, 140, 145, 147－148
information 信息 156
knowledge 知识 154－155
proposition 命题 137, 154
supposition 推测 155
memory 记忆 52n. 25, 89－92, 94－95, 114, 116－117, 179－180, 182－187, 208－209, 250
Meno Problem 美诺问题, see value of knowledge 见知识的价值
methodology 方法论
bullet biting 咬子弹（为渡难关而）咬紧牙关 33
and counterexamples 和反例 33, 129
disagreement in philosophy 哲学中的分歧 33
kinds of analysis 分析的种类 7－9
prescriptive aims 知觉目标 32－33
relations between ethics and epistemology 伦理学和知识论的诸关系 34, 44－45, 48, 61
see also analysis, intuitions, X-Phi 亦见分析，直觉，X-哲学
Moore, G. E. G. E. 摩尔 14n. 11, 58, 170 n. 2

negligence 疏忽
epistemic 认知的 43－44, 47－48, 83, 85, 194 n. 2
in performance 表现中的 71, 73, 86, 108, 110－111
norms 规范

of action 行动的 178, 185
and affirmation 和断言 59, 171
and aptness 和适切性 171
of assertion 断定的 170－172, 175－176, 179, 181
of belief 信念的 50, 170－172, 179
determination of 规定 170－175
domain-internal 领域内部的 172－173
of judgment 判断的 171
knowledge norm 知识规范 170－172, 178－179, 181, 184
of performance 表现的 171
and reliability 和可靠性 179
social/biological 社会的/生物的 55, 90, 184
social epistemic 社会认知的 59－60, 184
and truth 和真 50
Nozick, Robert 罗伯特·诺齐克 16n. 8, 120－121
see also sensitivity 亦见敏感性

omission 不作为; double-omission 双重不作为 82, 109－110, 180
see also suspension 亦见悬搁
ontology 本体论 8－9, 21 n. 19, 67n. 5, 69 n. 6, 104, 206－207

paradox 悖论
Liar 说谎者悖论 202 n. 8, 218
Sorites 连锁悖论 202 n. 8, 218
passivity 消极性
epistemic 认知的 54－55, 59, 68, 91－92, 195－197, 200, 202, 204－207, 232, 238
general 一般（性）的 47, 162－165, 199－200, 210
see also volition 亦见自愿
perception 知觉 11－12, 18－19, 22, 24, 31, 117
apt perceptual experience 适切的知觉经验 18－22, 149－150, 152
causal theory of 因果理论 11, 15－17, 20, 31
comparison to reference 指称对比 23 n. 23
and manifestation 和展示 31－32
non-visual sense modalitites 非视觉感觉模态 20 n. 17, 21 n. 21
objectual perception 对象知觉 19－21
perceptual belief 知觉信念 36, 42, 54, 111, 149, 209, 254
perceptual evidence 知觉证据 241
perceptual faculties 知觉官能 34, 39
sensory 感官的 35, 46, 239
of time passing 时光飞逝的 108,

202－204
see also affirmation, perceptual; competence, perceptual; knowledge, perceptual 亦见知觉的断言，知觉的胜任力，知觉的知识
performance 表现 124
agential 能动的 54
and aims 和目标 67n.5, 73, 124, 136
apt performance 适切表现 12－13, 18－19, 65, 77, 82, 85－87, 110, 115, 117, 123－124, 128, 141－142, 174－175, 178
epistemic 认知的 49, 60, 82, 206
first-order/second-order 一阶/二阶 71－72, 85－86, 108－109
fully apt performance 完全适切的表现 65, 69, 73, 85－87, 99n.7, 136
teleological/functional 目的论的/功能性的 67n.5, 192－193, 196
intellectual 理智的 110, 178
meta-apt 元适切的 174
normativity of performance 表现的规范性 129, 124, 170－171
rational 理性的 193, 196, 202
transcending standards (free performance) 超越性的标准（自由表现）127－128
see also credit, for performance; luck, and performance; negligence, in performance; reliability, of performance; risk, and performance; thresholds, of reliability in performance 亦见表现的信誉，运气和表现，表现中的疏忽，表现的可靠性，风险和表现，表现中的可靠性的临界值
Peripatetics 逍遥学派 137
perspective, I-now 我－现在的视角 185
plan 计划 137, 139－141, 158－159, 163, 166－167
Plato 柏拉图 40, 87
politeness 礼貌, see etiquette 见礼仪
pragmatic encroachment 实用论入侵 60, 168, 179 n.12, 172, 183－184
praise/blame 赞赏/责备 28, 102, 110, 125, 194
see also credit, reactive attitudes 亦见信誉，反应性态度
praxical 实践的; see alethic/praxical distinction 见求真的/实践的区分
Price, H. H. H. H. 普赖斯 11－13

Pritchard, Duncan 邓肯·普理查德 117-119, 123
see also safety 亦见安全性
pro-attitudes 支持性态度 139, 198, 226
promotion/opposition/neutrality 促进/反对/中立 110
see also suspension, and affirmation/denial 亦见悬搁和肯定/否定
Pyrrhonism 皮罗主义 53-59, 206-207
and anxiety/calm 和焦虑/镇静 216, 218-221, 225
and appearances 和表象 54, 217-218, 220, 222-225, 227-228, 231-232, 238-239
and belief/assent 和信念/赞同 216, 218, 220, 222-225, 232, 243
and coherence 和融贯性 219, 221-222, 230
and emotions 和情感 221
and equipollence 和均衡 216, 220, 228
and flourishing 和繁荣 216, 218, 225
and fourfold commitment 和四重承诺 217, 227-229, 230
and guidance 和指导 221-222, 227-229, 231-232, 238-239
and modes 和模式 216-218, 221-222, 225, 229
and open-mindedness 和思想开放 220-222
and rationality 和合理性 221
and reflection 和反思 36, 51, 53, 74
and suspension 和悬搁 209, 220-223, 225, 228-229, 232
urbane 温和的 216-218, 225
as way of life 作为生活方式的 215-217, 221, 229

rationality 合理性 211, 230
reactive attitudes 反应性态度 193-194
reasoning 推理 139, 144 n. 11, 186-187, 205, 209, 217, 222-223, 225, 227-231, 235-238
conscious/unconscious 有意识的/无意识的 52 n. 25, 66-68, 109, 167, 182, 205, 211, 243-244
practical 实践的 178, 191, 198
steps of reasoning 推理步骤 52, 66 n. 3, 227, 231, 245
see also reasons, inference 亦见理由，推论
reasons 理由

absent defeaters 缺席的击败者 81 n. 23, 117, 185−186
and attractions 和吸引力 200
balance of reasons 理由的平衡 208, 216, 219, 221, 223, 229
and beliefs 和信念 107
counter-weighing 反权衡的 83
defeaters 击败者 52 n. 24, 83−85, 116
diachronic/synchronic 历时的/共时的 183, 210−212
factive/stative 事实性的/陈述性的 197−198
false reason 虚假理由 253
first-order 一阶 183
and judgment 和判断 83, 107
motivating 动机性的 194−195
responsiveness to 回应 82
undermining 消解性的 83
weighing of 权衡 39, 82, 231
see also bases 亦见基底
regress 回溯 145−146, 185, 195−197, 199, 201, 203−207, 212
see also skepticism, Agrippan 亦见阿古利巴式怀疑论
reference, theory of 指称理论 23 n. 23
reflection 反思
conscious/unconscious 有意识的/无意识的 242−243, 250
infinite levels of 无限的层次 212
reflective assessment 反思性评价 195
see also aptness, reflective; belief, animal/reflective; competence, reflective; Descartes, René, and reflection; knowledge, reflective; Pyrrhonism, and reflection 亦见反思的适切性，动物信念/反思信念，反思的胜任力，笛卡尔和反思，反思知识，皮罗主义和反思
reflective judgment 反思性判断 54, 209
Reid, Thomas 托马斯・里德 58
relativism about knowledge 关于知识的相对主义 105−106
see also context, pragmatic encroachment 亦见语境，实用论入侵
Reliabilist Virtue Epistemology 可靠论的德性知识论, see Virtue Reliabilism 见德性可靠论
reliability 可靠性
and affirmation 和断言 80, 176−177, 181, 187
and aptness 和适切性 75, 159−160
of belief-forming 信念形成的 90,

117, 175, 201
and competences 和胜任力 70－71, 98, 102, 127－128, 156, 172－176, 180, 250－251
degrees of 程度 96, 172
and dispositions 和倾向 98, 126
domain-specific 领域特有的 159, 174
low 低的 154, 160, 173－175
of performance 表现的 70, 108－110, 147
reliable enough 足够可靠的 57, 60, 70－71, 75－76, 86, 90, 96, 98, 117, 123, 126－128, 151, 156, 160, 170－174, 176－180, 250－251
in social sources of information 在信息的社会来源中 116, 175, 186
for storing beliefs 存储信念 89－90, 179－180, 183, 185－187, 250
and thresholds 和临界值 75, 105－106, 123, 126, 184
see also confidence, and reliability connection 亦见自信和可靠性关联
representation 表征
apt/fully apt 适切的/完全适切的 148
first-order/second-order 一阶/二阶 142, 148
functional/judgmental 功能性的/判断性的 92－94
hybrid 混合的 93－94
and mental states 和心理状态 206
and perceptual experience 和知觉经验 205
representational content 表征性内容 207
see also aptness, of representation 亦见表征的适切性
risk 风险 127－128, 172－173, 175
and affirmation 和断言 82
assessment of 评估 68－69, 125, 169, 172, 190
cognitive 认知的 110－111
deliberate 审议 70
and domain-internal standards 和领域内部标准 172, 174
and eye-exam 和眼科检查 76
and judgment 和判断 87, 109
and performance 和表现 70, 73, 85－86, 123－125, 127, 168－169, 174
and practice 和实践 99
and saxophonist 和萨克斯管演奏者 123
and stakes 和风险 183
and virtue 和德性 43－44, 60

safety 安全性 111－115，117－123
backwards-unsatety 向后－不安全性 152－153
and fake barn county 和假谷仓村落 79－80
first-order/second-order 一阶/二阶 72，79，115
forwards-safety/unsafety 向前－安全性/不安全性 152－153
and judgment 和判断 79－80
of performance 表现的 72－73
principle of 原则 117
and Simone case 西蒙案例 79，147－149，152
Santayana，George 乔治·桑塔亚纳 126
seemings 表观 17 n. 14，108－109，149－150，193，195，205
and basing 和奠基 149，193，200，231
competent 胜任的 88，231
functional 功能性的 54，93
and headaches 和头痛 200
initial/resultant 初始的/合成的 54，68，91－93，109，200，229，231－232，239
intellectual 理智的 202 n. 8，218，227，231
perceptual 知觉的 54，149－150，239
and Pyrrhonism 和皮罗主义 54
and representation 和表征 93
see also attractions 亦见吸引力
self-presenting states 自我呈现的状态 197－200，203－204，231
sensitivity 敏感性 120－122
Sextus Empiricus 伊壁鸠鲁 65，86，217，219
Situationism 情境主义 87
Skepticism 怀疑论
Agrippan 阿古利巴式 195－196，199，201，203，207，216，225，231－232
dream 梦 111－112，241
evil demon 邪恶的恶魔 241
insanity 疯狂 111－112
and second-order doubts 和二阶怀疑 211
sensitivity-based 基于敏感性的 120－122
see also Descartes，Renè；Pyrrhonism 亦见笛卡尔，皮罗主义
skill 技能 103－104
see also ability；competence；SSS structure，SeShSi 亦见能力，胜任力，SSS（SeShSi）结构
social conventions 社会习俗
and competence 和胜任力 26，28－29，101－105，126－128
culturally specific factors 文化上

的特殊因素 212 n. 13
and dispositions 和倾向 28, 30n. 30, 101－105
and etiquette 和礼仪 26, 101－102
ineffable 不可言喻的 26, 101－102
and judgment 和判断 57, 66
and reliability 和可靠性 175, 187
and thresholds 和临界值 73, 181－183, 184
and virtues 和德性 104
see also affirmation, and social factors; competence, and social conventions; disposition, social categorization of; norms; testimony 亦见断言和社会因素，胜任力和社会习俗，倾向的社会分类，规范，证言
SSS structure, SeShSi SSS（SeShSi）结构
of complete competences 完全的胜任力 24, 26－27, 61, 72, 81, 95－104, 110－111, 113－115, 149－150
of dispositions 倾向的 26－30, 95－96, 100, 104－105
first-order SSS conditions 一阶 SSS 条件 81 n. 23
shape 状况 83, 90, 97, 99, 157, 207
situation 情境 90, 97, 99, 146, 157, 207
skill 技能 83, 99－100, 194 n. 3
stakes 风险 172, 178－180, 182－187
Stoicism 斯多亚学派 57, 134, 137－138, 218
subitizing 感受的 203
see also examples, speckled hen; examples, cup/subitizing 亦见斑点鸡案例，杯子/感受案例
subjunctive conditionals 虚拟条件句 120－122
see also safety, sensitivity 亦见安全性，敏感性
suspension 悬搁 44, 54, 85, 88
and affirmation/denial 和肯定/否认 44, 82, 88, 91－92, 109－110, 180－182, 228－229, 231, 248
double-omission 双重不作为 82, 109－110, 180
and freedom 和自由 230
functional 功能性的 91
of judgment 判断的 82, 91－92, 208－209
and skepticism 和怀疑论 216, 230, 232
and the unit interval 和单位间隔 91－92, 109, 180, 228－229

see also Descartes, Renè; Pyrrhonism; thresholds, for belief/suspension/disbelief 亦见笛卡尔，皮罗主义，信念/悬搁/不相信的临界值

testimony 证言 13n. 10，36，46，54，115－118，179，181，184－187
see also norms, of assertion 亦见断定的规范
thresholds 临界值
and basketball example 和篮球案例 85－86，114
for belief/suspension/disbelief 信念/悬搁/不相信 91－92，109，180－182，228－229
determining thresholds 决定性的临界值 172，182，184
and eye-exam 和眼科检查 74
first-order 一阶 115
of reliability in performance 表现中的可靠性的 70－73，85－86，95，105－106，123，126，147
of safety 安全性的 115
set by social or biological norms 由社会或生物规范所设定的 73，90－92，184
and woozy partygoer case 虚弱的聚会参加者案例 114
trust 信任
in others 他者 54，115－117，185－186
in reason 理性 87
self-trust/trust of senses/memory 感官/记忆的自我信任/信任 46－47，117，183，186，209，211－212，241，249
and stakes 和风险 183，187

unity of action, perception and knowledge 行动、知觉和知识的统一性 24－25，32，129
Utilitarianism, Rule 规则功利主义 105

value of knowledge 知识的价值 40，45－46，49，54－56，61，66，87，142，155，168，188－189
virtue 德性
activity in accordance with virtue 根据德性的行动 134－137，140－143，156
auxiliary/constitutive virtues 辅助性的/构成性的德性 22，36，41－45，60－61
complete 完全的 134
courage 勇气 39，41－44
deliberative 审议的 138
and faculties 和官能 34－35，37－

39, 48
intellectual virtues 理智德性 34－36, 38－46, 48, 61
and motivation 和动机 45－50, 61
open-mindedness 思想开放 39, 41－44, 219－220, 222
perseverance 坚持不懈 45
and personal worth 和个人价值 39, 45, 47－49, 61
socially seated virtues 社会地定位的德性 115－116
virtuous actions 德性行动 134, 138
see also competence 亦见胜任力
Virtue 德性
Perspectivism 视角主义 251
Reliabilism 可靠论 9, 34－43, 48－50, 55, 59, 61, 107, 119
Responsibilism 责任论 34－41, 45－51, 55, 59
Vogel, Jonathan 约拿瑟 · 沃格尔 121－122
volition 自愿
and affirmation 和断言 93－94, 167, 210, 243
and assent 和赞同 59, 209, 232
and belief 和信念 209, 230, 232
and confidence 和自信 197, 199
and deontic framework 和道义论框架 193
and endeavorings 和努力 192－193, 203, 206
and faculties 和官能 203
free agency 自由能动性 195, 207
free judgments 自由判断 196, 201－203, 205, 208, 232, 238
free to choose 自由选择 137, 167, 200, 207, 210, 229
and functioning 和功能 202
involuntary competence 意志胜任力 210
and reflection 和反思 54
and virtue 和德性 35, 39, 49
voluntary control 意志控制 92－95, 162
see also choice 亦见选择

will, the 意志 100, 210, 243－245
Williamson, Timothy 蒂莫西 · 威廉姆森 15 n. 13, 73 n. 10, 171 n. 4

X-Phi X-哲学 31 n. 32, 78 n. 18,
see also intuitions 亦见直觉

Zagzebski, Linda 琳达 · 扎格泽博斯基 3, 35－36, 45－47

译后记

翻译是最好的研究方式。这是我在翻译索萨教授的这本新书时体悟最深的一点。通过逐字逐句的翻译，一本书会以一种全新的方式呈现于你的脑海中，其效果完全不同于简单地从头到尾读一遍，更遑论写论文时那种“只取一瓢饮”的读法。

自 20 世纪 80 年代，索萨教授提出德性知识论思想之后，德性知识论迅速成为当代最前沿也最具生命力的知识理论之一。更为难得和幸运的是，索萨教授数十年如一日地努力发展和完善德性知识论。《判断与能动性》一书便是这种努力的一种体现，汇集了他过去十多年的研究成果，展现了许多新的知识论思想，无论在方法论上还是在内容上都有不少的创新和突破。从方法论上讲，他突破了传统概念分析和语义分析的方法论局限，引进了一种形而上学分析，把知识还原成一种客观的现象或事实及其关系，从而更真实地展现了知识的本质及价值。从内容上说，首先，他回应了德性责任论者的批评，并发展出一种包含更多能动性成分的新德性知识论；其次，他从行动与知识的关系入手，进一步阐明了这种新德性知识论的核心内涵，并发展和完善了其 AAA 认知规范理论；最后，他追溯了德性知识论的历史根源，从亚里士多德、古代皮罗主义者和笛卡尔那里充分地吸收养分，从而让德性知识论更添历史的厚重感。

译者研究索萨教授的知识论多年，自信对他的知识论的把握是较为全面和准确的，但翻译是另一回事。借用索萨教授的 AAA-表现规范性来分析，翻译首先要保证精确性，即翻译准确，其次要具备熟练性，也就是用高超纯熟的技巧使译文流畅自然，最后还要求适切性，即要求纯熟地运用翻译能力达到准确的翻译。这与翻译的“信、达、雅”的标准不谋而合。

本书的翻译虽然经过了大量修改，但相信其中还有很多错误之处，远没有达到索萨教授所倡导的AAA-表现规范性的评价标准，希望方家不吝批评指正。

本书的翻译得到了多方的帮助。感谢我的老师陈嘉明和师兄曹剑波两位教授，如果没有他们的组织和鼓励，我不会翻译这本书并把它出版；感谢家人的体贴和理解，让我有充裕的时间和精力从事翻译与研究工作；感谢我的硕士生吴梦婷校对了部分译稿；最后，特别感谢中国人民大学出版社学术出版中心主任杨宗元编审和本书责编罗晶女士对我的包容与帮助，尤其是罗晶编辑细心和专业的校对让本书的许多严重错误得以避免。当然，本书的一切错误，责任在我。

方红庆

2019 年 2 月 24 日于杭州

知识论译丛

主编　陈嘉明　曹剑波

判断与能动性

［美］厄内斯特·索萨（Ernest Sosa）/著　方红庆/译

认识的价值与我们所在意的东西

［美］琳达·扎格泽博斯基（Linda Zagzebski）/著　方环非/译

含混性

［英］蒂莫西·威廉姆森（Timothy Williamson）/著　苏庆辉/译

社会建构主义与科学哲学

［美］安德烈·库克拉（André Kukla）/著　方环非/译

知识论的未来

［澳大利亚］斯蒂芬·海瑟林顿（Stephen Hetherington）/著　方环非/译

当代知识论导论

［美］阿尔文·戈德曼（Alvin Goldman）

［美］马修·麦克格雷斯（Matthew McGrath）/著　方环非/译

知识论

［美］理查德·费尔德曼（Richard Feldman）/著　文学平/译

Judgment and Agency, 1e by Ernest Sosa

9780198719694

图书在版编目（CIP）数据

判断与能动性/（美）厄内斯特·索萨（Ernest Sosa）著；方红庆译. —北京：中国人民大学出版社，2019. 5
（知识论译丛/陈嘉明，曹剑波主编）
ISBN 978-7-300-25998-7

Ⅰ. ①判… Ⅱ. ①厄… ②方… Ⅲ. ①知识论-研究 Ⅳ. ①G302

中国版本图书馆 CIP 数据核字（2018）第 157850 号

知识论译丛
主编 陈嘉明 曹剑波
判断与能动性
［美］厄内斯特·索萨（Ernest Sosa） 著
方红庆 译
Panduan yu Nengdongxing

出版发行	中国人民大学出版社		
社　址	北京中关村大街 31 号	邮政编码	100080
电　话	010－62511242（总编室）		010－62511770（质管部）
	010－82501766（邮购部）		010－62514148（门市部）
	010－62515195（发行公司）		010－62515275（盗版举报）
网　址	http://www. crup. com. cn		
经　销	新华书店		
印　刷	北京联兴盛业印刷股份有限公司		
规　格	160 mm×230 mm　16 开本	版　次	2019 年 5 月第 1 版
印　张	19 插页 2	印　次	2019 年 5 月第 1 次印刷
字　数	318 000	定　价	69. 80 元